乾
杯!

Craft beer world : a guide to over 350
of the finest beers known to man

乾杯!

盡情暢飲得獎作家
嚴選350經典酒款

世界啤酒
嘉年華

玩味地圖 19

乾杯！世界啤酒嘉年華

作者：馬克‧德雷奇（Mark Dredge）
譯者：蔡乙菡
主編：俞聖柔
責任編輯：俞聖柔、張召儀
封面設計：高茲琳
內頁排版：高慈婕

發行人：洪祺祥
第一編輯部總編輯：林慧美
法律顧問：建大法律事務所
財務顧問：高威會計事務所

出版：日月文化出版股份有限公司
製作：山岳文化
地址：台北市信義路三段 151 號 8 樓
電話：(02)2708-5509　傳真：(02)2708-6157
客服信箱：service@heliopolis.com.tw
網址：http://www.ezbooks.com.tw
郵撥帳號：19716071 日月文化出版股份有限公司

總經銷：聯合發行股份有限公司
電話：(02)2917-8022　傳真：(02)2915-7212
印刷：禾耕彩色印刷事業有限公司
初版：2014 年 08 月
定價：350 元
ISBN：978-986-248-405-0

國家圖書館出版品預行編目資料

乾杯！世界啤酒嘉年華 / 馬克‧德雷奇（Mark Dredge）著；蔡乙菡譯.
-- 初版 . -- 臺北市：日月文化 , 2014.08
208 面；17*23 公分 . --（玩味地圖；19）
譯自：Craft beer world : a guide to over 350 of the finest beers known to man
ISBN 978-986-248-405-0(平裝)
1. 啤酒 2. 酒業
463.821　　　　　　　　　　　　　　　103012566

CONTENTS

前言
INTRODUCTION

「酒瓶底部沉澱著一個故事。」我左臂上刺的這句話，道盡啤酒讓我最眷戀之處。每瓶啤酒背後都有一個故事，這故事再由無數環環相扣的情節組成，例如啤酒的釀造方法、釀造目的以及釀造者；同樣耐人尋味的，還有原料的種植方式和產地出處。種種一切形成啤酒獨有風格，不論是經典風味還是新穎口味，其風格皆其來有自。

飲酒者在乾杯後越覺酣然愜意，「你」的故事同樣不可或缺，同為主角之一。你的故事可能是關於酒後有感、買酒地點或者共飲之人。不論為何，這都會為手中那杯啤酒添加更多滋味。回想你曾喝過最棒的那瓶啤酒：我敢打賭，即使記憶中的滋味已然模糊，但酒液入口的那瞬間感受卻依然清晰。

在收集全球各地的精釀啤酒（craft beer）時，我發現這個國度處處驚喜、充滿創意卻又發人省思。從一瓶精釀啤酒身上，我們見證過去如何影響現在。啤酒如何不斷改變又歷久不衰，正是它最有趣的地方。印度淡啤酒（India Pale Ale, IPA）的故事為人津津樂道，但那不過是吉光片羽，我們仍難以一窺啤酒完整的進化史。仔細一看，啤酒的發展每 10 年左右，就會為了適應新口味而產生變化。變化的腳步不曾停下：1993 年的美

式印度淡啤酒（American IPAs），與 2003、2013 年的同一支酒必定不盡相同。酒吧裡每瓶啤酒的風格都在不斷改變，雖然頂著相同的名稱，啤酒本身卻隨著時間一再進化。

　　這樣的進化正是啤酒動人之處，同時也為本書揭開序章：進化至今，現在哪款啤酒最有趣、最好喝？但在我們為了新式啤酒雀躍的同時，也不能忽略認識歷史的重要，因為歷史往往是今日發展的基礎或靈感。更何況，在耗費大把時間尋找新口味的同時，我們也不應錯過許多經典啤酒。不論歷史是否為空穴來風，或者被視作後人的目標借鏡、靈感泉源，它的存在與重要性已不言可喻。看到啤酒日新又新的發展進化，真是令人欣喜若狂。

　　本書收集了各地啤酒的故事，並簡介其釀法、產地、目的與釀酒師，邀請讀者一同遨遊用啤酒點綴的生活。本書揭露了啤酒國度的一小塊神祕面紗，但書裡收錄的精釀啤酒不過冰山一角，我還有另外 365 瓶遺珠之憾，可惜無法與大家分享：還有很多新式啤酒等著我們品嚐，很多經典啤酒等著我們重溫，很多新酒廠等著我們造訪……還有很多故事要講。

何謂精釀啤酒？

精釀啤酒蘊含豐富內涵，單從字典裡的隻字片言難以一窺其全貌。它指的不僅是好的啤酒或小規模釀造的啤酒，也不只代表激情創新、品牌誠信或極致風味。對我而言，它是關於釀造與品飲的一種態度，而這態度背後藏有獨特的風味、酒種、原料與故事。

美國釀酒者協會（The Brewers Association in America）對精釀啤酒的定義是：少量、獨立、傳統。也就是，年產量少於 600 萬桶（其實也不算少了）；酒廠 75% 以上的所有權屬於釀酒師；釀酒時僅使用能增添風味的麥芽與其他原料。然而，這樣的分類其實不盡完善，導致有些酒廠的產品喪失精釀啤酒的資格，例如被百威英博（AB-InBev）收購的芝加哥 Goose Island 酒廠就不符合標準（百威英博旗下還經營許多不同的啤酒品牌，包括 Budweiser 百威啤酒），但是 Goose Island 無疑是座精釀酒廠。此外，藍月啤酒（Blue Moon）雖然來自 MillerCoors 這間舉世聞名的大型啤酒公司，但也絕對同樣算是精釀啤酒，因為它提供民眾另一種選擇，在消費口味改變的時候，能滿足酒客嚐鮮的味蕾。

精釀啤酒的定義

從吧台前點的那杯酒就能看出，我們都可以分辨何為精釀啤酒。以下是我的一點心得：

精釀啤酒……

- … 是*很棒*的啤酒（雖然難免有些例外）
- … 由*小型酒廠*釀製（但今日有些酒廠的規模已然壯大）
- … 是難以名狀的，它需要熱情、風味、*自由*與*知識*，當然也少不了成功的商業經營
- … 充滿產地特色，但它的*原料*來自世界各地
- … 在前瞻性的*創意*下，不忘其*歷史*與*傳統*的韻味
- … 是一個想法，一個*市場*口號，一群物以類聚的人
- … 是個*睿智*又*清醒*的選擇

精釀啤酒——在全世界發酵

有些英國人堅持在精釀啤酒4個字前後加上引號，這就產生了一些疑惑。真愛爾促進會（Campaign for Real Ale, CAMRA）被公認是真正麥啤的守門人，它對「craft beer」（精釀啤酒）一詞不置可否，甚至覺得有點不倫不類。癥結就在於，真愛爾促進會只擁戴遵循古法釀製的真麥啤，桶裝產品並不在其關心之列——而「craft beer」就被視為一種桶裝啤酒。不過這個說法也備受抗議，因所有桶裝啤酒都是精心釀製而成。從此問題便接踵而來：每間小酒廠都能稱作精釀啤酒廠嗎？當然標準還是在的，不過「精釀」一詞只能用來形容那些較出色或有意思的酒廠嗎？果真如此，又是誰說了算？

全球各地可見的「craft」一字源自美國，雖然不乏其他用字，例如「microbrewery」和「nanobrewery」，兩者都指小型釀酒廠，前者曾經盛行一時，不過現在已普遍被「craft」取代。其他還有「Brewpubs」，意指自產自銷的酒吧，而「gypsy brewers」（吉普賽釀酒師）則是沒有實體酒廠的釀酒師，必須向其他酒廠商借器材。但是，不論使用哪個名稱，都代表精心釀製的啤酒。

啤酒業自成一個與眾不同的群體，你可以在這裡享受到經濟實惠的奢侈品。如果你想品嚐全球最棒的啤酒，只需支付不到一小時工資的代價——這個代價是值得你努力工作並付擔得起的。啤酒就好比速食，它大量生產、大量銷售，而且可以輕易購得。我們都知道大麥克的滋味，就好比我們都清楚一罐百威啤酒的風味。我們也心知肚明，如果想買漢堡，除了大麥克外還有很多選擇，有索然無味、也有令人回味無窮的。面對啤酒也是一樣的道理。

然而，難免也有力所未逮之處。在大眾心中，啤酒畢竟不如速食那麼普遍：就是有人會不知道，除了一般常見的啤酒，他們還有更好的選擇；也可能他們缺乏自信，無法在琳瑯滿目的精釀啤酒中選出心頭好。在美國，精釀啤酒的市佔率首次於2011年達到5%，業界一片叫好慶祝——但這也代表，每20瓶啤酒中，就有19瓶不是精釀啤酒。

未來展望……

先別灰心。在大型酒廠日益凋零的今日，精釀啤酒的產量與全球銷售量反而逆勢成長。新的精釀酒廠搭著這股風潮順勢發展，風頭正盛令人難以望其項背。酒客開始認識啤酒，並追求更迷人的口感享受：充滿獨特風味與產地特色的啤酒，成了他們的新選擇。在民眾開始要求食物的品質之後，飲品接著受到注目。因此，我們需要「精釀啤酒」這個標籤作為不同飲品的辨識。在未來的5到10年間，這個詞恐怕就會過時了。屆時我們回頭一看，對「精釀」一詞可能會不由得會心一笑。但在如今這個過渡時期，我們需要先妥協一個名稱——而「精釀啤酒」聽起來還不錯。

如何釀造啤酒？

理論上，啤酒的作法非常簡單：將麥芽倒進糖化桶，加入熱水混合，過濾後將麥渣丟棄；把過濾後的液體（麥汁）倒進煮沸鍋煮沸，加入啤酒花，接著移至發酵槽，然後加入酵母靜待發酵，待熟成後便可分裝（可選擇是否要過濾）——最後一步便是痛快暢飲。

然而實際上，啤酒的釀造程序十分繁複。各家釀酒廠採用的方式與過程不盡相同，每個原料、每道生產程序都會影響最終的成品。接下來，就先帶大家認識啤酒的主要原料和釀造過程。

水

不要小看水的重要性：它是啤酒的主要成分，要釀造好喝的啤酒，就需要好喝的水。作為啤酒的主體，水的品質必須優良，稍有變化就會導致啤酒風味劇烈改變。例如，以礦物質含量較少的軟水所釀造的啤酒，酒液溫和而清澈，適合用來釀造淡啤酒（Helles）和皮爾森啤酒（Pilsner）這類風格較清淡的啤酒；而硬水的礦物質含量較高，釀製出來的啤酒口感較乾，會突顯啤酒花與麥芽的苦味，適合釀製印度淡啤酒（IPAs）與司陶特黑啤酒（Stouts）。捷克境內比爾森城的軟水、英國伯頓地區的硬水、美國奧勒岡州本德縣城的山泉水，這些優質水源附近錯落著優秀的釀酒城鎮，托水資源的福持續蓬勃發展。

每間啤酒廠都有處理用水的特定方式。有些酒廠設有專門廠房來管控水質，也有些只會在啤酒裡添加不同的鹽與礦物。不論何種作法，都是為了平衡水中元素，以迎合要釀製的啤酒，並確保釀造用水的品質一致。

麥芽

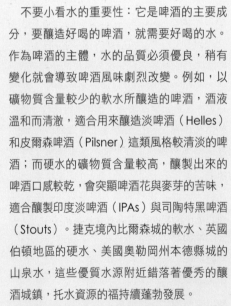

水與麥芽的組合奠定啤酒的初步風味，之後再由啤酒花與酵母醞釀出最終的細膩甘美。發芽大麥是最常見的釀酒麥粒，卻不是唯一使用的種類：小麥、燕麥和黑麥都能形塑啤酒的質地與風味，水稻和玉米則反之，會削弱啤酒的美味（通常只用於量產）。

麥芽負責提供釀酒所需的糖分，所以如果你想釀製大量的啤酒，便需要大量的麥芽。它也是啤酒口感與成色的關鍵，釀酒師藉由不同的麥芽組合，奠定啤酒的基底。舉例來說，淺色麥芽（pale malt）、慕尼黑麥芽（Munich malt）、水晶麥芽（crystal malt）與巧克力麥芽（chocolate malt）也許能釀出不錯的棕色愛爾啤酒（Brown Ale）酒底；若改用重度烘烤大麥取代慕尼黑麥芽，便能釀出司陶特黑啤酒；捨棄深色麥芽，增加淺色麥芽的用量，則能釀出印度淡啤酒。

在開始釀造之前，大麥必須經過製麥工序，將每顆麥粒裡的澱粉糖化成糖液，再由酵母將糖液轉化為酒精。由於大麥的外殼很硬，必須先促使芽株破殼而出，才能萃取到麥芽

裡的風味；因此首先需將大麥浸泡於水中，待大麥發芽後再放入窯中乾燥，接著烘焙至不同程度——烘焙時間越久，最後成色越深。就像烤麵包一樣，剛開始香甜又柔軟，過程中澱粉逐漸焦糖化、甜味增加；若是麵包在烤箱中放太久，就會變黑、變脆、變苦，甜味消失殆盡。

要改變麥芽中澱粉與糖分的含量，不同麥芽有不同的工序。以水晶麥芽為例，發芽後必須立即加熱，模擬糖化過程以便將澱粉轉化為糖分，接著再進行烘焙，最後便能得到無法發酵的結晶糖，釀出來的啤酒帶有焦糖的甜味與深度。沒有發芽的大麥烘烤過後，則會變黑、變苦。用發芽大麥釀製的啤酒，有其獨特風味；同樣地，不同麥種釀出的啤酒，品質也各有特色：燕麥釀製的啤酒，口感滑順深厚；小麥釀的啤酒，泡沫持久、酒液較濁；而黑麥則為啤酒帶來堅果與辛辣的風味深度。

將麥芽磨碎後倒入糖化桶，加入熱水，等待麥芽中的澱粉轉化為可發酵的麥芽糖（儘管不同溫度下的酵素活性各不相同，但糖化的沸點約 67℃或 153 ℉），這時桶裡的麥芽漿就像一大碗的麥芽粥，麥芽釋出的顏色與甜味被水吸收，這桶味道甘美的甜水就稱為麥汁。之後將所有麥汁從糖化桶移至過濾槽，使麥汁與麥渣分離後，從上方噴灑熱水，盡可能溶出麥芽裡的糖類，最後再將麥汁倒進煮沸鍋。並非所有的啤酒廠都有過濾槽，在這情況下，酒廠會直接在糖化桶將麥汁與麥渣分離，隨後再將麥汁移至下一個酒槽。

不同麥芽的特性

皮爾森麥芽（Pilsner Malt）
顏色很淡的基本麥芽，嚐起來有小餅乾的味道

淺色愛爾麥芽（Pale Ale Malt）
麥片狀的基本麥芽，有輕微的烤香麥芽味

慕尼黑麥芽（Munich Malt）
散發烤香麥芽味，略呈紅色、堅果狀

水晶麥芽（Crystal Malt）
散發焦糖甜味，以水晶麥芽釀製而成的啤酒口感厚重

巧克力麥芽（Chocolate Malt）
色深且味苦、重度烘焙、甜度偏低

重度烘烤大麥（Roasted Barley）
黑色的麥粒、味辛且苦、酒液呈黑色

啤酒花

啤酒花有個正式的名稱叫「蛇麻花」，它是啤酒的生命之母，賦予啤酒苦味、滋味和香氣。啤酒花的面貌千變萬化，或繽紛、或刺激，它更是啤酒原料中的 A 咖，多虧它為啤酒帶來的迷人風采，促使精釀啤酒開始在世界各地嶄露頭角。

幾百年來，啤酒花一直是啤酒中重要的苦味來源，但直到 1970 與 80 年代才真正受到重用。當時，美國精釀啤酒的釀酒師首先採用美國啤酒花來釀製拉格淡啤酒，也開始增加香氣馥郁的原料及其他啤酒花的使用，這個時期可說是啤酒界百花爭妍的一刻。

世界各地的啤酒花品種相異，其風味從細膩到粗獷各不相同，多采多姿的味道包括馨香、柑橘類果香、辛辣、熱帶風味、草本植物、土味、草味、松樹味或花香味。

啤酒在糖化桶中奠定了基礎風味，啤酒花（加上酵母）則能決定最後風格：相同的麥芽，用兩種不同方式與啤酒花結合，便能產生兩款不同風格的啤酒：例如波特啤酒（Porter）與黑色印度淡啤酒（Black IPA）；三倍啤酒（Tripel）與比利時印度淡啤酒（Belgian IPA）；蘇格蘭愛爾啤酒（Scotch Ale）與大麥啤酒（Barley Wine）。就如食品中的香料，一般來說，比起單獨使用，啤酒花組合使用的效果更好。

啤酒花的使用形式包括花朵狀、顆粒型以及酒花油。第一種是將採收下的花朵風乾後直接壓縮；若是將所有花朵研磨壓縮後再切成小塊，便是顆粒型；最後一種則是可傾倒的液態形式（酒花油曾經是精釀啤酒的大忌，但今日已被普遍接受，尤其對某些酒花氣息鮮明的啤酒來說，酒花油提供的苦味與香氣，是花朵狀或顆粒形啤酒花難以相提並論的）。有些釀酒師只使用花朵狀的啤酒花，有些人則堅持使用顆粒型，但比較常見的是將兩種混合使用。

當麥汁被移到煮沸鍋煮沸時，是第一次加入啤酒花的時機。煮沸除了能殺除酒中的細菌，也能促使啤酒花釋出苦味。啤酒花含有酸類和油脂，其中的 α 酸正是啤酒苦味的來源，必須經由煮沸，將其結構改變為水溶性的異 α 酸。酒花油具揮發性，所以長時間的煮沸，會使其散失味道和香氣。因此，若在煮沸前期加入啤酒花，啤酒就會越苦；中、後期再添進啤酒花，則能保留啤酒花的風味特色；或者等到發酵後再加入啤酒花——這種方式稱為冷泡法，能為啤酒額外增添富饒的風味香氣。甚至在糖化過程中，也可以添加啤酒花。

美國啤酒花拉開了啤酒界的新序幕，各界至今對它們的需求仍是有增無減。美國、澳洲與紐西蘭的啤酒花花農，可算是新世界啤酒花的種植者，而身為舊世界的歐洲則有著經典的啤酒花品種。透過持續的研發和配種，

啤酒花的品種不斷推陳出新，為啤酒界注入全新風味。

酵母（與溫度）

沒有酵母就無法釀製啤酒。這些微生物在酒廠受到妥善照料，因為好的酵母就代表好的啤酒。商用酵母菌的種類繁多，可以參考www.whitelabs.com網站裡的介紹。不同酵母有不同特色，有的味道偏中性、有的散發水果餘香、有的專用來提取腐味和酸味、有的則是啤酒最後定型的關鍵，除此之外，某些酒廠也會自行培育專屬的酵母菌。

酵母可分為兩種：頂層發酵酵母與底層發酵酵母。如果「啤酒」是在整個啤酒族譜的最上層，那下來便可劃分為「愛爾啤酒」與「拉格啤酒」。愛爾啤酒使用頂層發酵酵母，麥汁的發酵時間短，約3至6日，發酵溫度較高，約18-24℃（65-75℉），酵母最後會浮到酒槽頂部，形成厚實綿密的泡沫，接著再落下，於酒液中呈懸浮狀，頂層發酵酵母會為啤酒帶來些許果香。另一方面，拉格啤酒則使用底層發酵酵母，反應速度慢，麥汁發酵需耗時5至10日，發酵溫度較低，約8-14℃（46-57℉），酵母最後會沉入酒槽底部，酒液較澄澈，這類酵母又稱窖藏酵母，帶著清淡滋味與啤酒融為一體。

酵母進入發酵槽後，會分解掉糖化過程中產生的糖分，進而產生酒精與氣泡。由於酵母很敏感，所以溫度控制很重要，舉例來說，如果你想用適合愛爾酵母的溫度（較常溫高）來發酵窖藏酵母，結果可能是釀出各種非比尋常、令人生厭的氣味，比如酯類；反之，用窖藏酵母的溫度（較常溫低）來發酵愛爾酵母，雖然還是有違背這些溫度法則卻仍成功的啤酒，例如蒸氣啤酒（Steam beer），但一般情況下，反應作用會很緩慢，甚至沒有反應。

有些啤酒的分類取決於使用的麥芽，例如勃克啤酒（Bock）與蘇格蘭愛爾啤酒（Scotch Ales）；有些則取決於使用的啤酒花，例如所有的印度淡啤酒；也有根據啤酒的酵母與特性來判定，白啤酒（Wit）、夏季啤酒（Saison）和野生酵母啤酒（Wild Ales）便是如此。講到酵母作為形塑啤酒香氣、質地與風味的關鍵，德國小麥啤酒（Hefeweizen）是很好的例子，因為省略掉過濾工序，酵母仍然留在酒液中，從玻璃杯口流洩而出的香氣帶著香蕉、泡泡糖、丁香與香草的味道。這些香氣便是所謂的酯類，主要是在發酵過程中由酵母所形成。典型的酯類香氣包括香蕉、梨子、蘋果、玫瑰、蜂蜜和類似溶劑的氣味。酯類在某些啤酒中表現得很契合，但在某些啤酒中卻會顯得很突兀，反而像是酒廠管控不當的失敗結果。

水果、香料、其他原料

在水、麥芽、啤酒花和酵母之後，釀酒師接下來可以隨心所欲添加想要的用料。水果很常被使用，包括櫻桃、覆盆子、藍莓、草莓、葡萄、橘子、杏桃、葡萄乾和南瓜。新鮮水果、冷凍水果或烹煮後的水果都有人用，也有釀酒師使用果漿或果皮。任何類型的草本植物或香料也可用來增加啤酒的深度或風味，常見的香料有胡荽、生薑、辣椒、胡椒、柑桂酒，常見的木質莖幹草本植物則如百里香、薰衣草和迷迭香。咖啡豆

也是很普遍的原料之一，尤其是用來釀製司陶特黑啤；此外，蜂蜜、堅果、香草、巧克力也很受歡迎。有時候還可以發現一些非常規的成分，例如蕁麻（啤酒花的親緣物種）、培根、茶葉、花生醬和雲杉等等，每個原料的使用順序都不太一樣。

酒桶

釀造啤酒時也會使用酒桶來傳承風味。用來貯藏啤酒的酒桶，有的之前曾經裝有其他酒類，例如威士忌、波本威士忌（Bourbon）或葡萄酒，不然就是「未受污染」、沒有使用過的全新酒桶。如果酒桶先前裝過烈酒，啤酒便會吸收前者遺留的「靈魂」與些許酒桶的木頭特性和質地，進而增添更複雜、豐富的絕妙滋味。波本威士忌酒桶最常被拿來貯放啤酒，結合酒桶的氣味，為啤酒帶來香草、椰子、太妃糖、香料和波本威士忌般的味道。葡萄酒桶則賦予啤酒銳利的果香，也可以在啤酒中摻入野生酵母和細菌來仿製比利時啤酒的自然酸釀風味。酒桶一般都保留給特殊、烈性的啤酒使用，其中有些特別不同凡響；最均衡有度的木桶特性與啤酒結合後，形成一股別具深度的風味。

時間（與溫度）

釀出好啤酒需要花時間，有些啤酒需要幾週的時間來熟成，有些需要幾個月，更有需在瓶中耗費幾年光陰，才能臻至完美的啤酒。在這過程中，溫度有著舉足輕重的作用。啤酒在發酵完畢後，便進入冷藏熟成階段，這階段需要耐心與時間。啤酒須在低溫下妥善熟成：若溫度太高，就像一位被太陽曬皺的日光浴狂熱者，會變質或者風味加速老化。

過濾、分離、精煉和殺菌

有些啤酒離開酒廠時，外觀混濁、酒液未經過濾，所有的酵母仍存在酒液中——這種令人看不透的啤酒，可是許多酒客的心頭好；在精釀啤酒的世界中，能透過瓶身看到電視的啤酒，不一定代表好品質。可惜的是，仍然有許多酒客將朦朧的酒液視為一種錯誤。當然，對某些地方的某些酒款來說，清澈的酒液是必要的。啤酒中的酵母可經由過濾工序濾除或利用離心機來分離，也可以使用澄清劑，使酵母沉落在酒槽或酒桶的底部。使酒液澄淨的方法有好有壞，但是在過程中勢必流失部分風味與特性。

巴斯德氏殺菌法（Pasteurization）是另一種不同的方式，在釀造精釀啤酒時很少使用。大酒廠利用此法延長罐裝或瓶裝啤酒的保存期限。這種方式藉由高溫加熱，殺死啤酒中潛在的所有細菌，不過代價是犧牲了風味。

釀酒師

沒有釀酒師就沒有啤酒。這些人發明新的配方、管控每個生產階段，並依據使用的原料與釀造過程，決定啤酒的最後風貌。釀酒師可以利用驚人的多種方式，轉化釀酒的 4 大原料；一瓶很棒的啤酒，可說是集其釀酒師的技術大成。

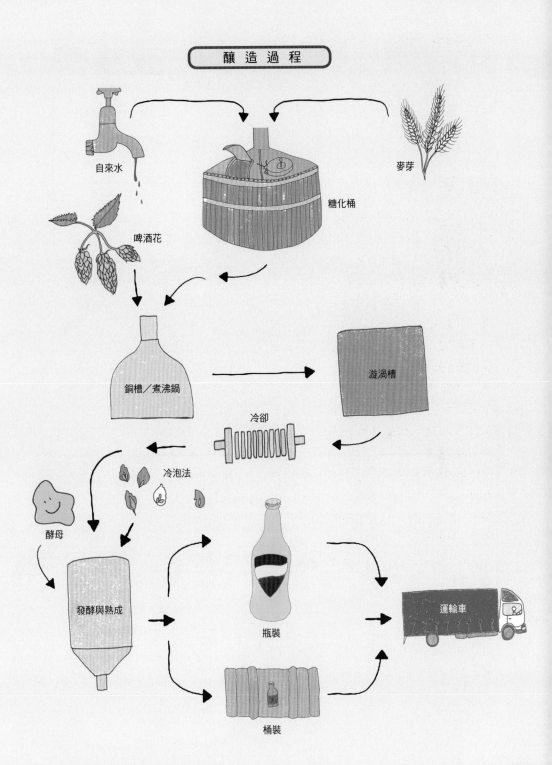

釀 造 過 程

自來水

麥芽

糖化桶

啤酒花

銅槽／煮沸鍋

漩渦槽

冷卻

冷泡法

酵母

發酵與熟成

瓶裝

桶裝

運輸車

啤酒花地圖

啤酒花是變種且多年生的植物，在全球南北緯30度、52度的區域都可發現它的蹤跡。

　　身為變種植物，北美、英國與澳洲的啤酒花，即使品種相同，卻因栽培地區不同，其風味也殊異。啤酒花賦予啤酒地域風情——也就是啤酒的「地方感」，使它與土地產生連結。你會發現，每個區域種植的啤酒花不僅帶有當地特色，也進而影響當地釀造的啤酒風格。

| 啤酒花種植區域 |

前十大啤酒花生產國
（根據 2011 年的交易量統計）

德國
美國
中國
捷克
斯洛維尼亞
波蘭
英國
澳洲
南非
西班牙

資料來源：http://www.usahops.org/graphics/File/Stat%20Pack/2011%20Stat%20Pack.pdf

北美洲

產地：華盛頓州和奧勒崗州的西北方。

質性：通常含有大量的 α 酸。散發柑橘中果皮、果汁和果皮、葡萄柚、花朵馨香、熱帶水果、成熟的核果、含樹脂的松木以及木質莖幹草本植物的味道。

酒款：常見於愛爾淡啤酒（Pale Ale）、印度淡啤酒和大麥啤酒（Barley Wine），亦適用於所有酒種。

C- 啤酒花

許多美國啤酒花的新品種，名稱都以英文字母「C」開頭，且皆帶有相似的柑橘味。如果以管弦樂來形容貴族啤酒花，那麼 C- 啤酒花就是龐克樂。這類啤酒花包括 Cascade、Centennial、Columbus、Citra、Chinook 等等。

英國

產地：集中在東南部和英格蘭中部。

質性：帶有土壤、辛辣、花卉、灌木和果園水
果的香氣，既能釀出精緻風味，亦能釀
出強勁的粗獷口感。

酒款：優質苦啤（Best Bitter）、英式淡啤酒
（English Pale）和金色愛爾（Golden
Ale）、英國黃啤酒（Mild）、司陶特
黑啤酒以及波特啤酒。

中歐

產地：集中在德國、捷克、波蘭與斯
洛維尼亞。

質性：主產香味型啤酒花，α 酸含量
低。帶有青草、清新、優雅、
檸檬味的草本香氣，大量使用
時會散發些許核果味。

酒款：皮爾森啤酒、淡啤酒、黑拉格
（dark lager）和勃克啤酒。

熱門品種

Amarillo	美國	桃子、杏桃、柳橙、葡萄柚
Cascade	美國	強烈的葡萄柚與花香
Centennial	美國	橘皮、果汁與花朵、松木
Citra	美國	帶苦味的芒果、熱帶水果、柑橘酸味
Simcoe	美國	松木樹脂、葡萄柚、苦橙皮
Sorachi Ace	美國	源自日本，栽種於美國；香茅、泡泡糖
Saaz	捷克	微妙的草味、花香、清新的柑橘類植物
Styrian Golding	斯洛維尼亞	斯洛維尼亞種，香氣濃郁帶胡椒辛辣的香氣
Hallertauer	德國	胡椒、青草、花香、木質莖幹的草本植物味，風味俐落
Fuggle	英國	彷彿來到英國鄉村，土壤、木頭與花朵的氣味在鼻端徘徊不散
Bramling Cross	英國	彷彿走進英國森林，莓果、果園水果和木頭的味道迎面襲來
Golding	英國	撲鼻的花香、胡椒味、溫和的土味
Nelson Sauvin	紐西蘭	葡萄、鵝莓、芒果、百香果
Motueka	紐西蘭	多汁的熱帶和異國水果、香甜莓果味
Galaxy	澳洲	芒果、鳳梨、百香果、柑橘、花香

貴族啤酒花

經典的歐洲拉格啤酒花，因
為其傳統和廣泛使用的重要
性，被讚譽為釀造界的貴
族。這類啤酒花依據生長地
區來命名，包括來自德國的
Hallertauer、Tettnang 和
Spalt，以及捷克的 Saaz。

南太平洋

產地：澳洲南部與塔斯馬尼亞省；
紐西蘭。

質性：多汁的熱帶水果風味，例
如荔枝、芒果、百香果，
再加上鵝莓與葡萄。

酒款：愛爾淡啤酒、印度淡啤酒
以及現代化的經典酒款。

認識啤酒：實用字彙

就像接觸新運動時，首次聽到博蒂、越位或打擊率，總是讓人一頭霧水。啤酒的世界也充滿了術語、縮寫和科學知識，如果不熟悉它的語言，也可能會變得難以理解。這裡幫你整理出一定要認識的實用字彙。

酒精濃度（ABV）：酒精在啤酒中所占的百分比。透過發酵，啤酒的酒精濃度範圍可從小於1%到約25%。也有酒精濃度超過50%的啤酒，但必須利用分餾法來達到這個含量：由於水的冰點高於酒精，啤酒冷凍時，水分會先結成冰塊，釀酒師再將這些冰塊移除，便能只在酒液中留下酒精，德國冰啤酒（Eisbock）與烈性啤酒便是採用此類作法。不過在某些國家，例如美國，這種方式是違法的。

愛爾啤酒（ALE）：採用頂層發酵的酵母菌釀製而成的啤酒類型，與之相反的是拉格啤酒，採用底層發酵酵母。通常具有來自酵母的水果味。啤酒種類包括類似拉格的德國科隆啤酒（Kölsch）、霧濁的小麥啤酒（Hefeweizen），還有優質的苦啤與黑啤、印度淡啤酒，以及帝國司陶特（Imperial Stout）和大麥啤酒。

α酸（ALPHA ACID）：啤酒花苦味的來源。α酸須經過異構化反應，才能釋出苦味，而異構化反應便是啤酒花在麥汁中延長煮沸的成果。啤酒花送到酒廠時，會附加一個百分比數值，代表啤酒花總重量中的含酸量。從低於3%到高於20%不等。α酸值低的啤酒花，如貴族啤酒花，其揮發的香氣特徵逐漸受到消費者的喜愛；α酸值高的啤酒花則會釋出大量苦味，但通常也伴隨著濃郁香氣。α酸值低的啤酒花也可以產生與α酸值高者一樣程度的苦味，但用量相對就需要增加。

發酵度（ATTENUATION）：發酵過程中，酵母所消耗掉的糖分百分比。高發酵啤酒味澀而略甜。另見「比重」。

酒體（BODY）：啤酒的口感：輕、重、淡、厚。不論過濾與否，麥芽的組合以及酒中殘餘的甜味，決定了啤酒的口感。

瓶中熟成啤酒（BOTTLE-CONDITIONED BEER）：在酒瓶中進行二次發酵的啤酒。釀造完成的啤酒分裝後，額外在酒瓶中加入可發酵糖漿或酵母（或者利用酒液裡的殘留糖分），觸發緩慢而漸進的二次發酵過程，同時產生碳酸氣泡。英國啤酒和比利時啤酒多會在裝瓶後於瓶內進行二次發酵。有些瓶中熟成啤酒的貯放年限高達數十年。在將啤酒倒入酒杯時，除非你想嚐嚐啤酒酵母的味道，不然請確保將沉澱物留在瓶底。

BREWPUB：自產自銷的酒吧，直接到酒吧來品嚐店主自釀的新鮮啤酒吧。

苦味甜味比（BU:GU）：啤酒中苦度（BU）對麥汁甜度（GU）的比值，判斷酒感表現是否均衡的標準。認識國際苦味值（IBU）很有趣，但我們無法從中得知麥芽甜味與啤酒花苦味的相對比例，舉例來說，同樣一罐酒精濃度5.0%、苦度50 IBUs的啤酒，若甜度含量不同，喝起來的味道也相差甚遠。味道偏甜的啤酒可以均衡啤酒花的苦味，反之，甜度低的啤酒口感較乾，反而會突顯苦味。

協同啤酒（COLLABORATION BREWS）：由兩間以上的公司攜手釀製的啤酒，協同方式包括酒廠與酒廠，或酒廠與餐廳之間相互合作。不同人馬的合作，能催生出充滿創意、獨家限定的特色啤酒。

成色（COLOR）：啤酒的酒液成色介於很淡的金色到極深的黑色之間，顏色標準以下列2種尺度表示：SRM（Standard Reference Method）以及EBC（European Brewery Convention），前者為標準參照法，後者則是由歐洲啤酒釀造協會訂定之標準。一杯拉格淡啤酒的成色大概在1 SRM或2 EBC，美式印度淡啤酒介於6-14 SRM或12-28 EBC，至於顏色最深的司陶特黑啤為70 SRM或138 EBC，其他啤酒則落在中間值。說得出SRM或EBC的人通常是啤酒控，一般我們只會說，這瓶酒是金色、紅色、棕色或黑色。

契約型釀酒（CONTRACT BREWING）：酒廠為另一間酒廠生產啤酒。也許因為應付不來預定產量，所以必須將自己品牌的啤酒委託別間酒廠釀製；也或者酒廠缺乏釀酒器材，所以將釀造工作外包。另見「吉普賽釀酒師」。

°P（DEGREES PLATO）：測量啤酒中酒精含量的方式。這個說法流行於中歐的酒客之間，不過在其他地方，只有釀酒師才會使用。例如，當你在捷克點了一杯啤酒，酒桶或菜單上可能註明10°，但若在其他地方，則會以ABV來標示。實際上，°P是種釀酒師用來測量啤酒中酒精含量的方法，除非你是位釀酒大師，否則°P的計算非常複雜。一般人在挑酒時，只要知道12°約等於5.0% ABV即可。

冷泡法（DRY-HOPPING）：在啤酒發酵後期，於酒桶或酒槽中再次添加啤酒花，這種釀法能額外增添啤酒的香氣和風味。

酯類（ESTERS）：以香氣的形態呈現。啤酒發酵過程中，溫度升高時，酒精與有機酸相互作用後，產生酯類香氣。酯香往往帶有水果味，偶爾則散發有如去光水的刺鼻氣味。

餘韻（FINISH）：從葡萄酒品飲中借來的詞彙，用以表示酒香在口腔中結束時的口感。餘韻可長可短，澀、苦、甜、辛，或者四味交雜。

比重（GRAVITY）：與水的重量相比，麥汁的相對重量——釀酒師會依此估算啤酒中的糖分。原麥汁濃度（Original gravities, OG）與發酵後濃度（Final Gravity, FG），前者指的是啤酒離開糖化桶後的甜度，後者則是發酵後的甜度。根據麥汁的發酵程度，OG可用來預測最終的酒精濃度，FG則能用來推測最後啤酒會有多甜或多乾。

吉普賽釀酒師（GYPSY BREWER）：沒有實體酒廠的釀酒師，他們走訪四方，使用其他酒廠閒置的設備。類似契約型釀酒，只是吉普賽釀酒師通常會遊走於若干不同的酒廠之間。

酒花油（HOP OIL）：若說啤酒的苦味來自啤酒花中的 α 酸，那麼酒花油便是香氣的來源。油比酸更脆弱，所以不適合煮沸；為使啤酒能充份吸取啤酒花中的香氣，最好等到釀造後期再使用。

國際苦味值（IBU）：International Bittering Units，又稱 EBU（European Bittering Units，歐洲苦味值），簡稱 BU。用以表示啤酒的苦度，亦即酒液中所含異 α 酸的百萬分率（ppm）。每種啤酒都有其適合的苦度，清淡的拉格啤酒苦度也許為 10 IBU，皮爾森啤酒介於 25-40 IBU，司陶特黑啤約 50 IBU，而雙倍印度淡啤酒（Double IPAs）和大麥啤酒苦度則可高達 100 IBU。市面上甚至有些啤酒主打擁有更高的苦度，不過聰明的科學家也在不斷辯論，人類的舌頭在喪失味覺之前，對苦度的忍耐極限究竟多高。

異 α 酸（ISO-ALPHA ACID）：啤酒花中的 α 酸改變結構而成。延長 α 酸的煮沸時間，便可將其轉化成水溶性的異 α 酸，成為啤酒的苦味來源。

煮沸鍋（KETTLE）：又稱銅槽，煮沸麥汁及添加啤酒花之處。

拉格啤酒（LAGER）：採用底層發酵的酵母菌釀製而成的啤酒類型。這種啤酒的酵母風味纖細，發酵溫度較愛爾酵母低，反應速度緩慢。拉格型啤酒涵蓋的種類很廣，從清淡的拉格啤酒到烈性的德國冰啤酒，應有盡有。由於必須經過低溫貯藏（lagering）的工序以熟成，故得名「拉格」啤酒。

貯藏（LAGERING）：拉格啤酒熟成的過程。啤酒發酵完畢後，將溫度調降至 0℃（32℉）冷藏幾週至幾個月不等，使風味成熟。

過濾（LAUTERING）：麥汁移入煮沸鍋前，將麥渣與麥汁分離的過程。

商業啤酒（MACRO BEER）：由大型跨國酒廠釀造的啤酒。有些人不喜歡這類酒廠的規模，也不喜歡它們那些沒滋沒味的產品。不過我個人倒是喝得很開心——至少它們使我想起，我當初為何會愛上精釀啤酒。許多大型啤酒廠都有引人入勝的歷史，值得一探究竟，畢竟它們並非一夜之間就成為巨大的啤酒工廠。大型酒廠現在也開始推出精釀品牌，較耳熟能詳的有藍月啤酒（Blue Moon），是莫爾森庫爾斯釀酒公司部門（Molson Coors）底下的品牌。其實在今日，精釀啤酒與商業啤酒的分界早已不如過去單純。

糖化桶（MASH TUN）：將麥芽與熱水在桶中混合，充分攪拌成麥芽漿後，經過糖化工序，將澱粉轉變為麥芽糖，以萃取甜味與顏色。

口感（MOUTHFEEL）：啤酒喝起

來的感覺。雖然是憑抽象的感覺，但也是形容酒體的方法，如刺激、細膩、柔滑、辛烈、乾澀或滑順。

氮（NITROGEN ／ NITRO）：氮是酵母重要的營養來源，也是測量麥芽中蛋白質含量的基準。用「nitro」形容的啤酒風味絕佳，適合推薦給酒客。那表示啤酒在酒槽中吸滿氮氣，與碳酸氣的大氣泡不同，氮氣形成的氣泡較小，使啤酒產生仿若健力士啤酒（Ginness）般飽滿、柔滑的口感。

酚味（PHENOLIC）：啤酒中一股辛辣或煙燻的氣味，有時會被視為釀造過程中的失誤。辛辣是指類似丁香的味道，而煙燻聞起來則帶有藥品氣息（也有點像防腐劑或艾雷威士忌），而非煙燻麥芽的燻肉或營火風味。

釀酒廠（PRODUCTION BREWERY）：負責啤酒生產、包裝與經銷至酒吧或消費者的地方。

殘餘糖分（RESIDUAL SUGARS）：啤酒發酵後殘餘的甜味。

二次發酵（SECONDARY FERMENTATION）：啤酒進行第二次發酵的工序，可發生在酒槽、酒瓶或酒桶內。瓶中熟成啤酒和真愛爾啤酒皆會進行二次發酵，水在吸收二氧化碳後，將產生輕微的碳酸氣。一般來說，這是為了產生碳酸氣並促使啤酒成熟的必要工序。

品酒室（TAP ROOM）：現在許多啤酒廠都設有品酒室，快去品嚐最新鮮的啤酒！

正統修道院啤酒廠（TRAPPIST BREWERY）：要成為正統修道院啤酒廠，必須符合特定標準，例如，必須在修士的修道院內、或在修士的監督下釀造啤酒，而這裡釀製的啤酒不為謀利。至今僅有少數幾間酒廠符合資格。有些正統修道院啤酒廠的規模很大，如 La Trappe 與 Chimay 修道院，也有些規模很小，如 Westvleteren 修道院。

未過濾啤酒（UNFILTERED）：沒有過濾掉酵母的啤酒。比起過濾後的啤酒，這類啤酒較混濁，風味與口感更飽滿。利用澄清劑，可將酒中殘留的微粒沉澱至容器底部，使酒液清澈。

野生酵母和細菌（WILD YEAST AND BACTERIA）：如果不小心摻進啤酒裡，會使風味變酸。不過，有些釀酒師會故意使用野生酵母和細菌，來製造粗獷的風韻與酸味。一瓶使用野生酵母釀造的好啤酒，口感辛烈，沒有醋酸味，喝起來很清爽，只要試過拉比克自然酸釀啤酒（Lambic）與 Gueuze 香檳啤酒，你就能了解什麼是頂級滋味。常見的野生酵母為 Brettanomyces 酒香酵母（簡稱 Brett），常見的菌種則有片球菌（pediococcus）與乳酸桿菌（lactobacillus）。野生酵母會使啤酒產生陳腐的霉味，細菌則增添酸味，兩者可同時或分開使用，以改變啤酒風味。

麥汁（WORT）：糖化桶中留下的香甜麥芽液。在被搬移到發酵槽前，留在煮沸鍋的是加了啤酒花的麥汁。麥汁很適合在早餐時飲用，尤其推薦給因前晚宿醉而不適的你。

當啤酒變質

不是每瓶啤酒都是好啤酒。有些剛好不合你口味，有些則犯了技術性的錯誤。有趣的是，談到味道變質，每個人的感受都很不一樣。以丁二酮（奶油爆米花味）為例，有些人聞不出這個味道，有些人反應則很敏感、覺得噁心，也有人再嗅聞、品嚐過後，愛上丁二酮的氣味。

這些味道的特性也會隨著在啤酒中的份量而改變。含量少時也許聞起來氣味宜人，含量若太高便令人噁心。你的啤酒散發出什麼味道？這些味道又從何而來？答案就在這裡。

奶油、奶油爆米花、奶油糖果，乳脂般口感
來源？丁二酮。

成因？發酵後的天然副產物。若啤酒發出這個味道，可能表示這瓶啤酒當初離廠的程序很倉促，或者酵母受到污染。

正常嗎？對某些拉格啤酒、波特啤酒和司陶特黑啤來說，極輕微的這類氣味沒有關係。

甜玉米、燉蔬菜、番茄
來源？二甲硫醚。

成因？來自麥芽的味道（尤其是淡色麥芽）。代表麥芽在煮沸渦裡沸騰得不夠徹底，或者發酵過慢。

正常嗎？某些拉格啤酒會帶有微量的這類味道（你知道嗎，二甲硫醚正是松露獵犬受訓要尋找的氣味）。

紙、紙板的陳舊味、雪利酒
來源？氧化。

成因？氧氣對啤酒不好。如果啤酒喝起來有這種味道，代表已經陳舊、不新鮮了。

正常嗎？新鮮的啤酒絕對不會有這種味道。不過，對某些陳年啤酒來說，卻是其風味的一大特色。

煙燻、艾雷威士忌、OK繃、消毒劑
來源？氯酚。

成因？麥芽中含有酚酸，水中含有氯，酒廠則會使用清潔液，可能是麥芽的酚酸與氯或清潔液反應後，揮發出的氣味。

正常嗎？不正常。不要把它跟煙燻麥芽或比利時酵母的氣味搞混了，後面兩者的酚味是類似丁香的辛辣氣息。

「臭鼬味」、腐爛蔬菜、大蒜
來源？日照。

成因？紫外線會分解啤酒花的分子，使其與啤酒中的硫磺產生反應，揮發出如臭鼬般的惡臭化學味。

正常嗎？絕對不正常。避免飲用透明或綠色瓶裝的啤酒，並且避免陽光曝曬。

雞蛋或燃燒火柴棒
來源？硫磺。

成因？可能來自用水（伯頓啤酒的著名硫磺味便來自「Burton Snatch」的氣味）或酵母。也可能意謂啤酒已遭受汙染，或者是瓶剛出

廠不久的啤酒。

正常嗎？味薄則無妨。某些啤酒擁有細膩、甜美的硫磺香氣，是不錯的風格特色——但有些人對硫磺非常敏感。

香蕉、梨形糖（Pear Drops）、蘋果

來源？酯類，包括乙酸異戊酯（香蕉、梨形糖）、辛酸乙酯（蘋果）和己酸乙酯（蘋果、洋茴香）、乙酸乙酯（溶劑）和乙酸苯乙酯（蜂蜜、玫瑰）。

成因？發酵過程中由酵母帶出的水果香氣。

正常嗎？在特定酒款中，聞到少量酯香是正常的。德國小麥啤酒就帶有乙酸異戊酯的氣味，但這點在其他酒款中可能就成了缺點。

醬油、燒焦輪胎、馬麥鹹醬

來源？酵母自溶。

成因？酵母死掉後被啤酒損壞而破裂，之後融入酒液中。

正常嗎？有些陳年啤酒帶有微量的此類氣味；除此之外，其他情況都不正常。

蘋果皮和果汁、蘋果汁、高濃度的顏料味

來源？乙醛。

成因？發酵後的天然副產物。聞到這個氣味，代表啤酒還很「青澀」，通常肇因於酒廠的倉促工序，或酵母的品質不佳。 若喝起來完全是蘋果汁的味道，代表發酵過頭了。

正常嗎？不正常。但若味道輕微還可接受。

酸奶、醋、檸檬汁

來源？大事不妙！除非故意為之，否則酸掉的啤酒沒人喜歡。

成因？啤酒受到酸化細菌的污染。

正常嗎？有些野生酵母啤酒就主打其特有的酸味。除此之外，排水管是它最好的去處。

嬰兒嘔吐物

來源？丁酸。

成因？細菌性腐敗。不常見，但碰上一次就畢生難忘。

正常嗎？不！絕不正常！你會想喝帶有嘔吐味的啤酒嗎？

酒味、酒精、指甲油去光水

來源？雜醇油、溶劑、乙酸乙酯。

成因？來自啤酒中的酯類。氣味淡薄時聞起來像水果，但高濃度下可能會刺痛雙眼。

正常嗎？味薄則無妨。有些烈性啤酒中聞得到這類氣息（雖然不是每次都很討喜）。

乳酪、汗濕襪子

來源？3-甲基丁酸與陳年啤酒花。

成因？可能遭到細菌感染，或者使用陳年、已氧化的啤酒花，進而產生乳酪味。

正常嗎？不正常。聞起來有襪子臭味的啤酒絕對不可能好喝。

為什麼酒液呈混濁狀……

成因？可能因素很多：未經過濾程序，所以酵母仍存於酒液中；冷藏引起的霧濁；啤酒花氣息濃郁的啤酒，其特有的酒花混濁；或者啤酒受到污染。

正常嗎？酒液混濁不代表啤酒變質。除非味道喝起來不對勁，否則一般是沒問題的。

品酒須知

在認識與品飲啤酒的過程中，你所選用的杯具將深深影響你的感受。過去，我對這類想法半信半疑，直到有一天，拿起不同的酒杯來品嚐同一瓶啤酒，這才發現，選對一個大小、形狀皆合適的酒杯，真的能提升你對啤酒風味特徵的感悟。

不同的啤酒杯
每個酒櫃必備的基本款酒杯

❶ 皮爾森啤酒杯（PILSNER）
杯身瘦長，使用者能觀賞氣泡上升至頂層綿密泡沫的樂趣。用此款酒杯來盛裝皮爾森啤酒和拉格淡啤酒，能使人輕易聞到酒中細膩的香氣。

❷ 白啤酒杯（WEISSBIER VASE）
用來盛裝小麥啤酒的最佳選擇，花瓶狀的杯身將啤酒泡聚集在杯口，讓使用者在欣賞氤氳著朦朧美感的酒身時，一併深深陶醉在酯類果香中。

❸ 雪克杯（SHAKER）
矮胖形的萬用酒杯，最適合拿來盛裝美式啤酒，例如美國小麥啤酒（American Wheats）、愛爾淡啤酒、紅啤（Reds）、棕啤（Browns）以及印度淡啤酒。聞得到撲鼻的啤酒花香氣，卻不會讓它搶盡風頭。

❹ 鬱金香酒杯（TULIP）
優雅的造形，是盛裝比利時啤酒的不二「杯」選，例如白啤酒、夏季啤酒、三倍啤酒和野生酵母啤酒。也很適合擁有迷人香氣的酒款。

❺ 碗形酒杯（BOWL）
適合用來品飲帝國司陶特和大麥啤酒等華麗酒款。當你晃動酒杯，酒液彷彿起舞的精靈；輕啜一口，濃郁的酒香跟著竄進鼻腔。

❻ 品脫杯（PINT）
品脫杯有不同的形狀：有的杯身上方、靠近杯口處有凸起設計；有的杯口外擴，形似鬱金香；也有格子狀杯身的馬克杯形，或者杯身筆直的品脫杯。適用酒精濃度低、社交型的酒款，例如苦啤酒、愛爾淡啤酒、司陶特黑啤酒、波特啤酒。捷克的拉格啤酒通常裝在圓的馬克杯形品脫杯裡，頂層帶著3指寬的綿密酒泡。

❼ 高腳杯（GOBLET）
矮胖、深圓的酒杯，適用酒勁強烈、色澤深沉的比利時啤酒。在某些地方，尤其是比利時的酒館，使用高腳杯喝酒，代表特殊的地位與威嚴。

玻璃杯：我收藏了不少心愛的玻璃杯，並且時常拿出來使用；若你習慣固定用一種玻璃杯來喝酒也無妨。我常用的酒杯有3種：雪克杯、鬱金香酒杯及碗形酒杯。如何挑選一只合適的啤酒杯大有學問，玻璃器皿的形狀和大小對味道的鑑賞影響深遠。

小酒桶：全球最流行用來飲用精釀啤酒的容器，在啤酒中注入二氧化碳後，透過加壓，使啤酒從出酒龍頭流出。用小酒桶盛裝的啤酒適合冷藏飲用。

酒桶：今日英國傳統的桶中熟成啤酒越來越受全球市場歡迎。通常未經過濾的啤酒在倒入酒桶時並不含有碳酸氣，釀酒師會另外加入酵母溶液與可發酵糖漿，讓啤酒在桶中進行二次發酵，進而產生細緻的碳酸氣（同時味道會慢慢成形）。分裝完畢的桶裝啤酒會被運至酒吧，靜置幾日待沉澱熟成後，再送到酒客眼前。想品嚐好喝的啤酒，還需要一位專業的酒窖管理員，他能判斷啤酒最佳飲用時機，為美味把關。從酒窖到酒吧，桶裝啤酒全程利用人力搬運，再透過吧台上的啤酒機注入酒客手中的品脫杯。用酒桶貯裝的啤酒最好盡速飲用，否則氧氣一旦滲入桶內，可能引發啤酒敗壞。

酒瓶：走一趟啤酒專賣店，架上各式形狀、大小的酒瓶種類之多絕對令你嘆為觀止。酒瓶是很不錯的容器，方便酒客把啤酒帶回家放入冰箱，瓶身上還能貼有不同的品牌標籤，一看就能得知這支啤酒的資料或特色。避免購買裝在透明或綠色瓶子裡的啤酒，因為裡面的酒液也許會因日曬而走味。

酒罐：罐裝啤酒有許多優點，例如重量輕、可囤積、含氧量低又不怕日照、耐摔、冷卻速度比酒瓶快。現在有越來越多的精釀啤酒廠採用罐裝。

酒槽：再沒有比直接暢飲酒槽中的啤酒更痛快的方式了，最好是直接打開當初釀酒的那個酒槽，探頭取用。現在世界各地產銷直營的酒吧，會將酒槽的管線直接連結到酒吧裡的酒柱，打開吧台上的出酒龍頭，便能享受到「尚青」的啤酒。

酒壺：帶著酒壺走訪住家附近的啤酒廠，裝上滿滿一壺的新鮮生啤回家暢飲，之後再回到酒廠，把酒壺重新裝滿……這個行為永遠令你樂此不疲。酒壺可重覆使用，常見的容量有2公升、3.5品脫、4美制品脫等，讓你在家也能享受！

關於溫度……

如果啤酒太冰，部分風味及香氣恐隨低溫散失。我個人偏好冰啤酒，如果覺得太冰，還可以等它慢慢回溫，但是溫啤酒卻變不了冰啤酒。每款啤酒都有適合飲用的溫度：例如拉格啤酒的適飲溫度就較帝國司陶特低……不過我認為，用你最享受的溫度來喝啤酒就對了！

啤酒與食物

啤酒與食物結合的妙處在於能彼此誘發隱藏風味,令人驚喜連連。啤酒的風味、酒勁、結構與滋味變化多端,無論是享用擺在鋪有純白桌巾桌上的豪華料理,或是附有餐巾紙的小吃,都可以搭配一瓶合適的啤酒。開動的最佳方式就是直接動手:烹調晚餐、打開1、2瓶酒,看看啤酒與食物會碰撞出什麼樣的美味火花。雖然不一定每次都會成功,但你很快就會發現誰跟誰才是最佳夥伴。

尋找啤酒和食物的最佳拍檔

要拉近啤酒與食物間的距離有不同的方法,每種方法都是結合雙方以創造出不同風味。在尋找啤酒和食物的最佳拍檔時,我會先決定啤酒,再來找匹配的食物:

相似搭檔:透過尋找有相似風味特徵的食物與啤酒。也就是說,先找出啤酒和食物中1、2種契合的味道,再慢慢把其他風味同化。想像一塊巧克力布朗尼搭配深色的巧克力司陶特黑啤,或者清淡帶土壤辛香氣息的夏季啤酒配上辣味沙拉,只要先把契合的味道搭配在一起,就能為彼此加分。

平衡搭檔:味道濃郁的食物與同樣香醇豐厚的啤酒會互相衝突,所以有時你需要能舒緩或壓制濃郁氣味的搭檔。辣椒的刺激是個很好的例子:啤酒花的苦味會與辣味衝突,導致兩者無法融合。試試口感滑順的巧克力牛奶司陶特(Milk Stout)搭配刺激性的辣椒,啤酒的滋味會使一切冷靜下來(就如同牛奶能鎮定茶類中的單寧酸);德國小麥啤酒酒體飽滿,果香和苦味也能舒緩辣椒辣味的焦灼感。不只是刺激性的食物需要啤酒加以平衡,其他如煙燻油膩的魚、調味後香氣四溢的菜餚、以番茄為主的辛烈料理、味道濃郁的乳酪、過鹹的食物等,這些重口味的料理可搭配清淡的啤酒,幫助恢復味覺,並帶來清爽口感。這時可試試餘韻帶有澀味或辛香的啤酒,如白啤酒、皮爾森啤酒或夏季啤酒;或可壓制油膩的苦味啤酒,如愛爾淡啤酒或印度淡啤酒;口感犀利的酸釀啤酒也是不錯的選擇。啤酒和食物的配對絕非為了製造衝突,藉由控制味道、找到平衡,能阻止風味過重而失控。

昇華搭檔:昇華搭檔能結合不同味道與質地,然後加以提升。舉例來說,煙燻啤酒就像在牛排或香腸中另外再注入一管肉香;果香濃郁、解膩的印度淡啤酒,能舒緩起司漢堡的膩味,同時又與調料和乳酪的組合很相配;櫻桃啤酒的甜酸味能提升、活躍巧克力點心的滋味。透過結合啤酒和食物,形成額外風味互相加分,可說是相輔相成。

地緣搭檔：要完美結合食物與啤酒，還有重要的地理和季節考量。當地的啤酒和在地的美食往往天生就很對味，如扎實的水餃和豬肉配上酒體厚重的布拉格黑啤；燉牛肉的土味、甜味及開胃的鹹香，正好配上一瓶特殊苦啤酒或比利時雙倍啤酒；亞洲菜則能搭配帶熱帶風味的太平洋愛爾淡啤酒（Pacific Pale Ales）；淡菜薯條配上比利時黃金啤酒或白啤酒。別忘了還有季節性的酒款：當秋天來臨，用南瓜啤酒配上帶泥土香的蔬菜；香氣馥郁的烈性愛爾可搭配聖誕節的火雞；而夏天時，黃金啤酒則可配上清爽的沙拉。

合不來：有些味道怎麼樣都合不來。有些啤酒和特定類型的食物天生就是死對頭，例如清淡爽口的淡啤酒（Helles）會被巧克力掩蓋；帝國司陶特（Imperial Stout）會鎮壓每一道精緻料理的風味；酸味和苦味則會互相衝突。

以下介紹幾款最適合搭配食物飲用的啤酒，以及跟它最對味的料理：

酒款：皮爾森啤酒（PILSNER）

風格特徵：乾爽、帶草本植物氣息、味苦、口感芳香細緻。酒體輕盈純淨，草本的苦味突出，配上細密的碳酸氣，適合用來破除濃郁的口感。啤酒本身足夠清淡爽口，不致使大部分的料理相形失色，可以說是很棒的舌頭「振奮劑」，能幫助舌頭品嚐更多的美味。

相似搭檔：帶點胡椒苦味的沙拉、貝類，尤其是搭配奶油與大蒜來烹調、香草調味的雞翅、椒鹽魷魚。

平衡搭檔：富含油脂的魚類、味道濃郁的乳酪、奶油白醬燉飯、西班牙前菜 Tapas、牙買加香辣雞和日式烤雞串。

昇華搭檔：新鮮的炸魚擠上一點檸檬汁、義式培根蛋麵（可抵消其油膩並增添檸檬與草本氣息）、摩洛哥塔金鍋（Moroccan tagine）。

地緣搭檔：豬肉或鴨肉、水餃、捷克風味的下酒小點 nakládaný hermelín（醃過的卡芒貝爾乾酪夾辣椒，搭配麵包食用）。

合不來：任何會破壞皮爾森啤酒那細緻口感的點心。

酒款：黑拉格啤酒（DARK LAGER）

風格特徵：帶烘焙味、味乾、芳香、口感細膩，與深色的外表相比，口味往往比預期較清淡而微妙。黑拉格隱隱帶有黑麥芽加上焦糖的香氣，很適合佐餐；但請選用酒體醇厚的啤酒，否則配上食物後可能會顯得辛辣而薄弱。

相似搭檔：碳烤牛排、烤肉和烤鮭魚、香腸、烤魚（Cajun fish）或烤白肉。

平衡搭檔：烤豬或烤鴨、煙燻魚、漢堡、紅醬義大利麵、披薩、韓國料理、越南法式麵包（Banh mi）和脆炸薯角配香辣茄汁（patatas bravas，一種西班牙開胃小點）。

昇華搭檔：墨西哥料理煙燻溫暖的香料味、烤雞（rotisserie chicken）。也能包覆生魚片的甜味、醬油的鹹味和山葵的刺激。

地緣搭檔：德國油煎香腸和一大盤的馬鈴薯沙拉。

合不來：甜或重口味的料理——會破壞黑拉

格的輕盈酒感。

酒款：科隆啤酒（KÖLSCH）

風格特徵： 細膩、果味、清脆、乾澀。酒體有奶油香，伴隨瞬間的苦澀，使其成為佐餐的美妙選擇之一。香氣中有隱約的果味。風格相似的還有奶油啤酒和蒸氣啤酒。

相似搭檔： 鮭魚豐富的油脂很適合科隆啤酒的柔順口感、凱薩沙拉、蘆筍塔。

平衡搭檔： 烤雞、金邊粉、越南河粉或湯麵、中式點心、魚肉串、味淡的乳酪、加了許多洋蔥和芥末醬的熱狗。

昇華搭檔： 扇貝、龍蝦和螃蟹的甜味可被科隆啤酒大大提高、炸雞的黃油味能被啤酒柔和的麥香壓制、義大利海鮮寬麵（seafood tagliatelle）、鹹味薯條。

地緣搭檔： 豬肉和德國酸菜、炸薯塊。

合不來： 餐後甜點——科隆啤酒適合餐前或用餐途中飲用，餐後不是個好選擇。

酒款：白啤酒（WIT）

風格特徵： 豐富的香料氣息與果味，口感乾澀，帶草本植物風味。酒體順滑，尤其是美國的白啤酒，明顯的香料氣息與碳酸氣賦予啤酒乾澀、接近酸味的清爽口感。大部分白啤酒中的柳橙與磨碎的芫荽味，會共同營造出活潑的果味。

相似搭檔： 多數的沙拉都喜歡白啤酒的清新感。檸檬白肉魚、香草烤雞、巧達濃湯、檸檬蛋糕或橘香瑪德蓮蛋糕、馬蘇里拉起司與羅勒沙拉。

平衡搭檔： 油脂豐厚的魚類、北非的香料、中東蔬菜球（falafel）、生蠔、炸烏賊（calamari）、淡味乳酪、白披薩（僅有大量乳酪和配料的披薩）。

昇華搭檔： 白啤酒會為壽司增添優雅的滋味；泰式料理中柑橘、香料和綠葉植物的風韻與白啤酒很契合；西班牙大鍋飯或海鮮燉飯、蛤蜊義大利麵（spaghetti con vongole）。

地緣搭檔： 淡菜薯條——用啤酒烹調的最佳料理，最適合搭配啤酒食用。

合不來： 巧克力與白啤酒的乾澀香氣一點都不對味。

酒款：德國小麥啤酒（HEFEWEIZEN）

風格特徵： 帶果味、香料氣息，有時會有奶油香，乾澀。輕快的碳酸氣泡在口腔中舞動，使味覺恢復生氣並增加一絲酸味，酒體中滿滿的懸浮酵母像條包覆舌頭的舒服毯子。酒液中微妙的麥香帶來深邃的風味，酯類、果味、煙燻與香料的氣味可能會意外與多種食物相稱。德國小麥啤酒的大哥小麥勃克啤酒（Weizenbock），則可搭配重口味料理。

相似搭檔： 香蕉蛋糕、烤魚（barbecued Cajun）或牙買加風味烤魚（jerk fish）、烤雞或烤豬，啤酒的香氣與淡淡的煙燻味會反映在食物上；小麥勃克啤酒可配上蘋果派。

平衡搭檔： 墨西哥料理的辛辣，能被德國小麥啤酒均衡並冷卻——Dunkelweizen（深

色的德國小麥啤酒）效果甚至更好；用印度香料調味的烤雞；也能舒緩壽司裡芥末的嗆味。

昇華搭檔：泰式料理配上德國小麥啤酒，會迸發出全新滋味；椰香咖哩、煙燻火腿；蛋料理也很棒，如歐姆蛋、班尼迪克蛋、培根蛋；亦可搭配烤香蕉，彼此的太妃糖香味真可說是絕配。

地緣搭檔：任何熟的豬肉。

合不來：酸辣的味道會和啤酒中淡淡的酸味衝突。

酒款：比利時雙倍啤酒（BELGIAN DUBBEL）

風格特徵：麥香濃郁，帶果味與堅果香，有時口感乾澀、有時氣味強烈。碳酸氣泡能增添清爽口感，酒體富含乾果甜味，散發麵包香氣及辛香味，搭配甜中帶鹹的料理十分恰當。這是一款百搭的啤酒。

相似搭檔：吐司夾藍莓醬、下午茶、無花果與藍紋乳酪、烤茄子佐甜醬、照燒料理。

平衡搭檔：味道濃郁的乳酪、中國麵條、茶燻魚、番茄肉醬義大利麵、迷迭香烤羊肉。

昇華搭檔：調味烤蘋果、烤火雞沾所有佐料、焗烤蘑菇塔。

地緣搭檔：燴牛肉，尤其是加入雙倍啤酒一起烹煮的燴牛肉。

合不來：咖哩或柑橘味。

酒款：比利時三倍啤酒（BELGIAN TRIPEL）／烈性金色比利時愛爾（STRONG GOLDEN BELGIAN ALE）

風格特徵：有著啤酒花的辛香氣息、不甚甜、香氣迷人、風味清爽。泡沫綿密且持久，

能鎮住濃郁風味。帶土味的辛香充滿深度，卻又意外細膩，明顯的苦味與高酒精度使它成為佐餐啤酒中的超級英雄。此外，也把它想像成香檳酒的心腹密友。比利時金色啤酒（Belgian Blonde）與愛爾淡啤酒很類似，但風味更溫和，不過通常苦味也更銳利。

相似搭檔：鮟鱇魚或龍蝦佐香草奶油、凱撒沙拉、烤蔬菜、海鮮義式麵食。

平衡搭檔：強烈的大蒜味，與啤酒中微妙的硫磺味是絕配；撒滿鯷魚、朝鮮薊和羅勒的披薩、豬肉製品、高德乾酪或嗆鼻的洗淨乳酪、香氣迷人的亞洲椰香料理、法式砂鍋豆燜肉、聖誕節／感恩節大餐。

昇華搭檔：蘆筍跟三倍啤酒很合，尤其是加上一顆荷包蛋與煙燻培根；青醬中的羅勒、乳酪和大蒜與三倍啤酒也相得益彰；三倍啤

酒的堅果味會讓杏桃塔嚐起來更甜。

地緣搭檔：Waterzoi（蔬菜奶油燉魚或燉雞）。

合不來：辣椒的辣味；比利時巧克力可以留給四倍啤酒或櫻桃啤酒（Kriek）。

酒款：法蘭德斯紅啤酒（FLANDERS RED）和法蘭德斯棕啤酒（FLEMISH BRUIN）〔老紅啤酒與棕色啤酒（OLD REDS AND BROWNS）〕

風格特徵：酒體厚重、味酸、有醋味、乾澀，往往帶有鐵般的強烈味道。啤酒犀利的醋酸味彷彿為食物增加額外的調味，或者解膩。這類啤酒也提供類似鮮味的肉味，能增強食物的風味。深沉的麥芽香氣結合了乾澀、單寧、像雪利酒的餘韻及橡木香氣。

相似搭檔：吃早餐時，可用這款酒取代血腥瑪麗；紅啤酒的醋酸味可媲美沙拉醬裡的醋；番茄普切塔（一種義式烤麵包）。

平衡搭檔：契福瑞乳酪和洗淨乳酪、烤鴨或鹿肉、法國火腿起司三明治（croque monsieru 或 croque madame）。

昇華搭檔：鵝肝醬或 pâté（肉或肝臟做成的抹醬）；法蘭德斯紅啤酒能像番茄醬那樣，讓一分熟的牛排滋味更飽滿；臘肉、香腸。

地緣搭檔：Stoemp（馬鈴薯與蔬菜搗碎後，配上香腸食用）。

合不來：醃製食品、柑橘、咖哩。

酒款：酸啤酒與水果啤酒（SOUR AND FRUIT BEERS）

風格特徵：酒體厚重、味酸、乾澀帶果味。包括多種啤酒類型：拉比克自然酸釀啤酒（Lambic）、Gueuze 香檳啤酒、美國酸啤酒／野生酵母啤酒（American sours ／ Wild beers）與水果啤酒（包括櫻桃啤酒和覆盆子啤酒）。相較法蘭德斯紅啤酒的醋酸味，這類啤酒的酸味更貼近柑橘的酸。有些含有水果的啤酒擁有額外的風韻，有些則口味變甜。經過桶內熟成，多了薄荷味。冒泡的碳酸氣泡加上強勁的乾澀尾韻，能刺激食慾。

相似搭檔：生蠔；檸汁醃生魚片或海鮮，加上鱷梨美味加倍；契福瑞乳酪配 Gueuze 香檳啤酒；櫻桃乳酪蛋糕配香甜的櫻桃啤酒；風乾豬肉的濃郁適合拉比克自然酸釀啤酒與散發橡木氣息的 Gueuze 香檳啤酒。

平衡搭檔：濃郁的巧克力搭配香甜的水果啤酒；鵝肝醬或 pâté（肉或肝臟做成的抹醬）搭配經典酸啤酒；烤鴨、奶油義大利麵、布利乳酪和卡芒貝爾乾酪。

昇華搭檔：鹹食，如炸雞皮或薯條；烤布

蕾配上酸甜的覆盆子啤酒。

地緣搭檔：洋芋片與美乃滋、櫻桃啤酒配上比利時巧克力或格子鬆餅。

合不來：辣椒的辣味、酸味、苦味食物，因為苦味與酸味互相衝突。

酒款：美式淡啤酒與印度淡啤酒（AMERICAN PALE ALE AND IPA）

風格特徵：風味強烈、帶果香與苦味，啤酒花氣息鮮明，作為啤酒基底的麥芽風味顯著（帶焦糖甜味），很適合搭配食物。除非搭配過鹹的食物，否則一般要避免苦度太高的酒款，不然舌頭可是會嚴重抗議。

相似搭檔：切達乾酪中的果味與啤酒花的果味很相配；只要小心味道不要過重，煙燻香料與啤酒的柑橘與松脂草本氣息很相稱；法式加勒比海料理，特別是醃魚。

平衡搭檔：牛排與薯條、三層夾心三明治、洋蔥圈、墨西哥脆片、奶油藍紋乾酪和墨西哥起司夾餅（quesadillas）。

昇華搭檔：起司堡，啤酒花的果味與漢堡的乳酪與醬料很對味，苦味則能降低油膩感；若啤酒苦味溫和，可搭配橘香起司蛋糕；美味的胡蘿蔔蛋糕。

地緣搭檔：起司堡、奶焗通心粉、墨西哥夾餅。

合不來：巧克力、番茄咖哩。

酒款：太平洋淡啤酒與印度淡啤酒（PACIFIC PALE AND IPA）

風格特徵：風味強烈、果味、苦味、芳香。

與美國淡啤酒和印度淡啤酒相似，但啤酒花的風味更傾向熱帶水果而非柑橘味，鵝莓、葡萄、百香果、芒果和鳳梨的風味取代了葡萄柚、橘子和松脂味。

相似搭檔：雞肉或魚肉沙拉、越南麵食、附有芒果沙拉的菜餚。

平衡搭檔：壽司、炸魚薯條、水果乳酪、泰式椰香咖哩、羊肉漢堡。

昇華搭檔：泰式料理，啤酒中迷人的果味與菜餚中的甜味很相稱；玻里尼西亞料理。

地緣搭檔：烤魚配上香氣襲人的沙拉。

合不來：番茄為主的醬料、黑巧克力、酸味食物。

酒款：琥珀愛爾、紅色愛爾及棕色愛爾
（AMBER, RED, AND BROWN ALES）

風格特徵：烤麵包香、果味、苦味、烘烤氣息、堅果味。這些啤酒的麥芽從淡色到深沉，香氣從堅果味到烘烤香。苦味和香氣有的溫和有的強烈，挑選時請注意濃度。因為有著強勁的麥芽底韻，伴隨一部分的啤酒花氣息，適合搭配食物。英式的啤酒土壤味較明顯，美式啤酒則散發更明顯的柑橘香氣。

相似搭檔：燒烤紅肉、烤肉、火腿、地瓜薯條、肉質扎實的魚類、沙嗲烤肉。

平衡搭檔：墨西哥烤肉（fajitas）、墨西哥起司夾餅（quesadillas）、動物內臟、手抓飯（pilau）、堅果乳酪、奶焗通心粉、披薩。

昇華搭檔：棕色愛爾能突顯蘑菇的泥土香氣；紅色愛爾的甜味能加強漢堡肉香；豬肉絲（pulled pork）。

地緣搭檔：在英國的週日午餐、美國的烤肋排。

合不來：酸味或精緻料理，啤酒的麥香會壓過料理的細膩風味。

酒款：苦啤酒與特殊苦啤酒（BITTER AND ESB）

風格特徵：散發果香與麥芽香氣、苦味、氣味芬芳。它們是經典的英國啤酒，呈琥珀至棕色，均衡的麥香與啤酒花香展現了釀酒行家的技術。除了來自麥芽的太妃糖或烤吐司味，還帶啤酒花的土味、花香（在現代的酒款中還會有柑橘味）。適合帶著輕鬆愜意的心情，一邊享受啤酒，一邊思考要搭配那

種食物。

相似搭檔：農夫的午餐（有著肉類、乳酪、麵包與泡菜）、烤肉上鹹甜的塗料最喜歡苦啤酒的甜味，香腸和馬鈴薯泥佐洋蔥醬。

平衡搭檔：酒吧鹹點，如炸豬皮；鹹派、炸魚薯條和起司三明治。

昇華搭檔：啤酒花的土味與麥香襯得野菇燉飯別具滋味；泰式料理與苦啤酒的搭檔也很有趣；啤酒中隱約的苦味也能映襯亞洲料理的鮮明風味。

地緣搭檔：烤牛肉配輔料、農夫的午餐。

合不來：太甜的味道。

酒款：煙燻啤酒（SMOKED BEER）

風格特徵：這類啤酒風格強烈，煙燻味各

有不同，如類似艾雷威士忌、營火或肉的煙燻味。艾雷威士忌的煙燻味太過強勢，不太能與食物互補，但後兩者就不同了，尤其是類似煙燻肉的香氣能加強餐點的肉香。也善於削弱銳利的酸度。

相似搭檔：烤肉和烤魚，配上有調味的沙拉滋味更棒；煙燻乳酪配煙燻肉；烤茄子能呈現煙燻風味的深度，推薦搭配鷹嘴豆泥與新鮮麵包；牛腩配上 burnt-end beans（一種與微焦的牛肉末一起調理的豆類菜餚）。

平衡搭檔：煙燻味能平衡並中和酸味。搭配附有辛辣小菜的肉類料理，如墨西哥料理 chipotle（一種煙燻乾燥的墨西哥辣椒）配酸奶油，或韓國泡菜配韓國料理；日式烤肉。

昇華搭檔：香腸和肉類的肉香會更突出；辣椒、紅醬義大利麵、魚肉派、拉麵。也可以試試有營火味的煙燻啤酒加檸檬塔。

地緣搭檔：Rauchbeer 和 Bamburg 啤酒配上大塊的肉、大量的德國酸菜及馬鈴薯泥，簡直是天作之合。

合不來：太過精緻的料理、大部分的咖哩。

酒款：牛奶司陶特與燕麥司陶特（MILK AND OATMEAL STOUT）

風格特徵：酒體柔順、帶奶油與烘焙香。乾性司陶特（Dry Stouts）會賦予料理烤焦的苦味，而牛奶與燕麥司陶特則引進黑麥芽的香氣，同時保有深沉甜味和圓潤口感，能與多種類型的食物互補。

相似搭檔：烤肉、煙燻乳酪、奶油類甜點、焦甜的日式烤雞串、巧克力蛋糕。

平衡搭檔：墨西哥與加勒比地區料理中的香料和辣味、墨西哥捲餅、堅果味乳酪，如格呂耶爾起司（Gruyère）和孔泰乳酪（Comté）。

昇華搭檔：墨西哥料理，啤酒的巧克力香氣與盤中的辣味很契合；黑麥芽的香氣與紅醬義大利麵、披薩是絕配；烤肉的香氣受到啤酒中甜味的影響，更加飽滿。

地緣搭檔：搭配全套英式早餐（若想要健康的選擇，也可以考慮燕麥）。

合不來：爽口的沙拉（巧克力找不到立足之地）。

酒款：帝國司陶特啤酒（IMPERIAL STOUT）

風格特徵：柔潤順口、散發烘焙麥芽與淡淡奶油香氣、酒體厚實豐盈，是很大器的酒款；韻味豐富而多變、味道強烈、酒精濃度高。擁有烘焙麥芽的苦味、啤酒花的苦韻或甜味（或三者兼而有之）。在酒桶內熟成一段時間後，會產生類似美國威士忌的氣息，除了堅果味，又額外多了甜味與質感。

相似搭檔：巧克力點心、布朗尼、肋排、鹹味濃郁的藍紋乾酪。

平衡搭檔：香草冰淇淋、濃郁的乳酪、較甜的司陶特可以配上辣醬湯。

昇華搭檔：莓果甜品（想像草莓和巧克力的組合）、香蕉太妃派、烤布蕾、花生醬與果醬三明治。

地緣搭檔：源自英國，但傳遍世界各地，不妨抓把在地製作的巧克力配上司陶特啤酒。

合不來：精緻料理（並避免飲酒過量）。

用啤酒入菜

除了佐餐飲用，啤酒也可以成為很出色的食材，酒中蘊含的風味深度，能在許多料理中起到畫龍點睛之效。我個人的作法是，用啤酒取代食譜中的液體調味料。

你可以隨心所欲使用任何啤酒來入菜，但要記得準備味道能互補的酒款，或者你認為能突出食物特色的啤酒。我先提醒你：啤酒的苦味經烹調後會更加明顯，所以使用苦味啤酒很有可能最後端出令人難以下嚥的食物。

啤酒提拉米蘇：使用啤酒製作的提拉米蘇。用帝國司陶特取代咖啡吧，嚐起來就像咖啡司陶特；另外也可以試試使用桶中熟成的啤酒，其美味也不遑多讓。你也可以在提拉米蘇的奶油餡中摻入一點啤酒。

啤酒奶焗通心粉：啤酒跟乳酪可說是天作之合，因為啤酒能中和乳酪過於濃郁的味道，並突顯其中的果香。在乳酪中加入帶有太妃糖香味的啤酒，來製作美味的奶焗通心粉；使用印度淡啤酒也是不錯的選擇。或者反其道而行，製作起司啤酒火鍋，搭配啤酒麵包沾取食用，也是個好主意。

啤酒烘焙點心：在杯子蛋糕或布朗尼的麵糊中加入帝國司陶特、大麥啤酒或水果啤酒。若是製作餅乾，則可在原料中加入帝國司陶特或烈性小麥啤酒，或者，在麵糊裡加入碾碎的淡色麥芽。將起司條與充滿麥芽香氣的黑啤酒一起烹煮，煮好後再配上更多啤酒一起享用。

啤酒麵糊：在麵糊中倒入清爽的拉格冰啤酒，製造出清淡鬆軟的口感。加了啤酒的麵糊特別爽口，酒味並不明顯，但美味恰如其份。

啤酒罐燒雞：拿出一罐精釀啤酒，倒一半在玻璃杯中，接著把雞腔垂直套入剩半罐的啤酒上，使雞隻呈立姿開始烹製（最好放在有蓋的燒烤架上），邊在雞身淋上啤酒，邊用佐料、香草和香料調味。

啤酒果凍：我推薦使用水果啤酒，只需將吉利丁、糖漿、啤酒和水混合均勻就完成了。食用時，將果凍裝在小酒杯裡，上面再加一球啤酒冰淇淋。

啤酒湯：甜洋蔥加上棕色愛爾啤酒。再撒上乳酪麵包丁，更令人食指大動。

櫻桃啤酒醬：醬料中嚐得到水果啤酒淡淡的苦韻，令人回味無窮。將啤酒醬與肉汁混合，搭配禽肉沾取食用。

辣醬湯：細熬慢煮的料理很適合啤酒。試著

在辣椒中倒入一瓶帝國司陶特，煮上幾個小時，司陶特深沉的甜味與辣椒的辛辣將混合出絕妙的好味道。

巧克力醬：在巧克力醬中倒入啤酒就完成了。

調味料：啤酒可以用來製作番茄醬、烤肉醬、芥末醬、甜酸醬或美乃滋，也可以製作啤酒沙拉醬。選用煙燻啤酒製作番茄醬或烤肉醬；麥味豐富的愛爾啤酒適合製作甜酸醬或芥末醬；酸啤酒或白啤酒則用來做美乃滋。也可以在沙拉醬中加點啤酒：將油、醋和啤酒均勻混合便完成囉——可以使用印度淡啤酒，但我最推薦的還是水果啤酒、美國小麥啤酒、白啤酒或德國小麥啤酒。

啤酒花炸雞：將整朵啤酒花壓碎，加入鹽巴、胡椒、辣椒、辣椒粉、紅椒粉、百里香、月桂葉、糖和一點麵粉，料理方式就像一般炸雞或烤雞的方式。

冰淇淋和冰糕：將啤酒以畫圈方式倒入配料中混合均勻，記得使用帝國司陶特或水果啤酒，以免產生苦味。若使用風味銳利的酸啤酒，做出來的冰糕滋味絕佳且清涼有勁。還可以試試在帝國司陶特上加一球冰淇淋，製作有趣的漂浮冰啤酒。

滷汁：煙燻啤酒最適合用來滷肉，尤其是肋排或牛排——特別能激發肉的美味。

淡菜薯條：將大蒜和洋蔥煮至軟化，加入新鮮淡菜後，倒上白啤酒或 Gueuze 香檳啤酒，最後滴上檸檬汁，隨盤附上薯條一起上桌。

披薩麵糰或麵包：在麵糰中加入啤酒，可選用麥芽或堅果味豐盈的酒款，例如棕色愛爾、黑拉格或燕麥司陶特（Oatmeal Stout）。

義大利燉飯：享用義大利燉飯時，通常會搭配葡萄酒，但不妨改用啤酒試試看。白啤酒和小麥啤酒與它最對味。

濃湯：經典的啤酒料理。英國黃啤酒、特殊苦啤酒、燕麥司陶特與勃克啤酒都能為湯汁增添豐富的麥芽香氣。但當鍋中黏有肉屑時，不要妄想倒入啤酒、刮起鍋底肉屑製作焦香的湯汁，因為這麼做，鍋中的湯汁反而會產生苦味。可使用比利時雙倍啤酒或 Gueuze 香檳啤酒來做美味的啤酒燉牛肉（carbonnade）。或是把雞浸入啤酒中烹調的 Coq à la Bière 料理。推薦選用 Bière de Garde（一款烈性的愛爾淡啤酒）或琥珀愛爾來製作濃湯，法國或比利時風格的酒款滋味更佳。

威爾斯乾酪：這是你所能做出最棒的乳酪吐司抹醬。混合奶油與麵粉製作奶油炒麵糊，然後加入牛奶和啤酒（選用成色較深的酒款），以及風味濃郁的乳酪、芥末醬、伍斯特醬、胡椒與蛋黃。所有原料完備後，便能將這濃稠的抹醬塗到吐司上，放進烤箱烘烤至起泡。

用啤酒乾杯

陳年、變質的啤酒喝起來像醋，帶著紙板、馬麥鹹醬或雪利酒的味道。花點時間了解哪些啤酒可以窖藏或久藏？哪些啤酒則應搶鮮飲用？瞭解這些，可以說受用無窮！以後就可以抓準啤酒的最佳賞味期，盡情用啤酒乾杯。

窖藏啤酒

　　有些啤酒最好搶鮮品嚐，有些則是貯藏一段時間後風味更佳，甚至有陳年 20 年以上的啤酒依然可以入口。這裡的關鍵就在於溫度：酒窖中的溫度一般維持在 12℃（53 ℉）或更低，這樣的環境最適合啤酒自然地緩慢熟成。如果你很好奇溫度會帶來何種變化，可以把一瓶酒放到溫暖處，一週後再喝喝看——那味道就像已在酒窖裡放置了數個月。

　　啤酒的熟成過程很美妙。若同時品嚐不同熟成度的同款啤酒，你就能領略到時間施予啤酒的魔法。首先改變的是苦味與啤酒花香氣，啤酒裝瓶後的頭一年，苦味便會隨時間降低，啤酒花的香氣也漸漸散失，因此啤酒花香明顯的啤酒並不適合貯藏，最好搶鮮飲用。啤酒花香退去後，便會突顯出麥芽與酵母的風味。酵母是熟成過程中很重要的角色，採瓶內熟成法、或省略過濾步驟的啤酒，最適合久藏。

　　保存啤酒時，只要選擇能維持恆定低溫的地方即可。我的啤酒就貯存在車庫，那裡溫度雖有起伏，但勝在變化幅度穩定。你若知道有哪些啤酒適合久藏，不妨多買幾瓶回家，便可以比較、品嚐不同階段的熟成風味。若你開了一瓶酒，卻發現它喝起來沒滋沒味，可以等一年後再次試喝，它的味道可能將令人驚豔。

窖藏啤酒的簡則：

❖ 酒精濃度高於 6.0% 的啤酒才適合窖藏（酸啤酒例外）。
❖ 瓶內熟成啤酒最適合置於酒窖貯藏。
❖ 深色啤酒的陳放效果較淡色啤酒佳。
❖ 比利時酸啤酒的熟成情況良好。
❖ 若想體驗啤酒花香濃郁的氣息，應盡快飲用；為了維持其鮮度，應妥善冷藏。

啤酒賞味期

唇齒留香的新鮮好味道
皮爾森啤酒（Pilsner）、淡啤酒（Helles）、科隆啤酒（Kölsh）、老啤酒（Alt）、小麥啤酒（Hefeweizen）、白啤酒（Wit）、愛爾淡啤酒（Pale Ale）、印度淡啤酒（all IPAs）、棕色愛爾（Brown Ale）、波特啤酒（Porter）、苦啤酒（Bitter）

魅力獨具的陳年好滋味
大麥啤酒（Barley Wine）
帝國司陶特（Imperial Stout）
古老、強勁的葡萄愛爾啤酒（Vintage Ale）
野生酵母啤酒（Wild beer）

綽約多姿的啤酒

除了啤酒的味道，瓶身上那動人的插圖也令我深深著迷。與你分享我最喜歡的一些圖案。

世上最棒的啤酒

ratebeer.com 和 beeradvocate.com 是 2 個啤酒評級網站，調查了全球最受歡迎的啤酒。兩個網站的使用者針對飲用過的啤酒，留下意見並打分數，根據每款酒獲得的分數，收集統整後公佈的排行榜，上面的酒款足以成為全世界極品佳釀的代表。

大部分上榜的啤酒，其酒精濃度值得留意；在消費市場上因風味和評價而聲名大噪的啤酒，以及某些罕見酒款，常常是榜上的常客，也許因頂級啤酒越炒作越能保證得高分？還是稀有性會為啤酒加分？或者它們本來就是無可挑剔的出色啤酒？只有一件事可以肯定，那就是這些啤酒都受到全球啤酒控的追捧。

❖◆❖◆❖◆❖◆❖◆❖◆❖◆❖◆❖◆❖◆❖◆❖◆❖◆❖◆❖◆❖◆❖◆❖◆❖

RATEBEER 2012 年 10 大熱門酒款

	酒名	酒精濃度	風格
1	Westvleteren 12	10.2%	正統修道院啤酒
2	Närke Kaggen Stormaktsporter	9.5%	桶內熟成帝國司陶特
3	Goose Island Rare Bourbon County Stout	13.0%	桶內熟成帝國司陶特
4	Founders Kentucky Breakfast Stout	11.2%	桶內熟成帝國司陶特
5	Rochefort Trappistes 10	11.3%	正統修道院四倍啤酒
6	Bell's Hopslam	10.0%	雙倍印度淡啤酒
7	Russian River Pliny the Younger	11.0%	雙倍印度淡啤酒
8	Cigar City Pilot Series Passion fruit and Dragonfruit Berliner Weisse	未知	柏林白啤酒（Berliner Weisse）
9	Alesmith Speedway Stout	12.0%	帝國司陶特
10	Deschutes The Abyss	11.0%	帝國司陶特

BEERADVOCATE 2012 年 10 大熱門酒款（每日更新）

	酒名	酒精濃度	風格
1	Russian River Pliny the Younger	11.0%	雙倍印度淡啤酒
2	Westvleteren 12	10.2%	正統修道院四倍啤酒
3	Founders Canadian Breakfast Stout	10.6%	桶內熟成帝國司陶特
4	Alchemist Heady Topper	8.0%	雙倍印度淡啤酒
5	Three Floyds Vanilla Bean Aged Dark Lord	13.0%	帝國司陶特
6	Russian River Pliny the Elder	8.0%	雙倍印度淡啤酒
7	Goose Island King Henry	13.4%	大麥啤酒
8	Kern River Citra DIPA	8.0%	雙倍印度淡啤酒
9	Founders Kentucky Breakfast Stout	11.2%	桶內熟成帝國司陶特
10	Närke Kaggen Stormaktsporter	9.5%	桶內熟成帝國司陶特

❖◆❖◆❖◆❖◆❖◆❖◆❖◆❖◆❖◆❖◆❖◆❖◆❖◆❖◆❖◆❖◆❖◆❖◆❖

風味輪

啤酒中有哪些味道？它們又從何而來？

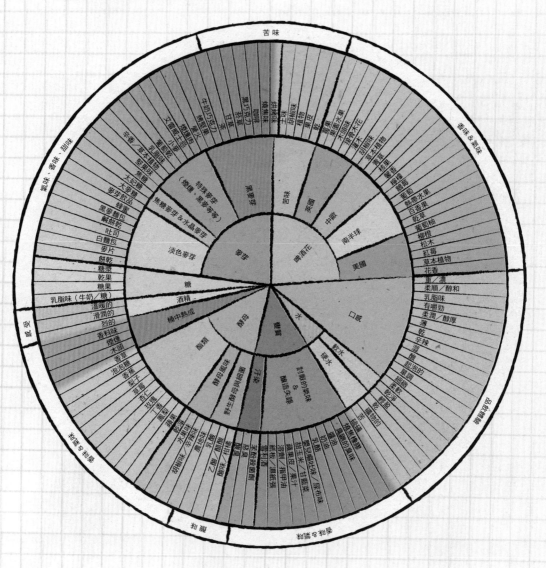

經典 VS. 現代

從啤酒的風格可以看出其獨特的結構或規則，釀酒師要不遵循古法、要不突破創新。有些酒款非常經典，那些通常是來自英國、比利時與德國的啤酒，當中有少數的風味堪為該啤酒類型的代表；也有許多啤酒遠離經典風味，轉而融合了巧思創意。啤酒的國度不斷在改變，各地酒廠裡的實驗正引領啤酒的進化。

啤酒類型的演變

啤酒類型一直不斷進化，印度淡啤酒就是很好的例子。它於 18 世紀初登場，在英國釀造完成後被運送到印度——由於漫長的海運航程，啤酒在旅途中逐漸熟成，最後成為一款風味強烈、啤酒花氣息濃郁的啤酒。200 年後的今日，印度淡啤酒酒精濃度較低，只剩下早期海上那款啤酒的影子。後來美國精釀啤酒的釀酒師利用印度淡啤酒的概念——即酒體強勁、啤酒花明顯之特徵——改用美國啤酒花，釀造出充滿柑橘風味的啤酒。現在依酒液成色便有白啤、黑啤跟紅啤之分，或被冠以帝國之名，或成為比利時風格，或又經不同方式重新釀造。

本書帶領讀者認識啤酒的演變。是什麼讓啤酒成為這樣一個引人入勝的話題？這個國度擁有許多有趣的歷史故事、不勝枚舉的經典酒款，以及歷久不衰的傳統風格啤酒。當代釀酒師承襲過去的釀造風格，佐以現代精神與方式，釀出屬於自己的啤酒。多虧啤酒史日漸被重視，當區域性的酒種風靡全球，酒客津津樂道地談論科隆啤酒（Kölsch）、煙燻啤酒（Rauchbier）和愛爾啤酒的同時，釀酒師也在古老的釀造書籍中發現過去的配方，進而重現幾近消失的酒種，例如波特啤酒（Porter）、拉比克自然酸釀啤酒（Lambic）、柏林白啤酒（Berliner Weisse）和小麥啤酒（Wit）。

品味經典，擁抱現代

　　講到啤酒的類型，便會根據其風格特徵加以分類。啤酒的風格指南中會明列酒液成色、酒精濃度、國際苦味值、發酵後甜度的「合適」範圍以及預期口感。但許多標示為特定類型的啤酒，卻因風味更強更苦、成色更深、太淡太甜、或散發不同啤酒花香等原因，不符合指南標準。啤酒類型不斷在進化，不斷有新的酒款出現在我們眼前。認識每種啤酒類型的經典風味很重要，因為這能幫助你了解，釀酒師是如何在過去的基礎上，重新詮釋出新的經典風味——有些人選擇遵循古法，試圖再現經典；也有人參考前人作法後融入新意，釀出截然不同的啤酒風格。

　　新的啤酒類型正好反映出釀酒業的現況。啤酒和創意的實驗履見不鮮，因為酒客的味蕾渴望新的刺激。啤酒的口味不斷推陳出新，不斷有新鮮口味等我們去嘗試，這便是促使啤酒進化的動力。

　　研究啤酒的樂趣有一部分來自回歸經典，人類很容易喜新忘舊，但隨著年紀漸長，我們會開始懷念過去的經典滋味。跟流行、食物和電影一樣，啤酒類型也以不同的方式來沉澱熟成；時間的魔法會破壞某些啤酒的風味，卻也能使某些啤酒醞釀出迷人風情。市場上流行的啤酒也是有週期性的，我們總能在酒吧吧台上巡視一番後，發現最新的釀酒趨勢：先是以啤酒花為主導風味的啤酒，接著是富酒桶氣味特色的啤酒，然後是酸啤酒（Sour beers）、夏季啤酒（Saisons）、社交型啤酒（session beers）……等等。

本書目的

　　本書主要介紹新式、有趣的酒款，同時要向釀酒廠致謝。書裡收錄的啤酒，不是每一瓶都代表經典，因為有些啤酒太新了，形象尚未成熟。有些啤酒類型確實存在經典款，那大多是來自傳統、釀酒史長的舊世界國家的風格——如果你想確切認識各種啤酒的風格，或者想知道釀酒師如何解讀配方，都可以在本書找到答案。這裡介紹的經典酒款並不多，有興趣的話，那些資料都可以在其他許多書中找到，故本書並未多加著墨。我想分享的，是關於啤酒的演進、創意和詮釋。

全球最棒
的啤酒
THE WORLD'S GREATEST BEERS

PILSNER 或可寫作 PILSENER、PILS，皮爾森啤酒頂層的泡沫冠，暗示它身為世界啤酒之王的地位。從前進入任何一間酒吧，都可以看到皮爾森這類淡色的拉格啤酒，哪知後來竟被某些大型美國公司的壞蛋改變其形象。幸好後來出現新的啤酒廠，他們以新詮釋的酒款，將皮爾森啤酒的地位再次推向頂端。我在布拉格喝到人生中第一瓶正統皮爾森啤酒，印象非常深刻，它與我想像中的拉格啤酒風味截然不同。令人驚嘆的深度、難以忽略的酒花氣息、豐富飽滿的口感，立刻擄獲我的味蕾，成為我最喜愛的一款酒。

皮爾森啤酒 PILSNER

酒液澄澈、帶清爽啤酒花香、易喝的皮爾森啤酒有兩個發源地：首先，德國型皮爾森通常呈現淡金色，啤酒花挾帶苦澀、草味、粗烈的風味向舌尖襲來；而波希米亞型皮爾森則為更深的金黃色，風味更豐滿、口味微甜，啤酒花的餘味更乾淨也更苦。酒精濃度一般在 5.0% 上下。傳統上，釀酒師會使用香味型的貴族啤酒花來釀製，賦予啤酒草味、花香、中果皮與草本植物的風味；但今日新世界啤酒花的出現，正在將皮爾森啤酒推向嶄新的美味之路。

PILSNER URQUELL

捷克，皮爾森（PLZEN）
酒精濃度：4.4%
啤酒花：SAAZ

經典酒款

1830 年代晚期，皮爾森城鎮裡有許多釀製劣質啤酒的小型酒廠，受夠那些粗鄙滋味的居民決定集中資源成立新的啤酒廠——Burghers' Brewery。1842 年，釀酒師約瑟夫・格羅爾（Josef Groll）在這裡釀製出現存最早的金色拉格啤酒，在故鄉走紅之後，也逐漸享譽中外。不論瓶裝或生飲，都能嗅到散發蜂蜜和烤麵包味的麥香，以及 Saaz 啤酒花宜人的辛香，最後的餘味純淨、微苦。如果有機會到這間酒廠逛逛，會看到迷宮似的酒窖，位在巨獸般的酒廠下方。試試未過濾與未經高溫殺菌的 PILSNER URQUELL 啤酒，它們將徹底扭轉你對拉格啤酒的認識。現今這款酒可能是由大型酒廠生產，但不要因此打消念頭——這可是最初的波希米亞型皮爾森啤酒。

Birrificio Italiano Tipopils

義大利，盧拉戈馬里諾內（Lurago Marinone）
酒精濃度：5.2%
啤酒花：Northern Brewer、Perle、Spalter Select

　　如果說 PILSNER URQUELL 是經典酒款，那麼這瓶便是當代力作。從金黃色酒液中展現的朦朧美到白色的泡沫層，不可思議的清新香氣到無懈可擊的均衡結構與深沉風味，形塑出這瓶完美的皮爾森啤酒。Tipopils 擁有的啤酒花特色使它鶴立於同類啤酒中，在多汁的熱帶水果和柳橙（這可是歐洲啤酒花裡的隱藏風味）賦予它令人吮唇回味的魅力前，會先聞到來自啤酒花的淡淡草本植物和花卉香氣。如果你能找到 Italiano 酒廠出品的 Extra Hop 啤酒，一定不可錯過：它的風味更淡、酒花氣息更濃郁、賞味期也更長——雖然每年的釀造次數不多，但是 Extra Hop 的滋味可能比 Tipopils 還要好。

Avery Joe's Premium American Pilsner

美國科羅拉多州，博爾德（Boulder）
酒精濃度：4.7%
啤酒花：Magnum、Hersbrücker

　　這是一組 6 瓶裝的啤酒，就像牛奶、芥末醬與辣椒醬一樣是必需品。它滋味單純、解渴，在你需要的時候，就在唾手可得之處。品嚐這組啤酒的樂趣，就在於從 6 瓶啤酒中隨意抽出一瓶，嘎扎一聲拉開拉環，心滿意足地大口喝下。你一定會注意啤酒花的存在感，酒花香氣在口腔中久久不散，彷彿是在對你大喊「看著我」！乾澀的香氣中聞到檸檬皮、會起泡的甜味果味粉、花卉與胡椒的氣息。博爾德的釀酒師大膽使用啤酒花，使之喝起來比預想中更強烈，但各方滋味卻能被豐富的酒體巧妙制衡，表現協調。

Kout na Šumavě 12° Světlý Ležák

捷克，Kout na Šumavě
酒精濃度：5.0%
啤酒花：Saaz

　　捷克拉格啤酒的新流派，推動傳統風味進化的同時也忠於酒種本色。Světlý Ležák 是捷克酒廠的頂級淡色拉格（根據 °P 刻度換算，酒精濃度 4.4-5.0% 的 Ležák 可達 11 或 12 度；10 度的 Výčepní pivo 屬於低酒精濃度的每日暢飲款）。12 度的 Kout 是很美的一瓶酒，有厚實的泡沫層，口感柔順、呈深黃色，帶青草及一點柑橘味、隱約的奶油杏桃乾味，鮮明的酒花氣息是啤酒苦勁的源頭。如果有機會一嚐未過濾的滋味就太幸運了：更豐厚的口感，微帶奶油香氣，麵包與生麵糰的味道間或竄入鼻中，更新鮮爽口的滋味伴隨著更迷人的啤酒花香，這是皮爾森能躋身全球最棒酒種的祕密武器。

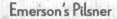

Emerson's Pilsner

紐西蘭，但尼丁城（Dunedin）
酒精濃度：4.9%
啤酒花：Riwaka

　　紐西蘭皮爾森啤酒已在當地自成風格。取經德國與捷克釀酒師的酒底，紐西蘭的啤酒主要使用當地品種的啤酒花。紐西蘭啤酒花因其甘美的熱帶水果風味而聞名，大多會直接以產地名來命名，例如 Riwaka、Motueka 以及 Nelson。許多紐西蘭的啤酒花種都是從歐洲的品種培育而來，其風味深度近似於貴族啤酒花，但對長相思葡萄酒（Sauvignon Blanc wine）會賦予衝擊的果味，伴隨類似鵝莓、葡萄、芒果與荔枝的味道。Emerson's Pilsner 使用 Riwaka 啤酒花來添加微微的熱帶水果氣息、百香果的酸味及柑橘皮的清新，每種風味都與用皮爾森麥芽釀製的純淨酒體相當契合。這是瓶表現不俗的啤酒，搭配當地捕獲的烤魚，別有一番滋味。

Moonlight Reality Czeck

美國加州，聖塔羅莎市（Santa Rosa）
酒精濃度：4.8%
啤酒花：US Perle

　　假如有一份啤酒控非去不可的酒鎮名單，這份名單會跳過大城市，將重點擺在一些小地區，小歸小卻對啤酒界有極大的影響力——位於舊金山北邊的聖塔羅莎市便是這樣一個地方。酒廠藏身於北加州的葡萄園中，酒客雖受到 Russian River Brewing Co. 酒廠的吸引來此，卻為了 Moonlight 而佇足。在喝了一整天後，當我抵達鎮上一間由倫敦人保羅‧史多克（Paul Stokeld）經營的出色酒吧 The Toad in the Hole 時，已經非常疲憊；我點了一杯 Reality Czeck，金黃色的酒液和柔軟的酒體，就像為我疲累的舌頭墊了一個枕頭，但美國產的歐洲啤酒花迸發出橙皮、花卉與香料的氣息，鮮明的香味一擁而上。當 Reality Czeck 的苦味纏住喉間且誘惑我再來一杯時，我瞬間覺得口渴不已。

The Crate Brewery Lager

英國，倫敦
酒精濃度：5.0%
啤酒花：Hallertauer、Cascade

　　來到 The Crate 酒廠，這裡一點也不像在倫敦。這棟有著監獄窗子的大型白色建築就坐落在一條狹窄小河的河畔。建築物的邊緣有間戶外畫廊，你可以在這裡欣賞明亮、大膽的塗鴉創作，一邊啜飲啤酒；透過玻璃窗戶可以看見釀酒槽蒸騰地運作，還有一間中央酒吧。Crate 酒廠釀造的金色愛爾（Golden Ale）滋味苦澀，原產地在英國，卻隱約帶有美國風格。這瓶拉格啤酒有著如此鮮明、清爽的酒花氣息，以致於我為布拉格感到一陣普魯斯特似的劇痛。它並非真正的比爾森啤酒，但也不完全屬於拉格淡啤酒或維也納拉格啤酒；它是瓶新款的倫敦拉格——芳香、充滿活力、清澈、有烤麵包的香氣，而且很好喝。新拉格啤酒誕生於時尚東倫敦。

德文 HELL 意謂「淡色的」，HELLES 淡啤酒是經典的德國巴伐利亞金色拉格啤酒，與皮爾森啤酒和其他同屬淡色拉格的啤酒可謂情同手足，佔去德國啤酒市場消費量的一半。皮爾森啤酒苦味顯著，淡啤酒則較柔軟豐潤，帶點來自啤酒花的溫柔。HELLES 有時也寫作 HELL，是慕尼黑的主要酒款，在 19 世紀末時起源於此；1894 年，來自 SPATEN RELEASING 啤酒廠的第一支淡啤酒堂堂問市。由於當時有些釀酒大師堅持只釀造黑啤酒，所以過了一段時間後淡啤酒才在此區流行開來。隨著淡色皮爾森啤酒的普及，加上玻璃杯成為首選的酒器，啤酒的成色也因此更好看、更明亮、更淡。

淡啤酒 HELLES

淡啤酒呈淡淡金黃色、酒體中等，麥芽特色散發新鮮的麵包味及微微焦糖麥芽的香味。傳統上，啤酒花的香氣細緻，為啤酒增添些許風味、香氣，以及淡薄但平衡的苦味，微帶花草味。由於其內斂、易飲的特性，成為一類令人愉快的啤酒；酒精濃度為 4.5-5.5%，典型的苦味值為 20。淡啤酒最適合用 1 公升（1¾ 品脫或 2 美制品脫）的玻璃啤酒杯來盛裝飲用，但記得事先做點二頭肌的舉重訓練，因為酒杯盛滿後會很重（儘管不知為何，纖巧的女侍者卻能踩著輕盈的步伐，一次端上 6 杯卻依然面帶笑容）。

AUGUSTINER BRÄU LAGERBIER HELL

德國，慕尼黑
酒精濃度：5.2%

經典酒款

　　慕尼黑共有 6 間大型酒廠，分別是 Löwenbräu、Hofbräu、Paulancer、Hacker-Pschorr、Spaten 以及 Augustiner，它們的釀造資歷加起來已經超過 3 千年。6 間酒廠都有釀製淡啤酒，這可是當地最受歡迎的酒種。Augustiner 酒廠成立於 1328 年，是其中歷史最悠久的酒廠。講到特定的啤酒，便會想到它在某些地方喝起來最美味。在慕尼黑這座巨大的啤酒花園裡，你一定要試試 Augustiner 酒廠的這瓶淡啤酒，新鮮麵包的深沉風味，啤酒花那含蓄又清爽的愛撫，以及異常柔軟的口感，就像被戀愛沖昏頭般談了場假期羅曼史，你從此將對其他啤酒棄若敝屣，宣告往後會對它從一而終。把啤酒拿到別處享用，當然味道還是很不錯，但就是少了在慕尼黑時的魅力。

Camden Town Brewery Hells Lager

英國，倫敦
酒精濃度：4.6%
啤酒花：Perle、Hallertauer Tradition

　　這瓶 Hells Lager 不完全是皮爾森啤酒、也並非純粹的淡啤酒，它融合兩者風格，成為一瓶專為倫敦設計的拉格啤酒。在倫敦，這個名字代表淡啤酒與皮爾森啤酒的混合體。Hells 承襲德國皮爾森那乾澀、輕盈的酒體，結合淡啤酒清淡的酒花氣息，形成一款平易近人卻不失濃郁香氣的啤酒。一股帶檸檬味、颯爽的淡淡酒花香氣從皮爾森啤酒細緻的麥芽基底中竄出，後面接著乾澀、清脆的尾韻，散發著胡椒氣息的苦味。細細品味後會發現複雜的風味結構，但稍不留意便錯過了。如果你在倫敦，找機會一探 Camden Town 酒廠，那裡現場也有間酒吧，你在那裡能喝到過濾前的淡啤酒，它的口感更滑順濃郁，尾勁的啤酒花表現更豐厚——我認為那是英國最棒的拉格啤酒。

Knappstein Reserve Lager

澳洲，克萊爾鎮（Clare）
酒精濃度：5.6%
啤酒花：Nelson Sauvin

　　如果你能釀製優質葡萄酒，也就能釀製很多優質啤酒，難怪現在有間葡萄酒廠打算省去中間人，開始自行釀製啤酒，那便是 Knappstein 酒廠。他們只出產一種啤酒，受到巴伐利亞拉格的啟發，這瓶酒並非典型的淡啤酒，而是使用來自紐西蘭的 Nelson Sauvin 啤酒花，這種酒花帶有驚人的水果味，釀酒師就是看上它那與長相思葡萄的鵝莓與百香果味的相似氣息。撲鼻的荔枝、蜜芒果及熱帶啤酒花的香氣竄出杯口，淡色麥芽散發出的麵包味將其一併包覆，隨著味道沉澱，一陣簡練的苦味襲上味蕾。Reserve Lager 展示出一小口葡萄酒的優雅和平衡，而現在啤酒狂可以大口盡情享受這股美味。

Victory V Lager

美國賓州，唐寧鎮（Downington）
酒精濃度：4.8%
啤酒花：Hallertauer

　　Victory 酒廠出產的拉格啤酒種類繁多，從帶有撲鼻香氣、強勁啤酒花苦味的 Prima Pils，到濃郁醇厚的雙倍勃克啤酒，我們可以在這些僅用一種酒花來釀造的拉格啤酒身上，發現經典的酒花品種。早在酒廠成立之前，Victory 的其中一位創辦人在慕尼黑已有釀酒經驗，難怪他們能釀出品質極好的底層發酵啤酒。從 V Lager 這款啤酒可看出 Victory 酒廠釀酒師的技術，看他們如何釀造出帶有迷人風味的精緻啤酒。酒液呈眩目的金黃色，底層主導氣味的麵包味中帶點微微麥香，均衡的啤酒花氣息散發青草與橘皮的風味，苦味雖弱但餘韻夠強，使你渴望更多。美國的第一支拉格啤酒就誕生於賓州費城，如今此處仍不斷生產出頂級的啤酒，Victory 酒廠功不可沒。

Cisco Summer of Lager

美國麻薩諸塞州，南塔克特（Nantucket）
酒精濃度：5.6%
啤酒花：Mt Hood

　　這瓶啤酒在貯藏期間也毫不懈怠：一路釀造到年底，然後開始熟成，直至來年夏季陽光遍灑大地。以經典的巴伐利亞酒種為基礎，再加以強化，使酒體更豐厚、成色更深（呈琥珀金色），酒精濃度增高，洋溢 Mt Hood 啤酒花的氣息，這類啤酒花雖生長於美國，但是與 Noble Hallertauer 是親戚。酒體的中間結構可以嚐到帶著麵包香氣的甜味與適中的口感，啤酒花飄著花草的香氣衝進來，當酒液滑落喉嚨，一股解渴、帶橘皮味的苦味同時湧上。比起其他淡啤酒，Summer of Lager 的酒花氣息絕對更強勁，但滋味真的很不錯。Cisco 酒廠的座右銘是：「一試便知的美好滋味。」（Nice beer if you can get it.）若談到來自小型啤酒廠的時令限定啤酒，其代表酒款當推 Summer of Lager。

Tuatara Helles

紐西蘭，Waikanae
酒精濃度：5.0%
啤酒花：NZ Hallertauer、
Pacific Jade、Wai-iti

　　就像紐西蘭皮爾森啤酒，這款啤酒利用紐西蘭啤酒花的濃郁果香，為啤酒增添新世界的風味。這是瓶冰箱常備的酒款，當你想來點冰涼解渴又美味的飲料時，它就像一位值得信賴、隨侍在側的同伴，能安撫你的渴望。澄澈、味乾但清爽，中層結構散發麵包味的麥香，啤酒花氣息層次豐富，從青草味、桃子味到橘皮的香味，所有氣息都來自當地的啤酒花種，整體風味巧妙地與淡色麥芽達到平衡。這款啤酒以源自恐龍時期的古老爬蟲類——喙頭蜥（Tuatara）——來命名，現在只剩紐西蘭還看得到牠的蹤影（喙頭蜥看起來像隻可愛的小型恐龍，背部至尾端長有一排尖刺）。如果你的喉嚨彷彿侏羅紀般乾燥，你的口渴比伶盜龍（Velociraptor）還要貪婪，那麼 Tuatara Helles 能夠解決你的問題。

Cervejaria Way Premium Lager

巴西，皮尼艾斯市（Pinhais）
酒精濃度：5.2%

　　在拉格淡啤酒的國度，Cervejaria Way 酒廠的 Premium Lager 啤酒如一道乍現的靈光，彷彿一位穿著黃襯衫的足球員，突破了全球所有拉格啤酒的紅、綠色後防線。Way 酒廠的這瓶拉格啤酒混合使用來自德國、捷克與美國的啤酒花，帶來泥土、花香和柑橘的風味，與啤酒的純淨麥香相抗衡。不像色澤黯淡的拉格啤酒要冰冰涼涼地喝，這款啤酒風味飽滿且更有趣。Way 酒廠的所有啤酒都很大膽創新，種類包括奶油波特（Cream Porter）、美國淡啤酒（American Pale Ale）與雙倍淡啤酒（Double Pale）、比利時黑色印度淡啤酒（Belgian Dark IPA）、愛爾蘭紅啤（Irish Red）和一款強勁的黑拉格 Amburana（因多貯放在以 Amburana 木所製作的木桶中而得名）。

美國精釀拉格啤酒 AMERICAN CRAFT LAGER

如果我能回到過去，有機會品嚐歷史上任一款啤酒，我心目中前 5 名之一就是過去被禁的美國拉格。深金色的酒液，選用在地培育的啤酒花種及德國進口花種，它們在禁令之後幾年產生無法回頭的變化。美國精釀拉格只使用現行收成的啤酒花，並將風味導向現代味蕾，令大眾再次聚焦這種風格的啤酒。

這是當代仍不斷進化的啤酒類型之一，它不受拘泥、沒什麼規則，唯一要求就是必須使用底層發酵酵母。由於這個原因，我們要觀察這款有趣的啤酒在全球的發展情況。儘管我在這個詞彙前面加了「美國」2 字，但這主要是因為賦予它關鍵風味的啤酒花來自美國，事實上，這類啤酒在北歐也很受歡迎。不像美國的淡拉格或頂級拉格，美國精釀拉格啤酒採取歐洲拉格啤酒的傳統釀法，保留禁酒令前老美國拉格的風味，再用新世界啤酒花將兩者結合起來。

酒液呈琥珀金色，酒精濃度介於 4.5-6%，啤酒花氣息鮮明，為啤酒增添香氣與風味──它就像淡啤酒（Pale Ale）碰上淡拉格（pale lager）。目前，關於這類拉格啤酒該有何種的風味表現，其風味的規則正逐漸成形，我這裡也會提，因為我愛死了啤酒花那迸發的果香，以及優質拉格的純粹。

Coney Island Lager
美國紐約州，紐約市
酒精濃度：5.5%
啤酒花：Warrior、Amarillo、Cascade、Tettnang、Saaz、Hallertauer

Schmaltz 釀酒公司分裂出兩個經營項目：一邊設計了「The Chosen Beers」這系列以猶太人為主題的美國啤酒；另一邊則推出 Coney Island 精釀拉格，專門滿足「拉格迷與啤酒控」的味蕾。兩邊都像馬戲表演一樣多彩多姿，而拉格啤酒 Coney Island 的花招倒不少：Mermaid Pilsner 是款採用冷泡法的黑麥皮爾森；Human Blockhead 是款帝國美國勃克（Imperial American Bock）；Sword Swallower 同時擁有印度淡啤酒和拉格啤酒的特色。在這瓶 Coney Island Lager 中，你原來預期啤酒花將強勢登場，殊不知其實麥芽才是掌控一切的馬戲團團主。琥珀色的酒液，麥香濃郁卻不強勢，啤酒冷卻後才加入的 Cascade 啤酒花迸發出很棒的花香、中果皮味，最後尾韻有著更多柑橘氣息，令人欲罷不能。風格有趣、口感鮮明、滋味飽滿──簡直棒透了。

Mikkeller The American Dream

丹麥，哥本哈根（Copenhagen）
酒精濃度：4.6%
啤酒花：Nelson Sauvin、Saaz、Simcoe、Amarill

　　哥本哈根的 Mikkeller 酒吧是所有啤酒控的天堂。那裡有 20 個
出酒龍頭，供應各種啤酒，其中包括 Mikkeller 自釀的酒款，來到這
裡，你一定會想嘗試每種口味（尤其在你看過那厚厚一大本的酒單後）。建議一開始先來杯 American
Dream，因為它會幫助你決定下一杯要點什麼（到時你一定會忍不住選擇別的口味）。這瓶 American
Dream 很可能是美國精釀拉格人氣榜裡的常客，它那濃郁的香氣就像一抹迷人的微笑。擁有水蜜桃、
杏桃和葡萄柚的氣息，但風味比其他啤酒處理得更清新。釀造過程中，當要在煮沸鍋裡加入綠色的啤酒
花手榴彈時，便是 Mikkeller 這間熱愛啤酒花的酒廠大顯身手的時候。麥芽酒底的迷人堅果味微妙又深
沉，這只可能是來自其緩慢、低溫熟成的過程，所產生的氣韻；但吸引你注意力的其實是啤酒花，尤其
是最後席捲口腔的胡椒辛香，正是來自　　　啤酒花的美味。

Mohawk Brewing Unfiltered Lager

瑞典，泰比市（Taby）
酒精濃度：5.3%
啤酒花：Hallertauer、
Nelson Sauvin、Amarillo、
Cascade、Citra、Centennial

　　斯特凡‧古斯塔夫森（Stefan
Gustavsson）是 Mohawk 酒廠
的首席釀酒師，當我問到他最
關心的是什麼，他回答：「髮
型！」然後又接續道：「那是整
個思想的重要部分，勇於與眾不
同並追隨己心，不隨波逐流，表
達自己的態度，並使他人注意到這點。」斯特凡
給人的第一印象確實令人難忘，而當你嚐過他的
啤酒，也肯定會被其吸引。一開始是作為主體的
拉格風味，接著是類似印度淡啤酒的酒花氣息。
美麗的朦朧金黃色酒液、橘子、銳利的柑橘味、
芒果和草本香氣在口腔中迸發，酒體柔順，豐盈
口感伴隨發苦的餘味。這款酒的風格並不含蓄或
羞怯，我們也都知道，Mohawk 的啤酒絕不纖
細，不是嗎？

Sigtuna East River Spring Lager

瑞典，Arlandastad
酒精濃度：5.2%
啤酒花：Hallertauer、Mittelfrüh、Cascade

　　我很喜歡它的酒標設計，令我想起當初試
圖步行跨越布魯克林大橋的那一天。當時是凌
晨二點，我跟朋友已經喝了一整天。我們人在
布魯克林，但是旅館在皇后區，研究地圖後發
現附近有座橋，我們走上那座橋打算往東北方
向前進，但那座橋卻帶領我們一路向西──即
使如此，當時我們依然以為那就是布魯克林大
橋。走到一半，看到周圍高速行駛的卡車和一
個金屬籠，我們才驚覺錯走到威廉斯堡大橋
上。在漫長的回程中，酒也慢慢醒了。謝天謝
地，在享用 East River Lager 時，它帶給我一
個較快樂的回憶。其
酒液呈琥珀色，帶著
葡萄柚、酸橙、柑橘
和多汁的杏桃香氣，
伴隨些許紅莓香的啤
酒花，散發烤麵包的
維也納型主導風味，
以及滿嘴的乾澀苦味。

拉格啤酒的故事

沒有人知道第一瓶拉格啤酒於何日出現，誕生年份也不詳。我們只知道在啤酒史上，回溯至一萬年前，拉格啤酒在短短不到 200 年間，從在台面下隱匿的啤酒，發展為無所不在的熱門類型。

幾百年來，釀酒師應該一直都是用酵母菌來釀造啤酒，包括頂層發酵酵母和底層發酵酵母。酵母菌會根據啤酒的溫度改變活性——在低溫環境下，窖藏酵母會產生反應；相對來說，愛爾酵母就需要較高的反應溫度（然而，窖藏酵母遇到高溫卻會產生異味）。德國的釀酒師逐漸發現，將啤酒貯藏在低溫酒窖或洞穴中數月是件好事，會使啤酒的口感更純淨有深度，並減少其中臭味。冷藏的方式能讓發酵緩慢、逐步成熟的窖藏酵母徹底發揮美味。

但釀酒師並不真的瞭解酵母背後的科學原理，直到 19 世紀末期，當他們終於開始科學地認識發酵過程並仔細窺視酒槽的內部情形，才得以看到頂層與底層發酵酵母的反應作用，並進而學習如何分離健康的酵母菌。

19 世紀中期，拉格啤酒的故事在捷克的波希米亞變得有趣。製麥技術開始發展，酒廠能製出色澤更淺的麥芽，玻璃杯也漸漸取代有把手及杯蓋的大啤酒杯，成為酒器的首選；這就表示，啤酒的外觀越來越受到釀酒師與酒客的重視，因此能釀出啤酒純淨外觀的低溫熟成法逐漸受到青睞。

淺色啤酒結合底層發酵法，見證了第一瓶金色拉格啤酒的誕生。19 世紀末期，當發酵技術更臻成熟，拉格啤酒終於可以進軍全球。

第一批美國拉格啤酒誕生於 1840 年代的費城，之後便在芝加哥與威斯康辛州的密爾瓦基市流行開來。在此之前，所有美國啤酒都是奠基於英國黑愛爾啤酒的風格，再額外調整。由於許多中歐民眾移居美國，他們懷念的故鄉味道並非酒感滯重、外觀混濁的殖民愛爾（Colonial ales），在這些人的推行下，自 1850 年代起，有著家鄉德國風味的啤酒開始遍及各大城市，其風格類似深紅色黑拉格（Dunkel lagers）。

阿道夫‧布希（Adolphus Busch）是徹底改變拉格啤酒的人。他在一次前往波希米亞的旅途中，喝了一瓶金色拉格後，靈光乍現。他把那瓶酒的配方帶回美國，加以改良後，在 1876 年推出了百威啤酒（Budweiser）。要讓啤酒好喝，釀酒師必須在配方中加入稻米或玉米。由於美國的六稜大麥擁有比歐洲二稜大麥更高的蛋白質含量，所以酒液中會形成塊狀混濁，因此釀酒師可藉由改用稻米以減少大麥用量，進而降低混濁程度。不像裝在大啤酒杯裡的黑啤酒，淡的酒液裝在玻璃杯中，如果外觀霧濁，常會令人無法接受。與歐洲拉格啤酒

的釀法不同，透過使用未發芽穀物，美國拉格啤酒誕生了，雖然它起初僅受到移民人口的歡迎，但很快就變成美國人最渴望的啤酒。

美國拉格的釀造在 20 世紀進入鼎盛時期。在這個階段，拉格酒廠有了技術上的進步，例如冰箱與巴斯德氏殺菌法的發明，以及開放鐵路來運輸啤酒。可惜好景不常，禁酒令讓啤酒史上留下了 13 年的空白，在這期間，禁止私自釀製、販賣和流通啤酒，架上的啤酒慢慢被蘇打汽水取代。雖然有些酒廠為了謀生，改釀製酒精濃度只有 0.5% 的「類啤酒」，但大多數釀酒廠仍難逃關閉的命運。

禁酒令解除後，拉格啤酒強勢回歸，但情況很快又有了變化。經濟大蕭條、戰爭以及原料的限量配給，導致啤酒的風味越發清淡。50 年代的這 10 年間，拉格啤酒的風味、特徵、成色與其他特質通通變淡，美國人的味蕾也跟著啤酒經歷了同質性的轉變。

隨後來到 70 年代，向豐饒的滋味告別，改跟淡啤酒打聲招呼吧。在不到 100 年間，美國拉格啤酒從誕生、達到巔峰、被徹底抹除後又再次重生，但是風味逐漸變淡。當淡啤酒在世界各地展露頭角，拉格啤酒隨著風味消失，討論的聲音也跟著沉默。

但是在中歐，也就是很棒的底層發酵啤酒的源地，拉格啤酒的腳步卻未曾停歇；啤酒的風格不變，但質量不斷進步。黑啤酒（Dunkels）沒有消失，淡啤酒、皮爾森啤酒與煙燻啤酒（Rauchbier）、勃克啤酒（Bock）則能和睦相處，同時科隆啤酒（Kölsch）、愛爾啤酒與小麥啤酒（Weizen）也跟上了頂層發酵的行列。

許多精釀啤酒的釀酒師受到歐洲啤酒的啟發，對單調乏味發起反擊。過去在美國，所有啤酒喝起來味道都一樣，80 年代之後的新生代釀酒師開始追求更出色、更強烈的風味。愛爾啤酒那香氣濃郁的登場之姿，與拉格啤酒的溫和平淡形成明顯對比。後來，拉格啤酒終於再次捲土重來——別具風味與特色的新拉格，要向禁酒令前的黃金時代美國拉格啤酒致敬。

美國釀造了一些最優質、最有趣的拉格啤酒；全球各地（如義大利、紐西蘭、斯堪的那維亞半島、英國與南美洲）的小型釀酒廠也不斷為拉格啤酒注入新的活力，它們以傳統風格為基礎，釀造具個人特色的啤酒，或者加入新的元素，帶來精釀拉格（craft lagers）、紐西蘭拉格（New Zealand lagers）、帝國拉格（Imperial lagers）、美國啤酒花雙倍勃克啤酒（American-hopped Doppelbocks）、日本啤酒花淡啤酒（Japanese-hopped Helles），或完全使用英國在地原料的英國釀製拉格（British-brewed lagers）。優質風味迎擊劣質味道，其人氣與品質也不斷攀升。

回到今日的巴伐利亞和波希米亞，拉格啤酒仍然是世上最棒的酒種，不過免不了要面對激烈競爭。

帝國拉格啤酒 IMPERIAL LAGER

同屬拉格啤酒的範疇，不過風味更為強勁。這類啤酒像是肌肉發達的健美運動員，將皮爾森和淡啤酒那纖細、清爽的酒體鍛鍊得賁張有力。不像高濃度的歐洲拉格，也不是廉價的罐裝麥芽酒，帝國拉格是認真的精釀啤酒，風格介於拉格啤酒和印度淡啤酒之間。採用低溫熟成以及需小心處理的窖藏酵母，對比大呼小叫的印度淡啤酒，醇熟的帝國拉格啤酒顯得更文明。帝國拉格與烈性的歐洲拉格（或甚至淡色勃克 HELLERBOCK）之間的差異，在於帝國拉格更刻意地加入啤酒花，所以這類啤酒擁有明顯的啤酒花苦味與香氣。

帝國拉格是皮爾森啤酒、淡啤酒或美國精釀拉格的突變體。更高的酒精濃度、更大量的啤酒花，你會發現這款啤酒的酒精濃度介於 7.0-9.0%，苦味度動輒高達 40 至 80 以上。最常呈淡色至琥珀色，帝國拉格使用窖藏酵母釀造，麥芽和酵母給人一種乾淨的深度，啤酒花香一枝獨秀，是主導風味。帝國拉格使用的啤酒花來自世界各地，為啤酒帶來均衡的風味，而非急躁的苦味，同時散發濃郁的香氣。酒體表現豐富，或乾澀清爽，或圓潤飽滿；麥香可能在中間結構表現突出，偶爾自成一個層次，映襯啤酒花的氣息。身為一個變種的酒款，它表現得既美麗又野蠻。

Pretty Things American Darling
美國麻薩諸塞州 · 劍橋市（Cambridge）
酒精濃度：7.0%
啤酒花：Saphir、Perle、Hallertauer

越喝 Pretty Things 酒廠的啤酒我就越愛它們。很少有啤酒廠這麼有特色：他們家的每瓶啤酒都散發一種輕鬆的氛圍，即使在嗆烈的風味中也能體會到滑稽的易飲性，充滿有趣故事與令人心曠神怡的風味，再加上外觀也很漂亮──誰能不拿起他們的啤酒，然後直直走去結帳？American Darling 走出了跟其他帝國皮爾森啤酒不一樣的路，它的原料全數來自德國。貯藏 6 週以醞釀不凡風味，酒液如太陽般金黃，洋溢如你家後院般的花草香氣，風味比露溼的春日早晨更清新、比美味之城裡最棒的啤酒還要甘美。

Mikkeller Draft Bear

丹麥，哥本哈根
酒精濃度：8.0%
啤酒花：Amarillo、Cascade

　　有些啤酒會吸引你駐足，然後驚嘆一聲「哇」！Draft Bear 便是這樣的一瓶酒。我沒想到它會有這麼豐郁的香氣與新鮮感，美味地令人拍案叫絕。就好像我把頭探進裝滿水果的大碗裡，碗中美味多汁的柳橙、橘子、柑橘和柚子氣味撲鼻而來。我不知道酒廠能從啤酒花中萃取出如此驚人的果味——不知何故，他們使啤酒花比水果更像水果。跟一些隨時需要啤酒花刺激的啤酒迷一樣，我多希望能保存這股香氣，把它裝進小瓶子裡隨身攜帶。喝下一口，哇！我等不及要買一大箱的 Draft Bear，在家隨時就能喝上一瓶。與其說是拉格，風味更偏向印度淡啤酒，有淡淡的甜味以及乾淨的淡色麥芽香。令人上癮的好滋味，誇張的柑橘味充滿許多不同變化。哇！除了驚訝，我已經失去其他反應了。

Epic Brewing Lager

紐西蘭，奧克蘭市（Auckland）
酒精濃度：8.5%
啤酒花：Pacific Jade、
Kohatu、Liberty、Tettnang、
Santiam

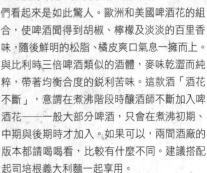

　　Luke Nicholas 酒廠是 Epic 這瓶酒背後的功臣，這是一間四面沒有堅固牆面的酒廠，這裡的釀酒師必須到其他啤酒廠商借器材。Luke Nicholas 酒廠雖以風味奔放的印度淡啤酒而聞名，但這瓶 Epic 改走不同路線，觸發了新式風格的拉格啤酒。酒液呈淡金色，啤酒香氣中帶著難以捉摸的果味，說得出的香氣有鳳梨、青草、薑黃、百里香的辛香和檸檬味，不只如此，甜瓜或葡萄，可能還有接骨木花的味道……難解的祕密讓啤酒更有趣。餘味均衡，喝起來比預期的苦味值要清淡很多，因為它醇厚的酒體在 70 的苦味度襲來前，很恰當地掌握啤酒花的所有氣息。打開一瓶 Epic，再配上使用百里香、檸檬、大蒜，和許多鹽巴與胡椒調味的烤雞肉，就是一頓豪華晚餐了。

Dogfish Head and Birra Del Borgo My Antonia

美國德拉瓦州，米爾頓鎮（Milton）
酒精濃度：7.5%
啤酒花：Warrior、Simcoe、Saaz

　　在 Dogfish Head 和 Birra del Borgo 兩間酒廠的合作下，My Antonia 誕生了，同時開創了拉格啤酒的全新風貌。在這之後，兩間酒廠各自推出了自己的 My Antonia 且大受歡迎，因此皆持續生產。你在開瓶前就知道，這些啤酒的味道一定很不錯，因為它們看起來是如此驚人。歐洲和美國啤酒花的組合，使啤酒聞得到胡椒、檸檬及淡淡的百里香味，隨後鮮明的松脂、橘皮爽口氣息一擁而上。與比利時三倍啤酒類似的酒體，麥味乾澀而純粹，帶著均衡苦度的銳利苦味。這款酒「酒花不斷」，意謂在煮沸階段時釀酒師不斷加入啤酒花——一般大部分啤酒，只會在煮沸初期、中期與後期時才加入。如果可以，兩間酒廠的版本都請喝喝看，比較有什麼不同。建議搭配起司培根義大利麵一起享用。

維也納啤酒 · 三月啤酒 · 十月慶典啤酒

這組德國拉格三重奏共享了很多歷史，但又沒那麼簡單。你看，幾百年前 Märzen 是在 3 月釀造的啤酒，由於夏天太熱不適合釀酒，於是整個夏季便放在酒窖裡低溫熟成。維也納拉格的出現，要感謝一個新的間接烘烤方式，這是在製作淡色麥芽的過程中發現的。1841 年，受到在維也維釀造的新式拉格的啟發，SPATEN 酒廠在慕尼黑推出了一支 Märzen 型啤酒，並於同年 10 月（OKTOBERFEST）上市。但直到 1872 年，SPATEN 酒廠才發行了以「OKTOBERFESTBIER」為名的啤酒。原本是三月啤酒（因為在 3 月釀造）的十月啤酒，其釀造方式的靈感來自維也納啤酒，這樣三者間的關係看懂了嗎？

這三款啤酒的風格都很相似，足以視為同一組：酒精濃度約 5.0% 與 6.0%，酒體中度飽滿，顏色介於金色至紅色，苦味表現均衡，苦度約 20 與 30 IBUs。十月啤酒和三月啤酒的麥芽特徵帶烤麵包香、風味乾淨，維也納啤酒則有較明顯的堅果味。啤酒花在傳統的酒款中，風味表現較淡，但在維也納啤酒中則相當鮮明，並帶有青草香。三月啤酒或維也維啤酒與美國琥珀拉格（American amber lagers）之間有些交集，美國啤酒花品種通常就是決定性的差異。

HACKER-PSCHORR OKTOBERFEST MÄRZEN

德國，慕尼黑
酒精濃度：5.8%
啤酒花：HALLERTAUER

經典酒款

全球最知名的啤酒節起源自 1810 年 10 月，為了慶祝巴伐利亞的路德維希王儲與特蕾西婭公主的婚禮而舉辦。這場持續了幾天的慶典太好玩了，自那以後，啤酒節就作為一個傳統民間節日保留了下來；至今成為全球最盛大的啤酒慶典，時間延長到將近 3 週的狂歡，日期也改到從 9 月底開始（希望能看到 9 月最後的陽光），至 10 月第 1 個週末結束。第一支三月型啤酒隨著時間，演變成有著深金色酒液的啤酒，是吧台上出酒龍頭的霸主，現在多以 1 公升（maß）的帶把厚玻璃杯裝盛飲用。Hacker-Pschorr 酒廠的這瓶 Oktoberfest Märzen 帶點麥片烘焙香、微微焦糖味、麵包及杏仁膏的堅果味，伴隨低調又和諧的啤酒花氣息，最適合在巨大的帳棚底下，與 6 千人一起暢快共飲。

Metropolitan Dynamo Copper Lager

美國伊利諾州，芝加哥
酒精濃度：6.2%
啤酒花：Horizon、Vanguard、Mt Hood

　　「如果説麥芽和啤酒花是釀造的兩極，那麼這瓶啤酒便是介於它們之間的溫和甜味點。」啤酒廠在官網上生動傳神地説道。Metropolitan 酒廠位於芝加哥郊區的一座整潔小車庫裡，在這個綠樹成蔭之地推出一系列很棒的拉格啤酒。道格・赫斯特（Doug Hurst）是這裡的首席釀酒師，他在德國習得釀酒技術，亦在德國愛上拉格啤酒及其優雅和諧的風韻。這瓶 Dynamo 是維也納型的拉格，使用原產於歐洲、但在美國種植的啤酒花來釀造。微微的酸橙與花香從玻璃杯口流洩而出，酒體帶有麵包與烤吐司香氣，酒精含量高，後續伴隨啤酒花的柑橘苦味，使口感漸覺乾燥。酒廠的官網上寫著：「享用 Dynamo 的最佳時機，就是當你口渴的時候。」正合我意。

Lakefront Brewery Riverwest Stein Lager

美國威斯康辛州，密爾瓦基市（Milwaukee）
酒精濃度：5.7%
啤酒花：Willamette、Cascade

　　美國拉格啤酒的故鄉就在威斯康辛州的密爾瓦基市。在 19 世紀中至末期，上千位德國移民橫跨大西洋，部分歐洲人便在密爾瓦基市的湖畔落地生根。他們不想喝因受到殖民影響而變得色深、渾濁的啤酒，相反地，他們懷念起充滿家鄉味的拉格啤酒。從 20 世紀初起，密爾瓦基市的 Pabst、Blatz、Schlitz 和 Miller 酒廠便躋身全美最大的酒廠行列，如今只剩 Miller 酒廠還在這個城市裡運作，酒廠裡一場新式拉格的革命正在沸騰，借鑑傳統再加以進化。Lakefront 酒廠的 Riverwest Stein 便是最好的例子，如同經典維也納啤酒的琥珀色，中層結構帶著太妃糖與烤麵包的香氣，來自美國啤酒花的馨香和輕微的柑橘香氣，但啤酒花同時留下餘味悠長的明顯苦韻。回想 19 世紀末的密爾瓦基市，當時的拉格啤酒便有點像這個味道……

Les Trois Mousquetaires Oktoberfest

加拿大，寶樂沙市
酒精濃度：6.0%
啤酒花：Hallertauer、Perle

　　Les Trois Mousquetaires 充滿美味的香氣，包括帶著烤麵包香的麥片味、黑麥麵包與烤堅果味，同時還能聞到隱約的漿果氣息和德國啤酒花的辛香。滿口的麥香，卻不會過於濃烈，啤酒花在舌上留下輕鬆的易飲性及想回頭再來一杯的解渴舒爽。適合搭配德國香腸、德國酸菜和椒鹽脆餅。它是十月節慶啤酒能促進健康、恢復精力的證明，2011 年的德國啤酒節，有 1 台電動輪椅、1 對拐杖和 370 副眼鏡在失物招領處等待認領。啤酒萬歲！

Nils Oscar Kalasöl

瑞典・尼雪平（Nyköping）
酒精濃度：5.2%
啤酒花：Fuggles、Cascade、
Saaz

　　這支啤酒的名字翻譯過來便是「節慶啤酒」
（fest beer），是瓶具有十月節慶啤酒特色的瑞
典啤酒。原本屬於時令限定的產品，但由
於太受歡迎，現在已改成 Nils Oscar 酒
廠全年供應的多款啤酒之一。紅銅色的
酒液有著奶油色的豐厚泡沫層，混合了
麥芽與啤酒花的香氣，尾韻像是一片抹
上太妃糖的吐司，帶一點柑橘香。啤酒
花的組合意外成功，有著土味、辛辣
的英國 Fuggles 啤酒花，可和啤酒本
身粗暴的苦味結合；帶葡萄柚和花
香的美國 Cascade 啤酒花，則能
中和啤酒的濃膩；細膩芳香的捷克
Saaz 啤酒花，散發出能平衡整體風
味的果味和草本植物氣息。飲用十
月節慶啤酒時，少不了搭配食物，
在購物清單加上雞肉、香腸、豬腳
和椒鹽脆餅，然後再多訂幾瓶吧。

Bamberg De Wiesn

巴西，聖保羅（Sao Paulo）
酒精濃度：5.7%
啤酒花：Hallertauer Magnum、Hallertauer
Mittelfrüh、Hallertauer Saphir

　　Wiesn 是德國當地對慕尼黑啤酒節的稱
呼，意謂「草坪」。Bamberg 酒廠的啤酒，
由亞歷山大・巴索（Alexandre
Bazzo）負責釀製，遵循德國純酒
法（Reinheitsgebot）的釀造程序，
德國純酒法規定啤酒只能用麥芽、
水、啤酒花和酵母來釀製。不但如
此，Bamberg 酒廠的所有啤酒
釀造靈感都來自德國啤酒，透
過重新詮釋，將傑出的德國型
啤酒引進巴西。這瓶酒帶有餅
乾、烤麵包與焦糖的口感，德
國啤酒花增添了花香與草本植
物氣味，擁有真正清爽、乾淨
清新的味道。放置在酒槽中熟
成，熟成期長，是瓶時令限定
的酒款，蓄勢待發靜待 9 月份
的派對。

Avery The Kaiser Imperial Oktoberfest

美國科羅拉多州，博爾德市（Boulder）
酒精濃度：9.3%
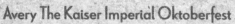
啤酒花：Magnum、Sterling、Tettnang、Hersbrücker

　　作為 Avery 酒廠的獨裁者系列啤酒之一，這瓶 The Kaiser Imperial
Oktoberfest 與 The Maharajah（帝國印度淡啤酒）、The Czar（帝國
司陶特）三足鼎立，成為酒廠三巨頭，等著看釀酒師如何推進傳統風格的
發展。The Kaiser 的表現超越極限，酒液呈紅銅色，充滿焦糖麥芽、焦糖
與麵包味的主導香氣中，散發出香草、杏仁及些許酒烤蘋果與核果味，
聞起來有點像蛋糕。啤酒花帶著辛辣、芳芬的苦味迎擊，均衡風味，又不會過
於刺激味蕾；酒體強勁、風格強勢、滋味強烈，以勢如破竹的氣勢將你吞沒。這是瓶
你從未體驗過的十月慶典啤酒，但仍保留了這類啤酒最令人印象深刻的基本特色。在品嚐這瓶啤酒時，
你會希望來一塊全球最大的椒鹽脆餅。

在製麥人能製出淡色麥芽前，啤酒都介於紅－棕－黑的顏色，直到 19 世紀末，全球才開始經常性地釀造淡色啤酒。黑拉格慶典喚醒了從前的一種啤酒風味，GERMAN DUNKELS（德國黑啤）和 SCHWARZBIERS（黑啤酒），以及捷克黑拉格，更是其中的經典。DUNKEL 意謂「深色的」，而 SCHWARZ 意謂「黑色」。SCHWARZBIERS 使用更多的重度烘烤大麥，使啤酒成色更深，產生更重的麥芽苦味。黑拉格源自德國巴伐利亞，在淡啤酒（HELLES）接替前是民眾的日常飲品。在中歐以外的地區，它並非最受歡迎的啤酒類型，這實在有點不太對勁，因為它既有雅致清爽的口感，又表現得極度複雜有趣。

黑拉格啤酒 DARK LAGER

這類風格的啤酒風味以麥芽為主，但又帶著含蓄的優雅（總之，最棒的黑拉格啤酒就像這樣）。酒液顏色從紅棕至不透光的黑色都有，酒體表現可從輕盈到厚重。麵包、巧克力、焦糖和焦色麥芽形成主體風味（焦色麥芽的苦味低），經典的啤酒花香同時均衡整體風味，偶爾竄出一點花卉氣息。與深色的外表相比，口味比想像中清淡，酒精濃度通常介於 4.0-6.0%。很適合佐餐飲用，在世界各地都很吃得開；可以試試東歐重口味的肉食料理、壽司或墨西哥料理，啤酒那巧克力色的外衣能冷卻墨西哥料理中可怕的辣味。

U FLEKŮ

捷克，布拉格
酒精濃度：4.6%
啤酒花：Saaz

經典酒款

捷克的啤酒釀造史已超過 500 年，也讓這間酒吧成為全球最古老的自產自銷酒吧之一。穿過老舊的門扉，進入裝飾華麗的大廳，這裡有許多人正在享用 Tmavý Ležák（一種黑拉格），它也是這裡釀製的唯一一種啤酒。端著巨大盤子的男人四處奔走，盤子上方放滿啤酒和小酒杯，小酒杯中裝著當地酒勁猛烈的冰爵力嬌酒。還來不及點酒，就有人把酒送到你手中，但不需要有壓力，沒有喝也沒關係。很容易便會在這裡待上數小時，看看四周忙碌的步調，與背景舒緩的手風琴音樂形成對比。啤酒本身很棒，有著飽滿的質感與酒體，風味深沉。釀好後貯放在橡木大桶中發酵，既不苦，也沒有劇烈的烘焙味，只有巧克力的甜味、焦糖與煙燻香，只點一大杯絕對是不夠的。如果你能找到比這瓶啤酒更好的黑拉格，請一定要告訴我。

Port Brewing Hot Rocks

美國加州，聖馬可斯市（San Marcos）
酒精濃度：6.2%
啤酒花：Hallertauer Magnum、Tettnang

　　這啤酒的釀造方式在今日非常罕見，過去雖然實行了幾百年，但到了 20 世紀初逐漸消聲匿跡。過去有些釀造師會使用木器皿來釀酒，但從下方升火加熱的效果不盡理想，因此在釀造這類啤酒時，釀酒師會在麥芽漿或麥汁中投入燒紅的石頭，以製造能迅速沸騰的高溫。固定使用的岩石類型被稱為「硬砂岩」，能承受從火焰到液體的熱量轉換而不會碎裂。但當不鏽鋼器皿普及後，這個手法便逐漸乏人問津，直到後來的精釀啤酒師又開始朝火源扔石頭。這是瓶在 3 月與 4 月推出的時令啤酒，Port Brewing 酒廠的這瓶啤酒外觀呈可樂色，酒體厚實，散發些許烘焙味、來自糖分焦糖化後的太妃糖味、熱烈的煙燻味、土壤灰燼般的苦味及芬芳的酒花香氣。超酷！

Bamberg Schwarzbier

巴西，聖保羅
酒精濃度：5.0%
啤酒花：Hallertauer Magnum、Hallertauer Mittelfrüh

　　這間巴西小型釀酒廠生產各式經典德國風格啤酒，並贏得不少獎項。其中有瓶名為 Munchen 的黑啤酒（Dunkel）和這瓶 Schwarzbier，是黑拉格啤酒愛好者絕不能錯過的佳釀。這瓶酒近乎黑色，酒緣略微泛紅。豐厚的酒泡會逐漸消散為薄薄一層，能聞到巧克力、咖啡和餅乾的氣味，鮮明又不會令人無法忍受，幫助啤酒維持輕盈口感。啤酒花及麥芽的苦味同時結合成乾澀、帶烘焙味與花香的解渴風韻；Munchen 的顏色較淡，有堅果和焦糖的氣味而非燒烤味。兩者皆承正統工法釀製，餘味巧妙，好比一位巴西前鋒對上德國守將。可以搭配 feijoada（一種巴西料理，牛、豬、豆類和蔬菜小火燉煮而成）一起享用。

Grimm Brothers The Fearless Youth

美國科羅拉多州，拉夫蘭市（Loveland）
酒精濃度：5.2%
啤酒花：Magnum

　　Grimm Brothers 酒廠的每支啤酒都是德國風格，並以古老的德國童話為主題。這瓶酒的故事講述一位頭腦簡單、純樸、不知恐懼為何物的男孩，即使遇到令人不寒而慄的挑戰也從不害怕。某天，旅館老闆叫他在鬧鬼的城堡裡住上 3 個晚上。在他之前已經有很多人試過了，但無人成功。如果他沒有被城堡嚇破膽、成功度過 3 晚，便可以迎娶公主並獲得城堡裡的財富。這位男孩泰然自若地在城堡裡住了 3 晚，克服了 3 次殘忍的考驗，最後終於娶到了公主；他對新婚妻子僅有的抱怨，就是他仍然不知何謂恐懼——直到某天晚上，公主把一桶冰涼的河水倒在他身上，他哆嗦著醒來。

The Fearless Youth 這款酒呈紅寶石棕色，非常澄澈，口感輕盈；葡萄乾、堅果風味，挾帶焦糖與烤麵包香，含蓄而不會偏甜；麥香明顯，伴隨啤酒花的餘韻，就好比在故事最後畫下的完美句點。

Ca l'Arenys Guineu Coaner

西班牙，Valls De Torroella
酒精濃度：4.7%
啤酒花：Galena、Saaz

西班牙精釀啤酒的發展一直落後其他啤酒大國，但它們正逐漸加快趕上大家的腳步。Guineu 酒廠釀造了一系列很有趣的啤酒，有酒花氣息豐郁、酒精濃度 2.5% 的愛爾淡啤酒，也有風味渾厚的美國司陶特。這瓶 Coaner 是款紅褐色的黑拉格，風格介於 Schwarz 和 Dunkel 兩種黑啤酒之間，使用少許煙燻麥芽釀製而成。開瓶後，巧克力和烘烤麥芽的味道首先撲鼻來到，接著是紅糖、李子、葡萄乾和一點香甜的煙燻味，聖誕香料氣息（充滿節日氣息的混合香料）隱約點綴其中。它的風味越喝越顯濃郁，裡面的煙燻味就像一位短途旅行的領隊，妥善照顧每個味道，讓大家和諧共處。在 37 IBUs 的苦度護航下，乾果、可可粉、烤堅果，以及芬芳的啤酒花香和苦味在你的舌尖起舞。用當地的食物搭配當地的啤酒，試試醃豬肉或當地的 borifarra 米血糕；番茄為主的燉菜料理也不錯，Coaner 的淡淡煙燻味能壓制番茄的酸味。

Austin Beerworks Black Thunder

美國德州，奧斯汀
酒精濃度：5.3%
啤酒花：Magnum、Tettnang、
Saaz、Hallertauer

「奧斯汀古怪不滅。」（Keep Austin Weird）已成為德州首都貼在汽車保險桿上的一句口號，也是用來推廣當地企業獨創性的方式。Austin Beerworks 酒廠算不上奇怪，但絕對很與眾不同，也對當地啤酒業的發展有著深厚影響。Black Thunder 是他們重新詮釋後的德國黑啤酒（German Schwarz）。酒液呈深棕色，巧克力、烤堅果、烤焦麵包及焦糖香首先撲鼻而來，伴隨著隱晦的烘焙水果氣味。口感乾淨、清淡，碳酸氣的刺激使它在德州陽光下喝起來特別爽口，最後以啤酒花美妙的乾澀味收尾；所有的氣息都以諧美的方式提醒你它們的存在。這瓶啤酒可以搭配燒烤或煙燻肉類享用，酒中那深沉的烘焙氣息能均衡烤肉的焦味。當你忙著翻轉烤架上的食材時，來罐罐裝的 Black Thunder 吧。

Pretty Things Lovely St Winefride

美國麻薩諸塞州，劍橋市
酒精濃度：7.0%
啤酒花：Hersbrücker

喝完啤酒後，我習慣把飲用的心得記在一本黑皮小冊子裡，裡面只有 1 瓶酒讓我寫了超過 1 頁，那就是這瓶 Lovely Saint Winefride。這是瓶棕色拉格啤酒，有著棕黃色的酒泡，濃郁的巧克力、烤堅果、香草、土壤、啤酒花香氣，以及一點煙燻味。它的口感正是令酒客喝了心花怒放的原因：醇厚而滑順，每一口都嚐得到甜味和黑麥麥香，構成豐富又複雜的輕盈口感，香氣開胃、乾澀的苦味悠長，整體洋溢著啤酒花清爽的風味，每一口都是滿足。我的筆記讀起來像封熱情的情書，開頭就寫道：「他們怎麼能釀出這麼好的啤酒？」最後再以一聲讚嘆結尾。

勃克啤酒家族 THE BOCK FAMILY

來認識勃克（BOCK）、雙倍勃克啤酒（DOPPELBOCK）、勃克淡啤酒（HELLERBOCK）和五月勃克（MAIBOCK），它們是德國的烈性拉格家族。勃克和雙倍勃克啤酒分別從 16、17 世紀開始發展。中德的埃因貝克（EINBECK）是一座以風味強勁的啤酒聞名的市鎮，這裡出產的啤酒遍佈歐洲各地，這就是勃克的家鄉。就像現代球團會用大筆資金挖角潛力無窮的足球選手，有位埃因貝克的釀酒師也因勃克啤酒聲名大噪而被帶到慕尼黑，為巴伐利亞的人釀造美味的勃克啤酒。這類啤酒日後也逐漸從此地開始向外擴散。

雙倍勃克啤酒誕生於慕尼黑一間修道院，在精釀啤酒界萌發對帝國（IMPERIAL）及雙倍（DOUBLE）酒款的熱情前，這裡的釀酒修士早有先見之明，釀造出酒感更強烈的勃克啤酒，風味之飽滿堪稱啤酒界的「液體麵包」（Liquid Bread）；修士會在齋戒期間飲用雙倍勃克啤酒，以補充身體不足的營養。五月勃克和勃克淡啤酒則分別有著琥珀色與金色的酒液。傳統上，酒廠會在春天推出這類啤酒，啤酒花的氣息非常鮮明。

飲用這類啤酒就像睡在一袋麥粒上，勃克和雙倍勃克啤酒擁有舒心的麥香，那正是這類啤酒的關鍵特色。它們散發著液體麵包和烘烤麥芽的甜味（雙倍勃克啤酒的味道更加濃郁），啤酒花表現低調，酒液成色介於金色至黑色之間，但仍以紅褐色居多。酒體中等，隨著酒勁增強，往往伴隨殘餘甜味。苦度很少達到 30s。包括 5 月勃克和勃克淡啤酒在內的勃克啤酒，酒精濃度為 6.0-7.5%，雙倍勃克則介於 6.5-8.0%。勃克啤酒在表現麥芽的奢美風情上，可謂是一枝獨秀。

Ayinger Celebrator Doppelbock

德國，艾因格（AYING）
酒精濃度：6.7%

　　Ayinger Celebrator 酒廠的啤酒上會附贈一隻山羊吊飾，相信每位啤酒愛好者應該都收藏了不少他們家的塑膠小山羊。我不知道他們為什麼要在酒瓶上掛一隻山羊，但在享用啤酒時，那確實是個不錯的小禮物。Bock 在德文中是指「公羊」，許多品牌的標籤都以山羊為主角。有個有趣的故事是說，某天有位公爵和騎士參加了一場奇怪的拼酒大賽，騎士最後喝得酩酊大醉而輸了比賽，卻把錯都怪到山羊頭上。埃因貝克（Einbeck）的巴伐利亞發音，聽起來就像「埃因勃克」（Ein bock），也許山羊（bock）的典故就從那而來。酒液呈深褐色，上方有著棕褐色的泡沫層。不甜，有巧克力、乾果和微微的烤肉味（伴隨一縷煙味），出色的複雜度，酒花風味輕柔均衡。

Emelisse Lentebock

荷蘭，Kamperland 鎮
酒精濃度：7.5%
啤酒花：Saaz、Motueka

　　把勃克啤酒想像成按季節變化的光譜，它們按照慣例會在秋天上市，是以剛剛採收的原料釀造而成的第一批啤酒。隨著酒液慢慢冷卻、色澤變深，雙倍勃克啤酒能為你帶來溫暖，趕走冬日寒意。隨著時間越加春暖亮麗，勃克啤酒的風味也越加輕盈，五月勃克和勃克淡啤酒堂堂登場，它們是成色較淡的春季酒款，酒精濃度較低，啤酒花餘味更鮮明。當淡啤酒和皮爾森啤酒在夏日陽光顯得無精打采時，五月勃克啤酒卻表現得神采奕奕。Emelisse 酒廠的 Lentebock 呈明亮的琥珀色，能聞到杏桃和水蜜桃、熱帶水果、橘皮、乾草以及一點穀物香氣。蜂蜜與花香，中間麥芽帶著太妃糖香，大膽地使用啤酒花，為啤酒帶來豐盈鮮美的苦味，充滿明媚陽光下的春日氣息。

Scharer's Little Brewery Bock

澳洲，雪梨
酒精濃度：6.4%

傑弗里・謝爾（Geoffrey Scharer）是位澳洲精釀啤酒界的先鋒英雄。當時要申請啤酒廠的執照時，他才發現申請的表格根本不存在，另外卻有一整疊的關閉酒廠申請書……1981 年，他獲得澳洲第一張可在營業場所釀酒的許可證，終於能盡情釀造喜愛的德國風格啤酒，並直接在自己的酒館 George IV Inn 裡販售。1987 年以前，他釀造的啤酒都經由管線，直接從酒槽運輸到酒館吧台上的出酒龍頭，Burragorang Bock 為其代表作。2006 年，大衛・賴特（David Wright）和盧克・戴維斯（Luke Davies）兩人接手酒館及啤酒廠，

繼續生產並重新命名為 Scharer's Bock。酒液呈深棕色，散發烤麵包、巧克力和一點烘焙味；有乾果的甜味和一點苦味，口感輕盈，整體風味諧和。傑弗里・謝爾已於 2012 年初逝世。

Great Lakes The Doppelrock

美國俄亥俄州，克里夫蘭
酒精濃度：6.4%
啤酒花：Hallertauer

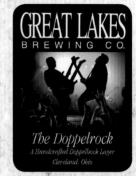

我、馬特和馬克在密爾瓦基市的酒吧裡舉辦了一場品酒集會，6 款啤酒各點 3 瓶共 18 瓶啤酒放在我們面前。「哇，這瓶雙倍勃克真好喝！」我邊喝著 The Doppelrock 邊讚嘆出聲，雙倍勃克啤酒並不像冰箱裡常見的皮爾森啤酒或愛爾淡啤酒，這主要是因為它又甜又強勁，我個人並不常喝這類風味的啤酒，因為多數時候比起麥香，我更渴望啤酒花的風韻。馬特和馬克分別在喝到 The Doppelrock 時都頓了一下，驚訝道：「哇，這瓶雙倍勃克真的很好喝！」麵包與乾果的味道，伴隨微微的巧克力香，酒體飽滿，充塞口中的味道令人痛快（這就是液體麵包的威力）。乾而不甜，複雜有趣，是我們全員一致公認的美味。

Birrificio Italiano Bibock

義大利，盧拉戈馬里諾內鎮（Lurago Marinone）
酒精濃度：6.2%
啤酒花：Magnum、Hersbrücker.

我們在羅馬的 Ma Che Siete Venuti a Fà 酒館裡，酒館名字的意思大概是「你在這裡做什麼？」很多人都會來這裡看球賽。我點了一杯 Bibock，立即愛上其清新的香氣：啤酒的果味、青草和馨香從玻璃杯口溢出，就好像我把頭探進了裝滿德國啤酒花的麻袋裡。勃克啤酒並不以啤酒花的表現而聞名，但酒客的鼻子也常被其酒花香氣俘虜。酒液呈焦糖紅色，在啤酒花的氣息下，飄著輕柔、帶焦糖味的麥香，餘味乾而輕脆，當你喝上一口，明顯的酒花氣息迎面而來，伴隨一種辛辣、青草的清新感——在隔日早晨，我還能感受到啤酒花的氣息。遵循書上的作法，再加上自行調整的啤酒花，Italiano 酒廠漂亮地重新詮釋出經典風味。Ma Che Siete Venuti a Fà？品嚐 Bibock 啤酒啊。

Coney Island Human Blockhead

美國紐約州，紐約市
酒精濃度：10.0%
啤酒花：Warrior、Tettnang、Liberty、
Crystal、Cascade

　　這是一瓶美式帝國勃克啤酒，看到酒
標上那位把釘子敲進自己鼻子裡的小鬍
子男人，你就可以想像 Coney Island
酒廠的瘋狂！Blockhead 是瓶風味
渾厚的雙倍勃克啤酒，使用德國與美
國啤酒花來釀造，主導的麥香中帶有
焦糖、烤麵包、紅糖、麵包、堅果
和乾果的甜味，啤酒花維持風味均
衡，同時增添一股辛辣的馨香與植
物的苦味。想像你正在觀賞馬戲團
裡的胖女士表演走鋼索，這便是你
將體驗到的滋味：渾厚又粗野，卻
怎麼樣都移不開目光。注意找找貯
放於波本威士忌酒桶內熟成的酒款
──這次她不只走鋼索，同時還在
玩火。

Cervejaria Way Amburana Lager

巴西，皮尼艾斯市（Pinhais）
酒精濃度：8.4%

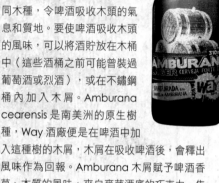

　　將啤酒貯存於木桶中熟成的作
法已有幾百年的歷史。今日不鏽
鋼普遍取代木頭，但也有釀酒師
重新使用木桶，並刻意選用不
同木種，令啤酒吸收木頭的氣
息和質地。要使啤酒吸收木頭
的風味，可以將酒貯放在木桶
中（這些酒桶之前可能曾裝過
葡萄酒或烈酒），或在不鏽鋼
桶內加入木屑。Amburana
cearensis 是南美洲的原生樹
種，Way 酒廠便是在啤酒中加
入這種樹的木屑，木屑在吸收啤酒後，會釋出
風味作為回報。Amburana 木屑賦予啤酒香
草、木質的風味，來自麥芽酒底的巧克力、焦
糖和乾果味之下，還有淡淡櫻桃和酸味水果的
氣息。最後以乾爽、帶草本植物氣息的苦味與
木頭的單寧酸混合後，畫下完美句點。這是瓶
獨一無二、充滿巴西風情的出色啤酒。

Baden Baden Bock

巴西，坎普斯－杜若爾當鎮（Campos do Jordão）

　　從全國主要釀造的啤酒風格便能明顯看出，巴西人口中有不少德國人。皮爾
森啤酒、淡啤酒、黑啤酒與小麥啤酒等類型的改良酒款遍布巴西，雖然受到美
國精釀啤酒的影響，但烈性啤酒尚未在此處流行開來。布盧梅瑙（Blumenau）
是東南方的一座城市，1850 年由德國人建成，這一方之地現在仍維持著德國的
生活型態，居民每年也會舉辦啤酒節（Oktoberfest），與大約 100 萬名的遊
客同歡；另外，這裡也是 Eisenbahen 這家頂級精釀啤酒廠的發源地，他們專
門釀製德國型的拉格啤酒。越往北走，Cervejaria Baden Baden 酒廠便座落
於聖保羅和里約熱內盧（Rio de Janerio）之間，他們的底層發酵啤酒陣容包
括一款皮爾森啤酒和這款勃克啤酒。酒液呈紅銅色，充滿焦糖麥芽香氣，隱約
還聞得到巧克力、葡萄乾和咖啡香，隨後一陣胡椒與青草味的啤酒花氣息襲來。
這是一瓶擺動著性感巴西臀部的德國勃克。

德國珍品啤酒 GERMAN CURIOSITIES

這是稀奇且罕見的頂層發酵啤酒，源自舊世界中歐，每種啤酒都帶有區域特色。可粗略地將它們分成二種風格：酸啤酒或煙燻小麥啤酒（或有時兼而有之）。它們的歷史可以追溯到幾百年前，現在這批幾近滅絕的倖存者，在企圖重現過去風味的釀酒師幫助下，再次出現在現代酒客面前。這些啤酒的酸味一般來自乳酸桿菌或乳酸，不過最早的時候，它們就像比利時自然酸釀啤酒（BELGIAN LAMBIC）那樣，採自然發酵。

　　留意柏林白啤酒（Berliner Weisse）的身影，這是種酒精濃度低、酒體輕盈的酸啤酒，也是這裡面最常見的酒種；它有著清爽的酸味，按傳統作法，是以混合覆盆子或車葉草的糖漿來降低啤酒的酸味。德國萊比錫地區的啤酒風格則可從 Gose 這款酒中看出端倪，它是瓶酸、鹹的小麥愛爾，傳統上採用自然發酵法，並加入芫荽和鹽巴一起釀製。Grodziskie，或稱 Grätzer，是在地的波蘭風格啤酒，帶煙燻味，酸味中偶爾夾雜銳利的苦味。Lichtenhainer 的風味介於柏林白啤酒和 Grodziskie 之間，口感清淡、帶酸味，使用煙燻麥芽釀製。有些啤酒已經停產，但我們期待哪天它們會再度出現……

BAYERISCHER BAHNHOF GOSE

德國，萊比錫
酒精濃度：4.5%
啤酒花：PERLE

經典酒款

　　Gose 是罕見的德國地方風格啤酒，透過釀酒師焦渴的想像環遊精釀啤酒的世界。歷史上曾一度流行到東方，成為萊比錫當地的啤酒類型。過去在釀造 Gose 時，會使用戈斯拉爾當地含鹽分、礦物質豐富的水，而今日多改成添加鹽巴。在 20 世紀逐漸勢微的這款啤酒，如今捲土重來，釀酒大師在酒槽中加入鹽巴與芫荽，並獲得來自乳酸菌的犀利酸味。Bahnhof's 是一經典酒款，臭氧、檸檬、礦物與香料，融合成獨一無二的鮮美口感，並以其清爽、銳利的鹹味、不同尋常的美味來吸引酒客青睞。釀造 Bahnhof's 的大師馬蒂亞斯・里希特（Matthias Richter）另外也推出了一些瘋狂的啤酒，包括一款於龍舌蘭酒桶中熟成、酒精濃度 10.5% 的 Gose 啤酒、以格烏茲塔名那葡萄（Gewürztraminer）釀製的啤酒，以及使用 Brettanomyces 酒香酵母的波特啤酒。

Bell's Oarsman

美國密西根州，卡拉馬祖市（Kalamazoo）
酒精濃度：4.0%

幾個流行的啤酒類型正逐漸推動柏林白啤酒的發展，使其成為日益受歡迎的啤酒種類。隨著酒客開始追求不同的口感享受，他們對酸啤酒的賞識也越發熱烈。越來越多人對舊式的啤酒風格產生興趣，濃度較低的啤酒益發受到注目，啤酒廠的小麥用量比以前更多，而酒客更加成熟的味蕾，使他們轉而尋找精緻微妙的風味，來取代啤酒花濃厚氣味的重襲。柏林白啤酒符合上述一切描述，而 Bell's 酒廠的 Oarsman 便是一瓶很平易近人的柏林白啤。外觀霧濁、呈白金色，擁有純淨輕盈、令人回味的新鮮檸檬氣息，微微的中果皮味，苦味低，隱約的乳酸味，以及清涼如夏日陽光下冰鎮飲品的風味。大熱天下覺得焦渴難耐嗎？來瓶 Oarsman。

Freigeist Bierkultur AbraxXxas

德國，科隆（Köln）
酒精濃度：6.0%
啤酒花：Spalter Select

這是瓶風味更強的 Lichtenhainer 型啤酒，由一家特立獨行的德國精釀啤酒廠所釀製。Lichtenhainer 是種煙燻風味的小麥酸啤酒，賞味期通常較短，酒精濃度低，帶苦味，今日現存的酒款只剩 1、2 瓶，是種近乎滅絕的啤酒類型。正因如此，我剛發現這瓶進階版的 Lichtenhainer 型啤酒時，就好像看見一隻獨角獸在彩虹盡頭跳舞般不可置信。Lichtenhainer 啤酒通常使用愛爾酵母進行發酵，之後再受到乳酸菌的影響而變酸。煙燻麥芽的煙燻香氣從玻璃杯口流洩而出，輕嗅一口，首先會注意到泥炭的煙和泥灰味。酒液呈霧濁的金黃色，煙燻味中混著一股乳酸的酸味，散發出柑橘與葡萄的果味，彷彿一道水果盤落進了火中。頭幾口可能會因它的酸味而不自覺蹙眉，但最後在口中留下的煙燻味經久不息，非常獨特，錯綜的風味層次幾近複雜難解，神祕的氣質無人能出其右。

Upright Brewing Gose

美國奧勒岡州，波特蘭（Portland）
酒精濃度：5.2%
啤酒花：Hallertauer

這瓶 Gose 使我想起坐在海邊啜飲香檳的場景。空氣中傳來陣陣鹹味，清新的微風徐徐吹來，口中迸發歡騰的氣泡以及清脆的酸味。Upright 酒廠的 Gose 有著這類啤酒該有的鹹味，那正合你意，那股鹹味就像顆隱藏按鈕，直接驅動大腦中的飢餓開關，刺激你的食慾。鹹味結合淡淡的酸味、鹹辣的芫荽，以及乾澀、清爽的餘味，這是瓶會讓你想邊喝邊吃的啤酒。搭配肉類食品，酒中的鹹味會使肉吃起來更香；或者配上奶油乳酪，啤酒的酸味會與乳酪激盪出夢幻般的新鮮感。除了這瓶 Gose，Upright 酒廠還出產其他一系列優質啤酒，包括桶內熟成啤酒、很棒的比利時風格啤酒和現代美式啤酒。

Professor Fritz Briem Piwo Grodziski

德國，佛萊辛市（Freising）
酒精濃度：4.0%
啤酒花：Ferle、Saaz

在芝加哥的某個夜晚，我們在雨中走了好久才抵達 Local Option 酒吧，夜色已深，我們疲憊不堪，只想趕快來瓶風味奔放的 IPA，喚醒沉睡的感官。但一看到生啤酒的酒單，我身為啤酒控的雷達自動啟動，在另外兩個人還來不及挑選想要的啤酒前，一步衝到吧台前帶了 Grodziski 回來。這是柏林白啤酒亦是一瓶 Gose 啤酒，說實話，我甚至不知道 Grodziski 是什麼，但就是想喝！Grodziski 也稱 Grätzer，是採頂層發酵的酸味小麥啤酒，使用山毛櫸木燻製的麥芽釀造而成。看起來中規中距，酒液中盤旋上升的小氣泡使外觀呈霧濁狀的淡金色，這樣的外觀印象卻會讓人對它的味道產生誤解，事實上，它擁有柑橘與乳酸的酸味，丁香、營火、香蕉甜味，以及粗獷的苦韻。

Farmers' Cabinet Layover in Berlin

美國賓州，費城
酒精濃度：3.0%

你在選擇每日的第一瓶啤酒時，一定要非常慎重。挑錯啤酒就像把鞋子穿錯腳，會令你在失衡的風味中跌跌撞撞；選到正確的啤酒，則使你掛上勝者的微笑。在我風塵僕僕抵達哥本哈根的啤酒節會場後，很快就挑中它作為我的第一杯酒，它確實令我愉快地笑了。一開始我是看上其輕盈的口感與令人滿足的酸味，應該能提振我的精神，卻沒想到它會使我如此驚豔。乾淨而細膩的風味，彷彿長相思葡萄（Sauvignon Blanc）的氣息，掺雜芒果、鵝莓、百香果和葡萄的味道，清爽卻不單調，微酸，非常清新。那天我不斷地點了一杯又一杯。

The Bruery Hottenroth

美國加州，普拉森（Placentia）
酒精濃度：3.1%
啤酒花：Strisselspalt

柏林白啤酒的傳統作法會在酒液中混入覆盆子或車葉草的糖漿，以降低啤酒酸性；我個人喜歡純粹的柏林白啤原本那乾淨、清爽的特質。The Bruery 啤酒廠以一系列討喜的歐洲型啤酒聞名，他們獨家釀製的啤酒還包括大量採用桶內熟成的酸啤酒。這瓶 Hottenroth 使用了乳酸桿菌，增添了酸味和檸檬的氣息，而 Brettanomyces 酵母則使啤酒毫無酸味，反而變得乾爽及帶些許特殊氣味（這種酵母最典型的味道就像馬匹蓋的毯子）。倒在杯中呈現很淺的淡黃色，散發檸檬與乳酸的香味；純粹的風味中點綴一點土壤和蘋果的氣息和微微酸味，尾韻乾澀（苦度只有 2 IBUs）。很難再找到比 Hottenroth 更清爽的啤酒了。想要享受奢華的美味嗎？早餐時配上一瓶 Hottenroth，或者來杯特調的含羞草啤酒（beer mimosas）吧。

Grimm Brothers Snow Drop

美國科羅拉多州，拉夫蘭市（Loveland）
酒精濃度：5.2%
啤酒花：Magnum

Snow Drop 是
瓶 Köttbusser 風格
的德國型愛爾啤酒，
添加了蜂蜜、燕麥
和糖。德國純酒令
（Reinheitsgebot）
最初明文規定，只能使
用大麥、水和啤酒花來
釀造啤酒，純酒令的勝利令 Köttbusser 風格的
啤酒就此消失在歷史舞台上。Grimm Brothers
酒廠的每瓶酒都結合了一則古老的故事，而這
瓶酒講的是格林兄弟筆下的雪花公主（Snow
Drop）如何變成家喻戶曉的白雪公主（Snow
White），但故事最初的版本結局可不像迪士尼
演的那麼幸福快樂……加入糖蜜釀造的這瓶酒，
酒液如同金蘋果，隱約可聞到花香蜂蜜、香蕉、
梨子的酯類香氣，以及一點橘皮氣息。酒體滑順，
啤酒花氣息細膩，餘味乾淨。當著純酒令的面，
Köttbusser 風格的啤酒又回來了。

Schremser Roggen

奧地利，施雷姆斯鎮（Schrems）
酒精濃度：5.2%
啤酒花：Malling

Roggenbier 是瓶德國風格的黑
麥愛爾，其歷史可追溯至 16 世紀，
後來因為黑麥被視為烘焙的重要原
料，因而逐漸消失在啤酒界，直
到 20 世紀末，這類啤酒才再次出
現。你能想到的現代酒款，例如
Dunkelweizen，就是以發芽黑麥
取代原先的小麥。這種類型的啤酒
現存酒款並不多，其中很美味的一
瓶就在 Schremser 酒廠。棕色酒液
外觀霧濁，能嚐到黑麥的辛香、麵
包與草本植物味，芬芳的底層馨香
中，混合了酵母菌的丁香和香蕉味。
酒體中等、柔順，散發黑麥麵包、太妃糖、香
料、薄荷、酒花的土味，以及來自黑麥的乾燥、
近酸的餘味。這瓶啤酒很容易搭配食物，例如
在黑麥麵包中夾入 pastrami 肉片，然後擠上
大量的芥末和 gherkin 醃黃瓜的紐約風格三明
治，就很對味。

Westbrook Lichtenhainer

美國南卡羅來納州，芒特普林森（Mt. Pleasant）
酒精濃度：4.2%
啤酒花：Millennium

在你嗅聞、品嚐這款啤酒之前，一場視覺與聽覺的饗宴已然
揭開序幕：激烈的泡沫漩渦圍著玻璃杯，氣泡聲嘶嘶作響，爭
先恐後、橫衝直撞地衝向頂層的綿密白色泡沫；側首傾聽這過
去經常被忽視的聲音，你可以聽見氣泡的呼嘯聲。喝起來偏甜，
帶煙燻肉和一點檸檬汁的味道，用山毛櫸木燻製的麥芽以及類
似乳酸柏林白啤酒的犀利酸味。富含水果和柑橘的氣味，在鼻
間縈繞的煙燻味，令人想到營火晚會隔日早晨的襯衫。與它最
對味的食物就像它標籤上畫的：豬肉和椒鹽脆餅。

科隆（KÖLN）這座釀酒小鎮一直以啤酒自豪。19世紀末，拉格淡啤酒逐漸受到當地人歡迎，漸有威脅到本地啤酒地位之勢；科隆釀酒者協會（KÖLN BREWERS' GUILD）決心要釀出屬於自己的啤酒來一較高下。精釀啤酒的釀酒師深愛這些出色的地方變種啤酒，常常四處探訪這類啤酒的蹤影。在底層發酵的拉格啤酒圍繞下，科隆啤酒則採用頂層發酵法。品嚐科隆啤酒時，會使用200毫升（7液量盎司）的「Stangen」細長玻璃杯來盛裝，而且它跟香檳酒和羅克福乾酪（Roquefort）一樣，都遵守歐盟原產地名稱保護制度（Protected Designation of Origin）的規範。科隆啤酒是打扮得像拉格的愛爾啤酒。

科隆啤酒 KÖLSCH

科隆啤酒使用愛爾酵母進行發酵，跟拉格啤酒一樣，在低溫下慢慢熟成。這類啤酒色澤清淡、高度發酵，啤酒花氣息濃郁。高溫發酵會使啤酒產生水果香氣，釀製用的軟水則使口感柔潤、質地滑順，最後啤酒花橫插一腳，留下乾澀餘味。過濾後，乾澀的啤酒花餘韻會更加明顯。傳統的科隆啤酒酒精濃度約5.0%、苦味度25 IBUs。這是種精緻、令人百嚐不厭的啤酒，作為拉格啤酒的另一選擇，逐漸風靡全球。

PÄFFGEN HÖLSCH

德國，科隆
酒精濃度：4.8%

經典酒款

你可以在市面上買到其他來自科隆的科隆啤酒，例如 Früh、Gäffel 和 Dom，但必須親自來到啤酒廠才能喝到 Päffgen。這樣也不錯，雖然有時待在家裡很輕鬆舒適，啤酒唾手可得，但能親自去尋找啤酒也是很好的體驗，尤其這類科隆啤酒與地方的聯結本來就密不可分。藉由親身走訪，你能充分認識它。當你喝到 Päffgen，便能體會到科隆啤酒的美味。這間酒廠只釀造一款啤酒，就裝在小小的玻璃酒瓶裡，在你一飲而盡後，會忍不住再來一瓶。酒液明亮而澄淨，擁有微微的麥香，啤酒花氣息鮮明，賦予啤酒乾燥口感、草本植物的果味，以及均衡解渴的餘韻。推薦一定要在現場飲用！

Bi-Du Rodersch

義大利，奧爾賈泰科馬斯科市（Olgiate Comasco）
酒精濃度：5.1%
啤酒花：Magnum、Perle、Styrian Golding、Select

　　看看這瓶啤酒：霧濁的金黃色酒液，倒進杯中時，在上方聚攏的飽滿白色泡沫，讓你頓覺口乾舌燥。與其他許多同類型的啤酒相比，Rodersch 的啤酒花氣息更明顯，這也是它美味的祕密：花草香，柳橙、水蜜桃和杏桃的果味，尾韻帶著一點甜甜的草本氣息，酒體滑順，因省略過濾步驟而留下淡淡奶油香氣（但科隆啤酒很少不過濾）。在感受舌間的乾澀餘韻和豐富果味之前，還聞到白麵包和餅乾麥芽的低調風味。科隆啤酒很適合佐餐，口味清淡卻很有個性，搭配食物不會顯得懦弱而失色。與義大利料理特別對味，尤其是配上義大利科隆啤酒：試試海鮮義大利麵、白醬燉飯，或一大片披薩。

Thornbridge Tzara

英國，貝克威爾（Bakewell）
酒精濃度：4.8%
啤酒花：Perle、Tettnang、Mittelfrüh

　　有些啤酒雖然是屬於地方限定的酒款，但釀造的本質告訴我們，只要藉由平衡水中物質、使用正確的麥芽、啤酒花和酵母，再加上一位傑出的釀酒師，就有可能在世界各地完美地複製任一種啤酒。Tzara 堪稱是瓶標準的科隆啤酒，也是味覺的任意門——在英國雪菲爾市喝上一口，馬上感覺彷彿置身德國科隆。酒液呈淡金色，倒進杯中會形成薄薄一層酒泡。使用的水質賦予它柔潤的口感，全部使用德國啤酒花以及德國酵母菌來釀製，風味出眾。香氣幽微而純淨，散發淡淡檸檬味和果味，來自啤酒花的花香帶著輕微泡泡糖的氣息，細緻又奇妙，吸引你拿起酒杯一再回味，想弄清楚它那複雜卻又誘人的風情。

Metropolitan Krankshaft

美國伊利諾州，芝加哥
酒精濃度：5.0%
啤酒花：Santiam

　　Metropolitan 啤酒廠位於芝加哥近北區（North Side）的安德森維爾區（Andersonville area）。芝加哥和威斯康辛州的密爾瓦基市是釀造美國拉格的重要起源地。19 世紀中期這裡有大批的德國人口，其中許多人住在芝加哥近北區，使這裡成為德國風格啤酒的主要市場。大火、流氓、禁酒令以及啤酒廠的收購，種種打擊使拉格啤酒和釀酒活動在這座城市消失許久，直到西元 2000 年後才慢慢死灰復燃。Krankshaft 不能算是拉格啤酒，但它將德國的風味重新帶回這座城市。它是 Metro 酒廠的暢銷酒款，甜美的果味從瓶口溢出，酒體柔軟、純淨而滑潤，綿長的苦味使你想再來一瓶。

ALT 有時有寫作 ALTBIER，是一款德國愛爾型啤酒，源自杜塞道夫（Düsseldorf），常與科隆啤酒並稱為德國啤酒界的叛徒兄弟檔。ALT 意謂「老」，並非指陳年啤酒，而是因其古老的釀造方式而得名。跟科隆啤酒一樣，老啤酒受到拉格淡啤酒的影響後，才漸漸享譽全球。當皮爾森啤酒挾帶驚人氣勢而來，老啤酒身為杜塞道夫的在地啤酒而受到保護和推廣。老啤酒的釀造過程，使其風格介於愛爾和拉格之間，它使用愛爾酵母低溫發酵（通常愛爾酵母較適合高溫環境），然後像拉格啤酒一樣低溫熟成。它所用的杯具是另一個與科隆啤酒相似的地方，用來盛裝老啤酒的玻璃杯稱之為「BECHERS」，容量一樣是 200 毫升（7 液量盎司）。STICKE 是款較烈、較苦的老啤酒，而 DOPPEL STICKE 則是其進階版。

老啤酒 ALT

酒液呈紅銅色偏棕色。酒精濃度一般約 4.5-5.5%，明顯的苦味受到釀造用的硬水影響而更加突出。經典的老啤酒酒體中等，有麥香卻不甜，有時帶點果味，習慣使用德國啤酒花。延長的陳放時間醞釀出乾淨、醇熟的風味，有別於它非低溫貯藏的親戚。有些老啤酒會精心設計成更時尚的琥珀愛爾啤酒（或反之，偕同琥珀拉格成為一款折衷的啤酒來混淆視聽）。它的身份究竟要如何決定，全取決於啤酒花與酒標的說明。

UERIGE ALT

德國，杜塞道夫
酒精濃度：4.7%
啤酒花：HALLERTAUER、SPALT

當地民眾對在地啤酒的驕傲，是促使頂層發酵的科隆啤酒和老啤酒前進的動力，這兩者都是風味絕佳的啤酒。儘管德國的啤酒市場對老啤酒的反應並不熱絡，但在它的故鄉，老啤酒可是主要的銷售酒款。飲用老啤酒的樂趣在於，你會體驗到一股純淨優雅的精緻風味，那是唯有在酒槽經過長時間的沉澱才醞釀出的輕盈感，相較之下，其他未經貯藏的同類啤酒就顯得笨重而粗陋。在它沉澱放鬆的那幾週，酵母會大肆整頓啤酒的風味，再次吸收你在愛爾啤酒中常見的果味酯香。Uerige 就位於杜塞道夫的舊城區（Old Town），是間自產自銷的漂亮酒吧，跟萊茵河（Rhine）距離很近。赤褐色的酒液頂著一層厚實的泡沫，酒體中等，烤麵包的氣味中伴隨黑麥麵包和堅果味的麥香，苦味隨後挾帶辛香的泥土氣息，越過所有風味襲來。

Nils Oscar Ctrl Alt Delet

瑞典，尼雪平（Nyköping）
酒精濃度：4.5%
啤酒花：Spalt

銅色酒液上方是細緻的灰白色泡沫，帶有一股莓果和黑麥麵包的香氣，風味純淨宜人，聞得到微微的莓果、也許還有一點柑橘味，最後以悠長的土味苦韻畫下句點。瓶中還有更多的氣味，但我無法完全辨識：微妙的複雜層次、出乎意外之外的豐郁啤酒花香、絕佳的味道……我邊喝邊看著這瓶啤酒，努力在腦中搜尋我認不出的那個氣息究竟是什麼？啤酒花究竟施了什麼花招？他們究竟用了什麼麥芽，能產生這樣的風味？手中的啤酒只是淡淡地回道：「喝就對了，別再想了你這白痴！」喝就對了。這是一瓶會讓你大腦自動關機的啤酒，它不需要太多關注，卻依然該死地好喝。

Freigeist Bierkultur Hoppeditz

德國，科隆
酒精濃度：7.5%
啤酒花：Spalter Select、Tettnang、Hersbrücker、Saphir、Northern Brewer

Freigeist Bierkultur 釀造了一系列非傳統的啤酒，例如一款波特酸啤酒。另外還推出了稀奇的風味，例如 Gose 和 Lichtenhainer；或者在啤酒中加入水果與草本植物——這是德國純酒令所不能接受的。Hoppeditz 是瓶 Doppel Sticke 烈性德國愛爾，有著份量感十足的麥芽酒底與大量的啤酒花。剛倒出來時是琥珀色，定睛一看又近似棕色，隨即竄上來的香氣預告著截然不同的驚喜：太妃糖、乾果、椰棗、莓果與許多帶著土壤、青草味的啤酒花香。酒體飽滿，頗具重量感，從頭到尾保持相同的風韻，最後則有帶著葡萄乾與巧克力、茶葉和香料，加上強勁的胡椒和松木氣息的尾韻，形成一款非常複雜的麥芽與啤酒花混合體。

Metropolitan Iron Works

美國伊利諾州，芝加哥
酒精濃度：5.8%
啤酒花：Mt Hood、Vanguard、Horizon

杜塞道夫和科隆兩地僅距離 40 公里（約 25 英里），競爭之激烈卻不容小覷。兩座城鎮由分別座落在萊茵河兩側的地理位置，以及風格對立的地方啤酒所劃開。Metropolitan 酒廠秉持對 2 種啤酒的欣賞，盡力結合雙方的美味，推出了一款老啤酒和科隆啤酒。Iron Works 是瓶紅銅色的老啤酒，來自美國啤酒花的濃郁水果味主宰整瓶啤酒的氣韻，能聞到莓果、青草、柑橘和草本植物的香氣。苦味重且持久，帶著乾澀的尾韻，麥芽氣息中聞得到黑麥麵包的香味，與最後的苦韻形成很好的對比。除此之外，網站上註明這款酒和快速約會、桌上曲棍球以及龐克搖滾樂很相稱——將這 4 種結合，就可以開派對囉！

奶油與蒸氣啤酒 CREAM AND STEAM BEER

2 種美國本土的啤酒類型，美國和歐洲啤酒的混血，為了與風靡全國的拉格淡啤酒一較高下而誕生。

奶油啤酒有些地方與科隆啤酒很像，同樣需要低溫環境來進行頂層發酵（或混合使用頂層與底層發酵酵母），然後經低溫熟成。它其歷史可追溯到 19 世紀末期，在今日的啤酒界，這類啤酒的風格很特殊，似乎沒有人真正瞭解它，或清楚這個名字的由來……酒液呈淡金色至琥珀色，酒精濃度介於 4.0-5.5%，苦度約 20，通常使用傳統的美國啤酒花（Cluster 和 Northern Brewer），能帶來均衡的結構，又不會過於強勢而壓制其他風味。面臨熱門酒款的來襲，奶油啤酒的地位雖然受到威脅，但聲望至今不見頹勢。

19 世紀時，當美國人向西部遷移，蒸氣啤酒也跟著向西發展。那時拉格啤酒的釀酒師還未掌握人工製冷技術，冰塊取得也不易，只好讓酵母在比平時更溫暖的溫度下發酵，慢慢演變出適應這種發酵方式的特定酵母菌。蒸氣啤酒的故鄉在芝加哥，所以又被稱為加州普通啤酒（California Common）。酒液呈金黃至琥珀色，中間層次帶有類似烤麵包的麥香，啤酒花表現有的優雅、有的強勁。帶有木質、草本氣息的美國啤酒花是典型使用的種類，例如 Northern Brewer。酒精濃度約 4.5-5.5%，苦度則介於 25 到 45。

ANCHOR STEAM BEER

美國加州，舊金山
酒精濃度：4.9%
啤酒花：NORTHERN BREWER

經典酒款

Anchor Steam 啤酒擁有蒸氣啤酒的商標，所以又被稱為加州普通啤酒。蒸氣啤酒一詞的由來據説有 2 種：一説是過去釀酒師會把啤酒放在酒廠屋頂冷卻，看上去就像蒸氣從建築物上方昇起，因此而得名；另一個解釋是，啤酒因為受到碳酸氣的加壓，拉開酒塞倒出酒液時，會同時爆出一陣蒸氣。這瓶啤酒使用特殊的酵母菌，並以適合愛爾啤酒的溫度來發酵；選用 Northern Brewer 啤酒花，帶來木質、薄荷味的清新。閃爍著金光澤的酒液，就像淘金熱時期淘金客瘋狂追求的黃金。它有著很棒的碳酸氣，烤麵包、焦糖麥芽和幾近淡薄的酯味，啤酒花餘韻乾澀、解渴。自 1896 年起便在舊金山出現，不過直到 70 年代後，才開始表現不俗。

Gadds' Common Conspiracy

英國，蘭姆斯蓋特（Ramsgate）
酒精濃度：4.8%
啤酒花：Northern Brewer、Cascade

這瓶酒原本是 Ramsgate 啤酒場的埃迪‧加德（Eddie Gadd）和兩位釀酒搭擋菲爾‧洛瑞（Phil Lowry）、史蒂夫‧斯金納（Steve Skinner）的合作成果（所以註有 ESP 生產標誌）。某日當他們正在喝 Anchor Steam 時，討論起這種啤酒類型的故事和歷史，便產生釀製 Common Conspiracy 的構想。現在它是一年釀造一次的酒廠特色酒款，淺色麥芽釀成的渾厚酒體，為柑橘味鮮明的美國啤酒花和植物、草藥味提供風味基礎；在悠長、乾澀的餘味出現之前，嚐得到葡萄柚、軟梗草藥、糖果和花香氣息。酒廠的名字是 Ramsgate Brewery，但是每個人都以其首席釀酒師、酒廠主人埃迪的姓來稱呼，習慣稱之為加德啤酒廠。英國東肯特（East Kent）海岸的啤酒在市面上並不常見，這瓶酒的出現，讓你有藉口來到海邊飲用美味的啤酒。

Bad Attitude Bootlegger

瑞士，斯塔比奧（Stabio）
酒精濃度：6.94%
啤酒花：Amarillo、Perle、East Kent Goldings

Bad Attitude 酒廠的瓶子使我想起便宜的法國拉格啤酒，那是父親從海峽對岸帶回來的啤酒。我拿著瓶子陷入一股異樣的童年懷舊之情：那時看著大人喝著那些啤酒，還記得我小小的手掌尚握不滿冰涼的玻璃杯，我偷偷抿了下杯緣，那第一口的滋味異常苦澀。Bootlegger 是瓶蒸氣啤酒，釀酒師是位義大利人，產地卻是在瑞士。使用美國、德國與英國啤酒花來釀製，還加入芫荽與蔗糖，在溫暖的環境下，採用窖藏酵母進行高溫發酵。酒液霧濁，呈金黃色，開瓶後啤酒花的氣息首先迎面而來，伴著花香、桃子與柑橘的味道；口感細膩，尾韻乾且帶胡椒香氣。拿起瓶子大口喝吧——這樣更有樂趣。

Sixpoint Sweet Action

美國紐約州，布魯克林
酒精濃度：5.2%
啤酒花：Horizon、Glacier、Cascade、Centennial

即使是酒廠本身也不知道該將這瓶啤酒分到哪個類型，其風格大概介於愛爾淡啤酒、小麥愛爾（Wheat Ale）和奶油愛爾（Cream Ale）之間。酒液是漂亮的琥珀色，散發出的香氣帶著松木味與鮮明的柳橙和葡萄柚氣息，很有愛爾淡啤酒的特色。剛入口，麥香便佔據了口腔，有滑潤的奶油感，以及微微蜂蜜味，在炫耀完奶油和小麥的風味後，一股伴隨橘皮與胡椒味的乾澀苦味經過，把整體又拉回到清淡的口感。我不知道還有沒有比布魯克林的 Barcade 更適合品飲這款啤酒的地方？但這裡絕對是世上最時尚的酒館之一。在這個昏暗、車庫般的空間裡，復古電玩機台在牆邊一字排開，酒客玩得正嗨，一整排出酒龍頭旁圍了一群人正在痛快暢飲，這裡有愉快的電玩遊戲機以及超棒的啤酒。

小麥啤酒家族 THE WEISSBIER FAMILY

WEISSBIER、HEFEWEIZEN 或 WEIZENBIER，都是德國小麥啤酒家族的一份子。HEFEWEIZEN 直接翻成英文便是「YEAST WHEAT」（酵母小麥），正好可以定義這類啤酒：小麥啤酒使用獨特的酵母菌株，產生酯類的果香。可以預期會有香蕉、香草、丁香與泡泡糖的味道，偶爾還有檸檬的辛香。小麥至少佔釀酒用穀料中的一半，賦予啤酒柔順口感，但穀粒裡的蛋白質也會使酒液變得混濁。酵母是決定小麥啤酒好壞的關鍵因素，加入啤酒花通常是為了均衡風味，碳酸氣飽合程度高，經過妥善發酵後，餘味乾爽。一開始的口感可能偏甜，但可以留意甜味在嘴中是如何慢慢消失。

要了解小麥啤酒的最好方式就是觀察酒液成色：經典的 Hefeweizen 呈金黃色；難以發音的 Bernsteinfarbenes 啤酒（德國南部風格）是琥珀色；若看到深棕色的小麥啤酒，便是 Dunkelweizens。這些啤酒的麥芽風味從含蓄、帶著麵包香，逐漸過渡到焦糖、巧克力味。也可從風味強度來判斷：Leichtes 意謂清淡，是 Hefeweizen 啤酒的縮小版，酒精濃度約 3.0%；Weizenbock 則是進階版，酒精濃度約 6.0-9.0%。Hefeweizen 過濾後便成了 Kristalweisse，在市場亮相前，釀酒師會先過濾掉瓶中的酵母。

WEIHENSTEPHANER HEFE WEISSBIER
德國，佛萊辛市（Freising）
酒精濃度：5.4%
啤酒花：PERLE、MAGNUM

經典酒款

世界上最古老的啤酒廠，為挑剔的酒客帶來這瓶全世界最棒的小麥啤酒，同時也是這類酒種中的經典酒款。它非常經典，所以許多啤酒廠會跟著使用 Weihenstephan 酵母菌來釀製小麥啤酒。1021 年，在 Weihenstephan Hill 的山頂多了一座修道院，裡面的修士於 1040 年開始釀酒。1803 年，這間聖本篤修道院（Benedictine Abbey）關閉，由巴伐利亞邦政府接管這裡的啤酒廠。這瓶 Hefe 是 Weihenstephan 酒廠的旗艦酒款，外觀霧濁，淡琥珀色的酒液有一層乳白色泡沫，其香氣跟啤酒教科書裡寫的一模一樣：香蕉、泡泡糖、丁香、一點檸檬和微微的酒花馨香。輕啜一口，你會嚐到淡淡的甜味、烤堅果和焦糖的味道，接著口感即刻變乾，酯香隨後冒出，喝起來口感豐滿、令人暢快。飲用時可使用大瓶身的酒杯盛裝，品味啤酒的優雅風采，以及清淡卻豐饒的滋味。

Live Oak Hefe Weizen

美國德州，奧斯汀
酒精濃度：5.2%
啤酒花：Saaz、Hallertauer、
Saphir、Tettnang

　　兩位家庭釀酒師遵循傳統古法，為我們重現這
瓶經典酒款。Live Oak 酒廠將德國風格的啤酒
引進德州，Hefe Weizen 是瓶恰到好處、表現出
色的德國小麥啤酒，美妙的滋味使它自然而然成
為美國最棒的啤酒之一。霧濁狀的金黃色酒液，
上方有著豐厚的泡沫，擁有香蕉、
辛辣的丁香、香草、一點奔放
的核果味，以及啤酒花的馨
香。豐富的細膩口感，是這類
啤酒中我很喜愛的特色，伴隨
同樣輕盈的豐郁氣味，形容一
股叫人難以抗拒的迷人誘惑。隨
著風味漸息，最後以啤酒花的
果味和淡淡柑橘味向我們的味
蕾告別。Live Oak 酒廠也生產
Primus，是瓶棒透了的小麥勃
克啤酒，比小麥啤酒更醇厚、
更濃香，酒勁更烈。

Matuška Pšeničné

捷克，Broumy
酒精濃度：5.1%
啤酒花：Saaz、Premiant

　　當我在布拉格的酒吧點購這瓶
啤酒時，我對它完全沒概念，只
知道我想喝 Matuška 酒廠的啤
酒，隨便哪瓶都行。我假裝爽
快地向酒保說出「Pšeničné」，
這真是個爛主意，因為我唸
得糟透了──那個字代表「小
麥」，但我就是唸不出來──
我在吧台前又揮又指，試圖傳
達我的意思，哪知對方竟用一口
流利的英文問我想要什麼……Matuška 酒廠
在捷克釀製了一些很有趣、很令人期待的現代
啤酒。他們也針對經典酒款加以研發，推出很
出色的改良版經典風味，Pšeničné 便是這樣
一瓶啤酒。酒液有些混濁，呈金黃色，頂層有
豐厚的白色泡沫，你想要的它都有，另外還準
備了一些驚喜，酒體飽滿且滋味豐富。酒廠另
外還有一款酒精濃度更高的 Pšeničné，味道
也相當出色，就是「Weizenbock」。

Bogota Beer Company Chía Weiss

哥倫比亞，波哥大（Bogota）
酒精濃度：4.6%
啤酒花：Magnum、Golding

　　Bogota Beer Company 是位於哥倫比亞首都的一座現代酒廠，也是該國僅
有的少數幾間精釀酒廠之一。Chía 是瓶很棒的啤酒，微濁的淡金色酒液，有酯
類的香氣，卻不會像有人硬將香蕉泥湊到你的鼻子前那樣濃烈。酒液澄澈，帶
清爽的碳酸氣息，口感如奶油般柔滑，伴隨新鮮的柑橘氣息，賦予它很高的易飲
性。這間酒廠釀造了許多不同風格的優質啤酒，透過城市裡各處的酒吧，把美
味送到口渴的哥倫比亞人面前。如想為這次的飲酒經驗加分，可搭配該地區的
菜餚一起享用，例如 ajiaco，這是用雞肉和玉米燉煮的湯品，加入馬鈴薯增加
濃稠度，送上桌時會再配上奶油、酸豆與鱷梨；Chía 與湯中濃郁的奶油很對味，
而酒中的柑橘香氣，正好與酸豆相襯。

Moo Brew Hefeweizen

澳洲，塔斯馬尼亞省（Tasmania）
酒精濃度：5.1%
啤酒花：East Kent Goldings

　　有些酒瓶本身便是藝術品，你可以在 Moo Brew 酒廠找到這樣的瓶子。塔斯馬尼亞省的荷巴特市（Hobart）有一座新舊藝術博物館（Museum of Old and New Art），這裡便是酒廠最初成立的地方。身為典型、腳踏實地的澳洲酒廠，他們表示：「Moo Brew 這些別具特色的啤酒，瓶身前面是 John Kelly 的藝術作品，背後的酒標則是一堆廢話，而啤酒就在其中。」酒液呈霧濁的金黃色，香氣中聞得到隱約的香蕉、香草與丁香味，比猛烈的德國風格啤酒更溫和。酒體柔順、清澈，餘味微酸更顯清爽，是瓶結合德國傳統和澳大利亞酷炫創意的時髦啤酒。

Birrificio Italiano VùDù Weizen

義大利，盧拉戈馬里諾內（Lurago Marinone）
酒精濃度：5.5%
啤酒花：Hallertauer Magnum

　　我認為 Italiano 啤酒廠釀造了全球最棒的現代歐洲經典啤酒，其他酒廠難以望其項背。他們以絕佳手法釀製的皮爾森啤酒、勃克啤酒和小麥啤酒，甚至令經典酒款相形失色。他們的 B.I. Weizen 風味飽滿、滋味甘美，口感柔潤細膩，卻又清爽、輕盈。VùDù 是瓶小麥啤酒（Dunkelweizen），一年僅生產 1 至 2 次。酒液呈牛奶巧克力色，上方晃動的泡沫層提供一種視覺享受。聞得到大量的香蕉與巧克力香，入口嚐得到乾果、蘋果、肉桂以及帶有強勁碳酸氣泡的乳脂口感。啤酒花伴隨輕微的柑橘與草本植物苦味出現，產生出乎你意料外的美味，喝起來令人心滿意足，卻又渴望更多。也許釀造過程中真的被施了魔法或巫術。

Schneider Aventinus Weizen Eisbock

德國，克爾海姆（Kelheim）
酒精濃度：12.0%
啤酒花：Hallertauer Magnum

　　這是瓶部分冷凍的 Weizenbock。由於酒精的冰點比水還要低，故水會最先結凍，藉由去除由水凍成的冰塊以濃縮啤酒中的酒精和糖分，增加酒精濃度。據說（現在看來像極了充滿創意的杜撰神話）在某個寒冷的夜晚，當眾人忙著裝運啤酒時，一位懶惰的酒廠工人將部分的酒桶遺忘在室外，導致酒液結凍。因為擔心會被解雇，這位工人偷偷把冰塊撈掉，卻意外發現這樣的啤酒味道更好。這種作法技術上屬於部分蒸餾，但在一些國家（如美國）是違法的。Schneider 酒廠的這瓶酒呈赤褐色，有著奶油色的酒泡。能聞到葡萄乾、蘋果、李子等水果味，杏仁糖膏、烤香蕉、香草等令人為之振奮的香氣，還有巧克力的氣息。口感柔順，讓人感到暖和；偏甜，酒體飽滿、複雜而有層次。

Schneider Weisse Tap 5
Meine Hopfenweisse

德國，克爾海姆（Kelheim）
酒精濃度：8.2%
啤酒花：Hallertauer Tradition、Hallertauer Saphir

　　酒廠以「啤酒花煙火」來形容這瓶酒。對這間從 1872 年成立之初，就一直釀製同款啤酒的酒廠來說，這瓶啤酒的問世，相當於在啤酒界投入一顆重磅炸彈。故事一開始，要從與 Brooklyn Brewery 酒廠的合作講起。當時 2 間酒廠生產了小麥勃克啤酒（Weizenbock），並採用冷泡法的方式加入啤酒花，Schneider 酒廠使用 Hallertauer Saphir 啤酒花，Brooklyn Brewery 則選用 Amarillo 和 Palisade，成果令人讚不絕口。Tap 5 的風味之美筆墨難以形容，有來自酵母的酯類香氣，以及香蕉、柳橙、杏桃與啤酒花的清新草香。酒體滑順，麥香濃郁，豐富的啤酒花氣息使啤酒帶一點土質苦味，尾韻乾且帶植物風韻，啤酒花香餘息悠長。

富士櫻高原麥酒

日本，山梨縣
酒精濃度：5.5%
啤酒花：Perle

　　富士櫻啤酒廠的酒種不多，但都相當出色。小麥啤酒似乎是這裡的寵兒，有煙燻麥啤、巧克力麥啤以及小麥勃克啤酒。他們的小麥啤酒風味純粹，令酒客趣之若鶩。霧濁狀的黃色酒液有著乳白色的泡沫，香蕉、泡泡糖、蘋果、香草和丁香全都在嘴中溫柔地低吟。滑順、均衡、比大部分啤酒更柔潤的口感，是真正的德國風味，微微的碳酸氣使它喝起來更顯清爽，絕對是搭配生魚片的不二選擇。啤酒中微妙的辛香與乳脂感，和魚肉的綿密質地很契合，還能緩合芥末的嗆辣。其果香和醇熟的風味，使它成為日本最受歡迎的酒款之一。

Piece Dark-n-Curvy

美國伊利諾州，芝加哥
酒精濃度：6.0%

　　Piece 除了是間自產自銷的酒吧，也是一間披薩店，兩邊的生意都經營得有聲有色。那是個歡唱之夜，我跟朋友走進酒吧，大啖美味的薄皮披薩，舞台上擠滿了人，大唱走調的經典老歌。幸好啤酒的味道不像台上那樣荒腔走板，釀酒師喬納森・卡特勒（Jonathan Cutler）堅守經典風味，特別是這裡的小麥啤酒，在各式獎章、獎狀的加冕下顯得格外耀眼。Dark-n-Curvy 是瓶美味的 Dunkelweizen，酒液呈巧克力棕色，聞得到香蕉與泡泡糖的絕佳香氣，再加上來自黑麥芽的巧克力味道。酒體飽滿、餘味辛香、口感略乾，帶著一些紅糖和香草氣息。來到 Piece，不妨也試試另一瓶啤酒 Top Heavy，它可以說是小麥啤酒界的精英，酒體柔順，易飲性高，酒液澄澈充滿繽紛滋味。與披薩簡直是絕配，邊喝邊唱卡啦 OK 也別有一番樂趣。

美國小麥啤酒 AMERICAN WHEAT

這種啤酒屬於現代美式風格，介於小麥啤酒、白啤酒、科隆啤酒與美國淡愛爾之間。酒液顏色一般非常淺淡，釀造時會加入大量小麥來製作麥芽漿（佔3成至6成），酒液呈漂亮的混濁狀，捨棄典型常用的巴伐利亞或比利時酵母菌株，改以美國愛爾酵母釀製。這意謂著，大量酯類反應後產生的香蕉味，以及丁香般的辛香，不會佔據主導風味，雖然可能偶爾還是會發現它們的蹤影，但聞起來卻也別有滋味。啤酒花氣息鮮明，不論使用多少啤酒花，都是選擇美國品種。為了保留啤酒花與酵母釋出的香氣，釀酒師會在釀製後期或等啤酒冷卻後再次添加啤酒花，賦予啤酒雙倍果香。美國啤酒花加上後期的冷泡法，完美創造出口感圓潤、易飲且香氣迷人的美國小麥啤酒。

美國小麥啤酒的酒精濃度約 4.0-6.0%，苦味度範圍不等，最苦的美國小麥啤酒苦度為 40 IBUs。這種風格的啤酒幾乎都省略了過濾程序，但偶有例外，懸浮在酒液中的酵母會使口感越顯醇厚，帶來令人滿足的滋味。由於使用的小麥品種來自全球各地，吸取歐洲經典風味後，再與美國的影響力結合，美國小麥啤酒的聲望可望再躍一級。

Three Floyds Gumballhead
美國印第安納州，Munster
酒精濃度：5.5%
啤酒花：Cascade、Amarillo

我在 Three Floyds 啤酒廠首次喝到這瓶啤酒。原本我是為了名聲轟動、各地酒客趨之若鶩的帝國司陶特 Dark Lord Day 而去，而那天正是酒廠一年一度發行這瓶 Dark Lord Day 的日子。不大的場地裡硬是擠進了 6000 多人，許多人在排隊購買那款罕見的啤酒。但我那天最難忘的，卻是對 Gumballhead 啤酒的第一口印象。我迷失在它那繽紛雜陳的滋味當中，瀰漫舌尖、鼻腔的熱帶風味、水蜜桃、檸檬與芒果的氣息，令我有種錯覺，我究竟是在啤酒廠裡還是在某個海濱度假勝地呢？口感細膩、超級柔潤，苦味均衡，在啤酒花的果味和甜美誘人的氣息薰染下，整體風味越發活躍。這是瓶完美、風格鮮明的啤酒——在喝了 2 品脫的啤酒後，我的膀胱終於來到極限，雖然廁所前長長的人龍有點令人崩潰，但我心裡不曾後悔自己的貪杯。

Bell's Brewery Oberon

美國密西根州，卡拉馬祖（Kalamazoo）
酒精濃度：5.8%
啤酒花：Saaz、Hersbrücker

酒液呈混濁、金橙色，將酒瓶拿到燈光下，透過瓶身，你的手指看起來像遙遠的影子。未過濾啤酒有些迷人的特質，那是經過過濾程序、酒液澄澈的啤酒所沒有的魅力。來自酯類與啤酒花的淡淡果味從杯口流竄而出，挑起你舌尖的衝動。Oberon 的美味在於它喝起來的純粹、柔潤感。帶點檸檬味、低調的土味，最後以似胡椒的苦味畫下句號，完全符合你心目中歐洲啤酒花的風味。喝起來毫不費勁且超級解渴。與辣椒的辣味很契合，啤酒那冰涼、飽滿、充滿酵母的酒體能舒緩火辣的滋味。也很適合搭配較清淡的食物一起享用，例如沙拉、奶油乳酪和烤魚。

Jandrain-Jandrenouille VI Wheat

比利時，Jandrain-Jandrenouille
酒精濃度：6.5%

幾位比利時啤酒花商人，原本從事太平洋西北地區優良作物的買賣，後來決定要在家鄉成立啤酒廠。受到美國與比利時啤酒的影響，這間酒廠很出色地結合兩者的風格優點，釀出了口感優雅、香味均衡的夢幻啤酒。VI Wheat 是瓶小麥啤酒，使用美國啤酒花（確切品種是酒廠的獨門配方）。霧濁狀的黃色酒液，倒進杯中時，會在頂部形成雲狀的泡沫層，橘子、水蜜桃和鳳梨的迷人香氣飄散在空中，底層風味充滿柳橙、甜羅勒與花香的氣息，就像輕柔的夏日微風拂過舌尖，接著一顆顆冒出來的碳酸氣泡在你舌尖起舞，令人精神一振。不苦，偶爾嚐得到一絲丁香味，但很快就被厚臉皮的美國啤酒花給趕跑了。風味驚人的啤酒，如果有機會，可以試試「尚青」的生啤版本。

3 Cordilleras Blanca

哥倫比亞，麥德林（Medellin）
酒精濃度：4.6%

在哥倫比亞精釀啤酒界的最前線，3 Cordilleras 酒廠正在將更優質的啤酒介紹給新酒客。花 2 秒鐘看看他們的網站，會發現他們有一項偉大的服務：啤酒廠會定期舉行導覽及樂團之夜，使這裡逐漸成為熱情的年輕人的聚會地點，在網頁的照片上，可以看到每個人面對鏡頭都露出燦爛的笑容，同時手上還拿著一杯閃爍灼灼光澤的啤酒。Blanca 是款淡色小麥啤酒，以美國愛爾酵母發酵製成，並加入英國與德國品種的啤酒花。你能聞到花香與土味，以及來自酵母的水果氣息，口感出色，伴隨活潑的苦韻，雖然清淡卻經久不息。如果你人剛好在哥倫比亞，那順便找找 Mestiza，那是 3 Cordilleras 酒廠的美國愛爾淡啤酒，它有著柑橘風味以及甜美有趣的口感，會令人忍不住讚嘆一聲：muy bueno（太棒了）！

WITBIER 是種比利時風格的白色啤酒（在法國稱為 BIÈRE BLANCHE）。它能享有目前的名氣，多虧在兩方面的成功：一次要感謝皮耶・塞利斯（PIERRE CELIS），他是知名比利時啤酒品牌豪格登白啤酒（HOEGAARDEN）背後的推手；另外還託了藍月啤酒（BLUE MOON）的福，這是一個來自 MOLSONCOORS 公司的精釀啤酒品牌。

白啤酒 WIT BEER

這是一種味酸、酒液混濁，帶香料氣息的啤酒，於北歐地區流行了百年之久，在比利時北半部法蘭德斯地區特別受歡迎，那裡種了一大片大麥、小麥和燕麥，全是釀造啤酒的必要原料，因地利之便，要取得荷蘭的香料也很容易。1955年，豪格登最後一家有生產白啤酒的酒廠 Tomsin 關閉，白啤酒從此銷聲匿跡。皮耶・塞利斯是當地的郵差，年輕時曾在 Tamsin 酒廠裡工作，他決定要讓白啤酒起死回生。他於 1966 年成立一間酒廠，並用故鄉的名字「豪格登」作為啤酒的名字。後來，越來越多人模仿他的啤酒風格，逐漸使豪格登啤酒成為全球最知名的白啤酒。霧濁狀的黃色酒液，聞得到芫荽和橘皮的氣味，口感微酸而柔潤，風味協調又爽口，是很棒的啤酒。豪格登白啤酒成功打入美國市場，塞利斯之後也在德州開設另一間新酒廠，不過這兩間酒廠後來都被大公司收購。皮耶・塞利斯於 2011 年逝世，今日放眼全世界，每天有那麼多白啤酒從酒廠被送到各地，溯本追源，都與塞利斯脫不了關係。

白啤酒能享有今日人氣，藍月啤酒也是幕後功臣之一。藍月啤酒這個精釀啤酒品牌，轉眼間就從默默無名到家喻戶曉，雖然是精釀啤酒，產量卻不可小覷，但是這種大量生產情況沒什麼好值得擔心，我們反而應該為它的成功慶祝，因為今日精釀白啤酒的產量不斷成長，這都是藍月啤酒的功勞。白啤酒是風味平易近人的啤酒類型，如果你未下定決心要嘗試雙倍印度淡啤酒（Double IPA），那不妨先來瓶白啤酒，讓它帶領你進入精釀啤酒的殿堂。釀製過程中，釀酒師會加入柳橙與芫荽，所以品飲藍月啤酒時，可以在酒杯中放上一片柳橙，以引出啤酒中所有的柳橙風味；我個人偏好單純的啤酒，不需放什麼花俏的水果，原本啤酒的味道就很討喜可親、風味含蓄、口感滑順，橙色的酒液乾淨而純粹。

比利時白啤酒使用小麥釀製而成，有時也會使用未發芽小麥與燕麥，釀酒師會在酒中添加香料調味，一般多使用芫荽、curaçao 橙皮甜酒和柳橙皮。麥芽的特性賦予它們霧濁的外觀和淺淡的成色，與此同時，酵母菌帶來柑橘、丁香與香料的滋味，在其他原料的映襯下，酵母的風味更加突顯——香料與辛香酵母的組合，構成白啤酒和德國風格的小麥啤酒之間的差別。酒精濃度向來介於 4.5-5.5%，苦度低，很少達到或超過 20s。柔潤的乳脂口感，常伴隨少許柑橘味、酸味或香料氣息。白啤酒令人興奮的新口味日益增加，有些酒廠把它變酸、加以調味增添更多的異國風情，或者釀出更濃烈的風韻。

常鹿野ホワイトエール

日本，茨城縣（Ibaraki）
酒精濃度：5.5%
啤酒花：Perle、Styrian Goldings、Sorachi Aee

這真的是瓶很棒的白啤酒，完全顛覆你對啤酒類型的認識。以芫荽和橘皮這個經典組合來釀造，還加入肉豆蔻與橘子汁，後者為啤酒帶來美妙的果味與柔順的口感，肉豆蔻則提供歡樂活潑的底層香氣，與柳橙和芫荽的花香、泥土味很是契合。大量的辛香從瓶口湧出，在氣息逐漸散失的過程，冷不防又回頭挑逗你的味蕾，口感既輕快又刺激，飽滿的酒體讓它喝起來別有樂趣，口中滋味繽紛豐盈，卻仍不失清淡優雅。

Einstök Icelandic White Ale

冰島，阿克雷里（Akureyri）
酒精濃度：5.2%
啤酒花：Hallertauer Tradition

阿克雷里（Akureyri）漁港位於冰島北部，距離北極圈以南僅僅 97 公里（60 英里）。群山環繞，冰川水流過古老的熔岩床，進入現代的糖化桶，Einstök 酒廠引來這股好水，釀製出波特啤酒（Porter）、愛爾淡啤酒（Pale Ale）與時令限定的雙倍勃克啤酒（Doppelbock），但最吸引我的是這瓶 White，良好的水質賦予它獨特的魅力。口感帶輕脆的礦物風味、清新柔暖、乾淨輕盈，種種一切全要感謝來自頂極水質的恩惠。將這樣的酒底與芫荽、橘皮與香味細膩的酵母混合，你便得到一瓶風味柔順爽口、柳橙氣息豐厚的啤酒，伴隨柑橘的酸味在口中化開。Einstök White 的水味道好到讓你難以忽略。

BrewRevolution Venus' Wit

薩爾瓦多，Tamanique
酒精濃度：5.3%
啤酒花：Willamette、Mt Hood、Sterling、Mittelfrüh

向 BrewRevolution 酒廠打聲招呼吧，它是薩爾瓦多這個國家的第一間精釀啤酒廠，也是這裡啤酒的救世主。受到美國精釀啤酒的啟發，消費者能在 BrewRevolution 酒廠發現有趣的啤酒，雖然他們的啤酒種類並不多，但每款酒裡都會添加當地出產的原料，例如蜂蜜、咖啡豆、水果或花朵。Mercurio IPA（使用未精製的全蔗糖）和 Venus' Wit（添加鳳梨與當地的百香果）是這裡的兩款主要啤酒，它們與其他類型的啤酒稍有不同。Venus' Wit 的酒液呈淡金色、外觀混濁，開瓶後水果香氣一擁而上，能聞到鳳梨的甜味與百香果微酸的馨香，是白啤酒裡絕佳的風味組合；餘韻洋溢辛香氣息、口感略乾，突顯一股異國風情。搭配 Salvadorian pupusa de queso 食用（包有柔軟乳酪內餡的墨西哥玉米餅），啤酒中的水果酸味與果味濃郁的乳酪可説是天作之合。

Bäcker Exterminador De Trigo

巴西，貝洛奧里藏特（Belo Horizonte）
酒精濃度：5.0%
啤酒花：Amarillo

如果你看到酒標上有著一位騎著鱷魚的男人，卻沒有把那瓶啤酒買下來，那我想你一定是個笨蛋。我非常喜愛顯目的酒標，而且我一直很想試試坐在鱷魚上。Exterminador 是 Three Wolves 系列啤酒的其中之一，來自 Cervejaria Bäcker 酒廠，是使用香茅釀成的白啤酒。省略過濾步驟，並加入帶柑橘味的美國啤酒花，以突顯啤酒的甜味和木本香茅味，風味介於白啤酒與美式小麥啤酒之間。啤酒花風味表現直接，散發花卉與中果皮味，後面留下一股猛烈苦韻，伴隨來自香茅的濃郁鮮美泥味；同時間，酵母低調地躲在其中，彷彿害怕一有動靜，便會招來鱷魚的撲咬。

Good George White Ale

紐西蘭，漢密頓（Hamilton）
酒精濃度：4.5%
啤酒花：Pacific Jade、Motueka、Wakatu

這瓶 White Ale 融合比利時白啤（Belgian Wits）和美國小麥啤酒的特色，釀酒師 Kelly Ryan 另外稱之為「紐西蘭白啤酒」（New Zealand White）。用美國愛爾酵母代替白啤酒常用的香型酵母，用土生土長的原生植物和紐西蘭的臍橙皮取代芫荽；酒液呈漂亮的黃色，外觀霧濁，有著厚實的淨白泡沫。這瓶啤酒在處理細節的風味時，著實下了一番苦工，來自柳橙的甜蜜挑逗與植物的撩撥，就像舌頭上被撒了胡椒般令人印象深刻；甜美的紐西蘭啤酒花則帶來隱約卻芬芳的果味。一瓶絕對滿足不了你，所以當你打開酒瓶後，順便拿起菜單吧，這瓶酒與海鮮或煙燻雞肉披薩很對味。

Funkwerks White

美國科羅拉多州，科林斯堡（Fort Collins）
酒精濃度：6.0%
啤酒花：Saphir

Funkwerks 酒廠生產比利時風格的啤酒。有啤酒花氣息鮮明的黃金啤酒、小麥酸啤酒等，在整潔、小小的釀酒廠裡貯藏了大量陳釀中的酒桶。Funkwerks 酒廠的王牌就是頂級夏季啤酒，那是款散發純粹迷人風采的啤酒，有著優雅討喜的清淡風味與細膩的香料氣息，柔軟的口感中挾帶豐富的碳酸氣，與舌頭纏綿糾結、難捨難分。White 是瓶夏天生產的時令啤酒，風格介於夏季啤酒與白啤酒之間，釀造原料中加入了橙皮與檸檬皮、芫荽與薑末，使用與夏季啤酒相同的酵母進行發酵，帶著白啤酒的柑橘皮辛香，突顯出水果與土壤的芬芳以及淡淡的清爽酸味。他們有間有趣的小酒吧就緊鄰著酒廠，在那裡可買到當地農家自製的乳酪，搭配你手中農舍風格的啤酒——無可挑剔的完美組合。

比利時黃金啤酒與愛爾淡啤酒

由於來自同樣的發源地、擁有相似的淺色酒液與鮮明的酒花風味，這兩種類型的啤酒被巧妙地湊在一起。從英國愛爾淡啤酒與德國拉格中獲得的靈感，推動了這類啤酒的發展。比利時釀酒師以獨門的啤酒花配方（一股放肆卻迷人的苦味）以及香型的酵母菌（賦予土壤的香味與酯類的果味），釀製出別具個人特色的啤酒。這些啤酒的經典形式始於兩次世界大戰之後，近年來隨著新的啤酒浪潮來襲，黃金啤酒與淡啤酒的啤酒花香氣、風味與苦味更勝以往，表現越發令人驚豔。

　　酒液呈稻草至深金色，酒精濃度介於 4.5-7.0%。兩者的苦味都很顯著，正統釀法使用的歐洲啤酒花，會產生乾澀、帶土壤氣息的辛辣苦味，最高可達 30 IBUs。除了傳統的酒款，從新出廠的啤酒中看出目前的風味趨勢，啤酒花的用法更加大膽，甚至可釀出苦度高達 45 IBUs 的啤酒，釀酒師採用煮香法與冷泡法來處理啤酒花，以擷取芳香、帶柑橘味與熱帶風情的酒花氣息。酒中的酵母釋放出胡椒與果味豐富的酯香，碳酸氣活躍，為妥善發酵的乾澀口感增添清爽滋味。有機會一試優質的比利時黃金啤酒與愛爾淡啤酒，你便能體驗這種啤酒類型除了外觀美麗，味道更是微妙動人。

ORVAL

比利時，弗洛朗維爾市（FLORENUILLE）

酒精濃度：6.2%

啤酒花：STRISSELSPALT、HALLERTAUER HERSBRÜCKER、HALLERTAUER TRADITION

經典酒款

　　這是瓶由 Abbaye Notre Dame d'Orval 修道院所釀製的正統修道院啤酒，它的名字來自「黃金谷」（Valley of Gold）。傳說有位伯爵夫人，金戒指掉進了山谷裡的湖泊，她許願若找回戒指，便會修建一間修道院以茲感謝。話剛說完，一條鱒魚從水中出現，牠的口中就銜著那枚金戒指。這是特拉普會（Trappist）啤酒廠中最古老的修道院。Orval 的啤酒花採用冷泡工法，並且在瓶中加入 Brettanomyces 酒香酵母；趁鮮飲用，聞到迷人的酒花香氣，若陳放一段時間再喝，則能嚐到酵母風味。我最喜歡它陳放一年後的味道，啤酒花的辛辣泥土香會混合酵母的皮革、檸檬和霉味，形成令人難忘的氣息。口感乾澀、發泡強勁，進而突顯出犀利的苦味。Orval 最迷人之處在於瓶中的發酵情況難以掌握，每次的味道都不太一樣，我認為它是世界上最棒的啤酒之一。

Brasserie de la Senne Taras Boulba

比利時，布魯塞爾（Brussels）
酒精濃度：4.5%
啤酒花：Saaz

　　Zinnebir 是瓶酒精濃度 5.5% 的黃金啤酒；Band of Brothers 是口感乾、啤酒花氣息鮮明的黃金啤酒；而 Brussels Calling 則是果香超級濃郁的黃金苦啤酒，值得你為它跑一趟比利時。Brasserie de la Senne 酒廠在釀製經典酒款時，會加入更多的啤酒花，醞釀出驚為天人的風味。Taras Boulba 是瓶淡金色的「酒花加量版愛爾啤酒」（Extra Hoppy Ale），我多希望能用它塞滿我家冰箱；它稍微飽滿的酒體沒有太多的麥芽香味，橘皮、葡萄柚、花香、辛香、檸檬、酸橙和桃子的味道，全都來自 Saaz 啤酒花；酒體散發香料氣息，嚐得到胡椒與磨碎的芫荽味，伴隨一陣苦勁襲來，初期覺得非常解渴，後期又會誘發味蕾的渴望。每次喝這瓶酒，我都能再次體驗到墜入愛河的感覺。

Dieu du Ciel! Dernière Volonté

加拿大，蒙特婁（Montreal）
酒精濃度：7.0%
啤酒花：Sterling

　　位於 Dieu du Ciel 酒廠角落一隅的舒適酒吧，銷售自家釀製的啤酒。這間自產自銷的酒吧每週會釀製 3 或 4 次不同類型的啤酒，但每次產量都不多。酒廠附近有量產用的設備，幾款成功的啤酒原本只是酒吧的自娛之作，卻因廣受酒客歡迎，故改用更大的酒槽來釀製。Dernière Volonté 意謂「最後的遺囑」，是瓶花氣息鮮明的比利時風格黃金啤酒。外觀霧濁，黃橙色的酒液帶有活躍的泡沫，奔放的酒花氣息提供了濃郁的花香和柑橘味，縈繞在頂部泡沫層，掩蓋了胡椒、青草與核果的風味；酒體渾厚，帶著微微的花蜜香；紮實的苦味在香氣的襯托下越發鮮明，酵母帶來一股辛香的圓潤口感。

Feral Golden Ace

澳洲，Baskerville
酒精濃度：5.6%
啤酒花：Sorachi Ace

　　你也許可以為這瓶啤酒標示專屬的新風格類型。風味大概介於黃金啤酒與白啤酒之間，它擁有比利時的酒感與香氣深度，還有來自日本培育的 Sorachi Ace 啤酒花那明顯的果香。Sorachi Ace 啤酒花散發出與其他酒花不同的氣息：檸檬、酸橙、甜瓜、泡泡糖、薄荷、香茅、椰子與鳳梨（Sorachi Ace 也會有藍紋乳酪味），為這瓶 Golden Ace 增添水果與熱帶風情的滋味變化，產生奇特的美妙香氣，與黃金啤酒的酒底真的非常契合。微微的酵母滋味就像一首動人的背景音樂，在它的烘托下，不知不覺提升整體氛圍。因其類似泰國的風味，這瓶酒很適合搭配香氣十足的咖哩、椰香料理或新鮮烤魚佐檸檬汁。

Russian River Redemption

美國加州，聖塔羅莎市（Santa Rosa）
酒精濃度：5.15%
啤酒花：Styrian Goldings、Saaz

　　Russian River 酒廠利用精湛的技藝，釀造出經典風格的復刻酒款，帶動了美國比利時啤酒的創新和革命。這瓶 Redemption 有著美麗的霧濁狀金色酒液和鬆軟的白色泡沫，首波的氣息帶有微微橙花和中果皮味，伴隨些許清淡的果味酯香；輕盈的酒體令人驚豔，裡面的碳酸氣帶著優雅自得的從容，在你的舌尖上起舞；如果仔細探究，其風味含著卻複雜，完美的純淨口感伴隨乾爽的餘味，讓你喝上一整天也沒問題。作為單倍的啤酒（雙倍啤酒和三倍啤酒的前身），它喝起來有點像一款餐用啤酒——雖然這麼說可能對它不太公平，畢竟它的風韻可要比佐餐的飲品深邃多了。

Birrificio del Forte Gassa d'Amante

義大利，皮耶特拉桑塔（Pietrasanta）
酒精濃度：4.5%
啤酒花：Hallertauer Northern Brewer、Perle、Styrian Goldings

　　這瓶酒以一種最重要的航海繩結「稱人結」（gassa d'amante）為名。del Forte 的啤酒都反映出酒廠當初所經歷過的冒險，例如成立酒廠的冒險、釀製優質精釀啤酒的冒險，以及品嚐未知風味的啤酒的冒險。酒廠將這支 Gassa d' Amante 視為長途旅程的良伴，所以只要在它的瓶頸處打上一個結，和旅行救難包一起吊在肩膀上，在包裡裝進開瓶器、啤酒杯和一張愛人的照片後，就可以踏上旅程。酒液呈淡金色，散發出水蜜桃與杏桃味的誘人啤酒花香，伴隨帶香蕉與蘋果味的酯類果香；口感乾爽而純淨，嚐得到酵母釋出的紅胡椒與辛香，其次是一股清爽的苦味。如果旅行袋裡還有空間，也把奶油海鮮義大利麵的食材帶上吧——兩者可是絕配。

Furthermore Fatty Boombalatty

美國威斯康辛州，春綠村（Spring Green）
酒精濃度：7.2%
啤酒花：Perle、Saaz

　　想像一瓶比利時白啤酒和一瓶黃金啤酒陷入熱戀，它們想要使果味更加濃郁，所以另外邀請自詡為美國愛爾淡啤酒的酒款加入這場三角戀……你可以將最後的成品稱為 Fatty Boombalatty。琥珀色的酒液，伴隨首當其衝的酵母風味，散發出香蕉、泡泡糖的香味。酒體滑順柔潤，中間結構帶一點甜味和圓潤口感，之後啤酒花的味道在尾韻處襲來，帶著土壤香氣、桃子、檸檬和柑橘味，這些風味被酒中所使用的橙香芫荽突顯。是瓶帶有比利時特色兼具現代元素的啤酒。

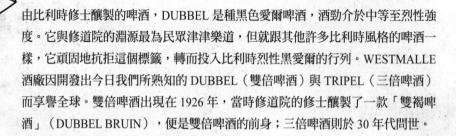

BELGIAN DUBBEL AND DARK STRONG ALE
比利時雙倍啤酒與烈性黑愛爾

由比利時修士釀製的啤酒，DUBBEL 是種黑色愛爾啤酒，酒勁介於中等至烈性強度。它與修道院的淵源最為民眾津津樂道，但就跟其他許多比利時風格的啤酒一樣，它頑固地抗拒這個標籤，轉而投入比利時烈性黑愛爾的行列。WESTMALLE 酒廠因開發出今日我們所熟知的 DUBBEL（雙倍啤酒）與 TRIPEL（三倍啤酒）而享譽全球。雙倍啤酒出現在 1926 年，當時修道院的修士釀製了一款「雙褐啤酒」（DUBBEL BRUIN），便是雙倍啤酒的前身；三倍啤酒則於 30 年代問世。

這類啤酒的顏色暗深，介於紅棕色到深巧克力色。可使用淡色麥芽釀製，然後藉由加入比利時的 candi 焦糖（這是比利時釀造這類啤酒的獨門方式）來使酒液顏色轉深，有的釀酒師也會使用黑麥芽。一般來說，雙倍啤酒的酒精濃度落在 6.0-7.5%，而介於雙倍啤酒與 Quad（四倍啤酒）之間的黑愛爾，酒精濃度約為 7.0-10.0%。低調的苦味能均衡各方風味，苦度約 25 IBUs。啤酒花帶來草本植物或土壤氣息；麥芽、糖與酵母的風味則散發乾果、櫻桃、焦糖、巧克力與果味的酯香（大部分是高溫發酵後產生的香蕉味）。啤酒中也許會有些殘餘甜味，但是經充分發酵後，大部分的糖分已散失，不甜的餘韻顯得口感略乾。

ST. BERNARDUS 8

比利時，瓦圖（WATOU）
酒精濃度：8.0%
啤酒花：GOLDINGS、MAGNUM

經典酒款

這不是一間特拉普會的啤酒廠，但卻很類似。1946 年，負責管理 Abbey Sint Sixtus 修道院的院長決定停止修院內 Westvleteren 酒廠的經營，並將釀造工作全數轉移給 St. Bernardus 啤酒廠。後來 Westvleteren 於 1991 年又恢復釀造作業（因為新的規定要求，特拉普會的啤酒一定要在真正的修道院裡釀製），St. Bernardus 仍繼續從事釀造生產，並推出各種啤酒。這瓶名為 8 的啤酒呈深紅褐色，有預期中的乾果味、可可粉、焦糖、聖誕香料，以及一點啤酒花的芬芳；其所用的啤酒花，就種在酒廠隔壁。隨著修士將酵母和配方從 Westvleteren 帶到瓦圖，酒客間難免會討論 St. Bernardus 和 St. Sixtus 的相似處。釀製啤酒的地方隔壁是一間古老的乳酪廠，這令我想到一個絕妙的啤酒和食物組合：這瓶 8 與帶堅果和奶油味的乳酪一定非常對味。

Hitachino Nest XH

日本，那珂市（Naka）
酒精濃度：8.0%
啤酒花：Chinook、Styrian Goldings

　　1994 年以前，日本的新啤酒廠 1 年必須生產
528,300 美制加侖的啤酒（相當於 200 萬公升），
否則無法取得營業執照。修法之後，年產量下修
為 15,850 美制加侖（6 萬公升），
間接促成精釀啤酒業的發展。來自
Kiuchi 酒廠的 Hitachino Nest 系
列啤酒是最普及與知名的日本啤酒
之一，酒廠另外也有生產日本清酒
與燒酎，後者是種蒸餾後的日本清
酒。這瓶 XH 屬比利時黑啤酒，
貯藏在燒酎酒桶裡熟成 3 個
月。豐饒飽滿的酒體，嚐得到
莓果、酸櫻桃、可可粉、核果、
聖誕香料味與啤酒花香，同時
帶有酒桶賦予的獨特風味，以
及又酸又辣又甜的複雜度。

Goose Island Pere Jacques

美國伊利諾州，芝加哥
酒精濃度：8.0%
啤酒花：Saaz

　　2011 年，Goose Island 被釀酒
界的巨擘 AB InBev 收購，隨著啤
酒廠的產量不斷增加，他們也開
始釀造更多的桶中熟成啤酒和一
系列比利時風格啤酒，酒廠將後
者的系列啤酒定名為「Vintage
Ales」，其中的酒款包括用葡
萄酒桶熟成的農舍愛爾、深色夏
季啤酒、Orval 式的黃金啤酒，
以及水果酸啤酒。這瓶 Pere
Jacques 是比利時風格的黑愛
爾，散發李子、堅果、糖果、香
蕉麵包和微帶香料氣息的紅糖氣
味。這些啤酒並非直接拷貝書中
配方，它們的風味或多或少受
到比利時啤酒的影響。這批以細緻手法重新詮
譯的復刻風味，相當令人期待，也可以説，它
們其實自成一種全新的啤酒類型。

Sierra Nevada Ovila Dubbel

美國加州，奇科市（Chico）
酒精濃度：7.5%
啤酒花：Challenger、Styrian Goldings

　　1190 年，西班牙的市鎮特里略（Trillo）附近建了一座 Santa Maria
de Ovila 修道院。1931 年，當這間修道院逐漸衰敗凋零，威廉 · 藍
道夫 · 赫茲（William Randolph Hearst）這位家財萬貫的報業鉅子
買下修道院，加以拆除後，將堪用的磚瓦運到舊金山，他打算在那裡
用這些石材蓋一座城堡，可惜這個願望最後無疾而終。那些裝在木箱
裡的石材就此被遺忘在舊金山金門公園（Golden Gate Park）裡，
直到 1994 年，北加州的 New Clairvaux 修道院取得這些石材，然後
利用它們重建了廢墟。Sierra Nevada 酒廠的 Ovila 系列啤酒是酒廠
和修道院合作的成果，收入被用在資助修道院的重建工作。這瓶酒深
銅褐色的酒液有著卡士達奶油狀的泡沫，柔軟微甜的麥香點綴著乾果、
微微茶葉、堅果、巧克力與香料氣息，口感濃稠卻不失清爽的碳酸氣。
風味和諧，結構均衡，是瓶向經典致敬的好啤酒。

Charlevoix Dominus Vobiscum Double

加拿大，聖保羅灣市（Baie-Saint-Paul）
酒精濃度：8.0%
啤酒花：Brewers Gold、Strisselspalt

　　比利時啤酒在美國啤酒廠出現的時間可能較晚，而過去多年以來，加拿大的釀酒師已不斷推出各種獨具個人特色或經重新詮譯的優質啤酒，Microbrasserie Charlevoix 啤酒便是其中的佼佼者。這瓶雙倍啤酒以經典比利時黑啤酒為底，再加入磨碎的芫荽、curaçao 橙皮甜和甘菊。酒液呈深紅褐色，香氣中混合了乾果、李子、黑巧克力、甘草，以及一股來自香料的土味柑橘基底，這樣的風味表現令人驚喜。口感甘美，低度的苦味使酒體更圓潤柔滑，留下的餘韻完美調和所有果味、微帶胡椒味的鮮明麥香，以及來自酵母與酒花的洋茴香籽。雙倍啤酒和比利時黑愛爾很適合搭配乳酪享用：這瓶酒可以搭配味道強烈的藍紋乳酪，酒中洋茴香料的甜味能緩和乳酪那股刺鼻的霉味。

New Belgium Abbey

美國科羅拉多州，科林斯堡（Fort Collins）
酒精濃度：7.0%
啤酒花：Willamette、Target、Liberty

　　在成立實體酒廠以前，已推出了一款雙倍啤酒 Abbey 和一款琥珀啤酒 Fat Tire。傑夫・萊比希（Jeff Lebesch）是位家庭釀酒師，也是 New Belgium 酒廠的共同創辦人，他釀製了這 2 款啤酒，然後以它們為核心成立了啤酒廠，並成為美國最成功的品牌之一。看到名字，你就知道這瓶酒受到哪裡的影響，New Belgium 確實是美國第一批聚焦比利時經典啤酒的酒廠之一。Abbey 很出色地詮釋了雙倍啤酒的風味，酒液呈銅棕色，有香蕉、泡泡糖、梨子的味道，加上土壤香氣和淡淡乾果味；中間結構表現細膩，散發焦糖、菸草、乾果與啤酒花的草本植物氣息，尾韻乾淨、味澀有胡椒味。酒廠另一瓶 Grand Cru Abbey Ale，則是酒感更烈、酒體更豐滿、口感更圓潤的雙倍啤酒。

Maltus Faber Extra Brune

義大利，熱那亞（Genova）
酒精濃度：10.0%
啤酒花：Northern Brewer、East Kent Goldings

　　霧濁狀的深棕色酒液，上方凝聚一層豐滿的泡沫。Extra Brune 就像一位某日突然決定要脫下長袍、跑去休假的修士。他去了體育館、看了電影、與人約會，然後再大搖大擺地回到修道院之前，突然開始懂得享受世俗生活的自由，他頓時覺得神清氣爽、靈思泉湧。打開啤酒，你會聞到乾果、可可粉、茶葉、黑麥麵包、土質的香料與紅糖的氣味，非常開胃可口。酒體飽滿滑順、口感圓潤柔軟、麥芽香氣豐盈，交織著酯香酵母釋放出的過熟香蕉、梨子和蘋果果盤的氣息。這是一瓶雙倍啤酒，但酒勁更強烈，是在新的口感刺激下誕生的新啤酒。

比利時啤酒與受歡迎的修士

比利時啤酒是全球數一數二的知名酒種，但許多比利時的釀酒師並不關心啤酒的類型，也不愛將啤酒分門別類。隨著多年來的發展，比利時的各色啤酒引發世界各地爭相仿效。

最受注目的比利時啤酒當屬正統修道院啤酒（Trappist）和品牌修道院啤酒（Abbey）。正統修道院啤酒產量稀少，且全球僅有少數幾間啤酒廠符合認證；品牌修道院啤酒依照修道院的傳統方式釀製，但不等於正統修道院啤酒。由於修士隸屬熙篤會，旗下特拉普會（Trappist）的修道院遵守聖本篤會規，過著自給自足的生活。

與其將正統修道院啤酒視為啤酒種類，它更像一個標章，用來指認啤酒的產地與釀酒師。修士釀造出什麼類型的啤酒並不重要，重要的是遵守正統修道院啤酒的釀造規範：

1. 必須是在特拉普會修道院圍牆內釀造的啤酒，可由修士親自釀製，或在修士監督下，交由他人釀製。

2. 啤酒廠的重要性僅次於修道院，且應根據乎修院生活態度的管理方式來經營。

3. 啤酒廠不以營利為目的。收入用來支應修士的生活開銷及建物和場地維護。盈餘捐給慈善公益團體以幫助有需要的人。

4. 符合正統修道院啤酒認證的酒廠須時時受到監控，以確保啤酒的品質。

隨著這些修道院啤酒越發受到青睞，修院外的釀酒師也想釀製出同樣風格的啤酒。為了能加以區別，1962 年特別規定，唯有遵循上述規範釀造的啤酒才能稱為 Trappist（正統修道院啤酒），其他則以「Abbey」（品牌修道院啤酒）稱之。

經典的正統修道院啤酒通常可分為幾種類型：單倍啤酒（Single、Enkel），成色有淺有深，很少流出酒廠，專供修士飲用；雙倍啤酒（Dubbel）是色澤深沉、酒感中等的啤酒，散發乾果氣息；而三倍啤酒（Tripel）是種強勁的黃金啤酒，普遍帶著啤酒花香。後來又多了一個新類型，那就是四倍啤酒（Quadrupel），這是按正統修道院啤酒的規範所釀製，酒精濃度最高、成色最深、層次最複雜的啤酒。另外有些酒款則不符合規範：例如 Orval 是酒花風味濃郁、使用野生酵母釀成的啤酒；有些啤酒風味則介於雙倍啤酒和四倍啤酒之間；另外，最有遠見的修道院啤酒廠 La Trappe 則生產了白啤酒、勃克啤酒和以橡木熟成的四倍啤酒。

在過去民眾普遍不識字的時代，有人開始用單倍、雙倍和三倍等名字來區分啤酒，啤酒的標籤上，則以 X 來表示其酒精濃度：X 最低，XXX 最高。這些啤酒最初其實都來自同一個酒桶：用香甜的第一道麥汁釀造的啤酒濃度最高（XXX），而第三道麥汁則最低（X）。隨著時間推移，雖然名字不變，但現在這些啤酒已分開釀製。

一般比利時啤酒的酒名都不會掛上類型名稱。僅有 Westmalle 和 La Trappe 這兩間特拉普會啤酒廠，會在酒名裡冠上 Dubbel 與 Tripel 之名（La Trappe 還有以 Quad 為名的啤酒）。

比利時三倍啤酒與烈性金色愛爾

三倍啤酒是種酒感強勁、酒液金黃、比利時風格的愛爾啤酒。它一度被稱為 XXX，原本的酒液是黑色的，但在 1930 年代，當 WESTMALLE 修道院進一步拓展修院裡的釀酒工作，修士開始販賣啤酒，並改變了它的成色，一款被稱之為 TRIPEL 的新式金色啤酒於焉誕生。跟雙倍啤酒一樣，三倍啤酒也有一個龐大的家族，延伸來看包括烈性金色愛爾，其經典酒款便是 DUVEL。

　　酒液成色為黃色至深金色，這類啤酒通常酒體強勁，但麥芽香味並不明顯，不會與酵母和啤酒花相互衝突。啤酒花的苦味明顯，約 40 IBUs，尾韻乾爽，帶著草本植物、青草或微微辛味的香氣，傳統配方會使用歐洲啤酒花。託瓶內熟成之福，碳酸氣發泡激烈，酒精濃度約 7.5-9.5%。三倍啤酒跟金色愛爾很類似，卻又不太一樣。在《像修士般釀造》（暫譯，*Brew like a Monk*）一書中，作者斯坦・海歐納莫斯（Stan Hieronymus）解釋，兩者最基本的差別就在於所使用的酵母，前者的酵母味道辛辣，而後者的則帶有水果香氣。新世界的啤酒花能使風味更貼近印度淡啤酒，但千萬不能掩蓋其原有的優雅含蓄；理想的啤酒風味，應該是讓麥香與酒花香優美地攜手共舞，啤酒花負責開場與結尾，麥芽則掌控時間和節奏。

Westmalle Tripel

比利時，Westmalle
酒精濃度：9.5%
啤酒花：Saaz、Tettnang、Styrian Goldings

`經典酒款`

　　這瓶酒奠定三倍啤酒的標準風格。於 1934 年問世，Westmalle 將其酒精濃度最高的啤酒改良成色澤較淺、風味較淡的酒款。釀造啤酒的修道院被稱為 Our Lady of the Sacred Heart，於 1794 年成立，然後在 1856 年開始販售啤酒，不過當時的產量很少。1920 年代，修士決定大量生產他們的啤酒，酒廠因而在 30 年代開始蓬勃發展。今日，啤酒的產量使他們成為最大型的特拉普會啤酒廠之一。作為標準的三倍啤酒，這瓶 Westmalle 啤酒呈亮金色，帶有美麗的白色泡沫，並洋溢水蜜桃、柳橙、香蕉、胡椒、杏仁、白巧克力與蘋果味。隨著你飲盡啤酒，泡沫會沿著玻璃瓶身留下一條白色飾帶。啤酒花風味強勁卻優雅，酒體受到麥芽與酒精的影響，微帶酒精刺激，卻不致濃烈醉人，口感滑潤豐饒，充滿深刻的酒花風味（胡椒、果味與花香）。這是瓶喝起來永遠不會令人感到無趣的啤酒。

Brasserie de la Senne Jambe de Bois

比利時，布魯塞爾（Brussels）
酒精濃度：8.0%
啤酒花：Hallertauer、Spalt

作為一瓶酒體強勁的黃金啤酒，Jambe de Bois（意謂「木腿」）是來自 Brasserie de la Senne 酒廠的一款不平凡的啤酒。酒液呈不透光的暗橘色，麥芽賦予啤酒滑順的口感，外加少許點綴著香草和杏仁氣息的蛋糕甜味；大膽使用的啤酒花帶來苦味、鳳梨、葡萄柚、核果、橘子與辛辣的草本植物味，另外還有些難以捉摸的水果氣息。儘管使用了大量的啤酒花，卻不會搶了麥芽的風采，而且十分和諧。風味纖細、溫和，是一瓶打開後很快就會見底的啤酒，它帶著一種難以形容、撲朔迷離的魅力，令你無法抗拒。我認為它跟泰式料理會很對味，啤酒中的熱帶果味與飽滿口感能完美包容泰式料理那鹹甜、酸辣的滋味。

Duvel Tripel Hop

比利時，Breendonk
酒精濃度：9.5%
啤酒花：Saaz、Styrian Goldings，
再另外加上一種每年都不一樣的啤酒花

Duvel 是很典型的烈性金色愛爾。泛著光澤的金色酒液，厚實的淨白泡沫，散發出蘋果、杏桃與香料的氣息，乾澀的餘味非常解渴，酒精濃度雖高，酒液成色卻非常澄澈明亮。每年酒廠會推出一次使用冷泡法釀造的 Duvel，它的標籤上這麼寫著：「啤酒花香加強版」（Houblonnage Extra Intense）。2011 年，釀酒師使用了 Amarillo 啤酒花，隔年則改用 Citra。以冷泡法釀製的 Duvel，會另外在煮沸鍋與發酵槽加入更多啤酒花，使酒感更強烈。使用 Citra 啤酒花的 Duvel 則帶有水蜜桃、葡萄、杏桃、鵝莓、花香和柑橘中果皮的誘人香氣；口感滑潤帶啤酒花的油脂感，層次豐富，果香濃郁，伴隨犀利的乾淨苦味。這是瓶經典再現的佳釀。

Falke Tripel Monasterium

巴西，里貝朗尼維斯（Ribeirão das Neves）
酒精濃度：9.0%
啤酒花：Galena、Hallertauer Tradition

受到比利時修士的啟發，Monasterium 號稱是在巴西釀造的第一瓶三倍啤酒。當你打開這瓶酒時，耳邊剛傳來軟木塞脫離瓶口的聲音，你全身的細胞會立刻對即將到口的美味感到興奮不已。加入磨碎的芫荽與 curaçao 橙皮甜酒、皮爾森麥芽、小麥、燕麥，和一些碾磨後的碎黑麥芽，黑麥芽能使啤酒產生豐滿的酒體，搞不好比傳統三倍啤酒或烈性比利時愛爾還要飽滿；風味柔潤伴隨焦糖與穀物的氣息，口感輕盈而辛烈，有著香檳酒的碳酸氣；啤酒花的核果味中挾帶乾澀的苦味和些微溫暖的酒精氣息；酵母和香料增添胡椒、柳橙、蘋果和梨子的滋味。別緻的瓶身與傳統街頭小吃的平凡形成對比，但風味卻很契合，試試搭配將黑豆、蝦米和洋蔥拌勻揉成球狀，再經過油炸的 acarajé 料理。

Anchorage The Tide and Its Takers

美國阿拉斯加州，安克拉治市（Anchorage）
酒精濃度：9.0%
啤酒花：Sorachi Ace、Styrian Goldings

　　打起精神！這瓶三倍啤酒使用了 Sorachi Ace 與經典的 Styrian Goldings 啤酒花。
釀酒師在酒槽中加入比利時酵母進行第 1 次發酵，接著再把酒液倒入曾裝有夏多內白
酒（Chardonnay）的橡木桶中，利用 Brettanomyces 酒香酵母進行桶內 2 次發酵，
最後在填裝時，又在瓶內進行第 3 次發酵，以增加酒液中的碳酸氣。倒在玻璃杯中，
能欣賞到霧濁狀的黃色酒液，散發出 Brett 酵母的霉臭與土壤味，一點點來自 Sorachi
Ace 啤酒花的檸檬香、泡泡糖的甜味，以及木桶的風味。喝起來像三倍啤酒，但隨後
又竄出另一種複雜度：葡萄酒、橡木質地、香草、薄荷、檸檬、甜瓜和啤酒花香味。
酵母帶來胡椒、泥味、辛辣與乾燥的口感，另外還聞得到花蜜的香甜。在你試圖剖析
它時，每一口的滋味都會令你深深沉醉。

Allagash Curieux

美國緬因州，波特蘭市（Portland）
酒精濃度：11.0%
啤酒花：Tettnang、Hallertauer

　　羅布陶德（Rob Tod）於 1995 年成立了
Allagash 酒廠，今日這間啤酒廠常年生產 6 種
比利時風格的啤酒。Curieux 是這裡很出色
的一瓶三倍啤酒，特別使用裝過波本威
士忌的酒桶來貯放陳釀。酒液呈金黃
色，口感滑順、微乾而辛辣；香氣中
聞得到油桃、鳳梨與香蕉的味道；擁有
三倍啤酒經典的複雜度，同時又不失
輕盈風味，嚐得到草藥與啤酒花的氣
息。將這樣的啤酒倒入波本威士忌
酒桶貯藏 8 週，使之吸收桶中的椰
子、香草、可樂與太妃糖的氣味，
最後你會得到一款氣味比原來更圓
潤、更甜的啤酒，尾韻帶著單寧酸
形成的橡木苦味，與果香酵母共譜
出迷人風韻。酒桶不會壓制啤酒本
身的氣息，反而能保持酒底風味的
平衡。這是瓶能搭配甜點一起享受
的啤酒：蘿蔔蛋糕、香草蛋糕或蘋
果奶酥都是不錯的選擇。

Red Hill Temptation

澳洲，Red Hill
酒精濃度：8.0%
啤酒花：Golding、Hallertauer

　　不是許多啤酒廠裡面都擁有自己的酒花種
植場，但 Red Hill 酒廠便是少數的例外。他
們自行種植 Hallertauer、Tettnang、
Willamett 和 Golding 等啤酒花，
Golding 種在這裡真是再合適不過
了，因為酒廠的兩位創辦人就名為凱
倫‧戈爾丁和大衛‧戈爾丁（Karen
and David Golding）。啤酒花在種
植、採收、乾燥後，就直接用來釀造
啤酒。Temptation 使用 Golding
啤酒花來產生 30 IBUs 的苦度，而
Hallertauer 則賦予草本植物的芬
芳、葡萄以及微弱的熱帶水果味
——Hallertauer，南半球的風味。
一開始，先以濃郁的香蕉酯味向你
問好，最後再以微妙的酵母辛香作
結，兩股氣息之間交織淡淡的太妃
糖味；不會甜，碳酸氣泡能提振口
感，喝起來純淨又輕盈，讓人想不
到酒精濃度原來高達 8.0%。

比利時四倍啤酒 BELGIAN QUADRUPEL

四倍啤酒的歷史與其他啤酒大不相同，查閱釀酒者協會（Brewers Association）的資料以及啤酒評審認證（Beer Judge Certification Program, BJCP）的啤酒風格指南，都沒有提到「Quadrupel」一字，唯一類似的，只有烈性黑愛爾啤酒。在《牛津啤酒指南》中也沒有相關條目。Quadrupel 一字是在 1990 年代由 De Koningshoeven 酒廠所提出，從此大家就習慣了這個稱謂並廣為流傳。也有人將這類啤酒稱為「ABT」，這個名字比較沒有爭議，因為身為一間酒廠中最烈的啤酒，Quadrupel 的身分的確相當於修道院的院長（Abbot）。

酒精濃度介於 9.0-14.0%、酒液呈深紅褐色、酒泡豐飽。由麥芽和酵母主導的香氣，兩者結合散發出乾果、茶葉、巧克力、香料、焦糖、莓果與麵包的氣味。深色 candi 焦糖常被用來增加色澤與風味。習慣上使用德國、英國或比利時的啤酒花——有些啤酒會充分融合啤酒花的風味（苦味介於 20-50 IBUs），但一般情況下，這些酒花會在最後留下帶辛辣土壤氣息的餘味，這股餘韻在活躍的碳酸氣襯托下，越發鮮明。有些啤酒會經過充分發酵以徹底分解糖分，有些則保留了少許的甜味。這類啤酒複雜又有趣，會讓人不覺時間的流逝，忍不住沉浸在一口接一口的美味中。

ROCHEFORT 10

比利時，羅什福爾市（ROCHEFORT）　　經典酒款

酒精濃度：11.3%

啤酒花：STYRIAN GOLDINGS、HALLERTAUER

Abbey de Notre-Dame de Saint-Rémy 修道院是 Brasserie de Rochefort 啤酒廠的發源地，約於 1595 年開始釀造啤酒。他們生產了名為 6、8 和 10 的啤酒，全員成色深沉，帶甘美的李子味，口感豐饒。數字越大代表酒勁越烈、層次越複雜。Rochefort 10 使用淺色麥芽釀製，再添入 candi 焦糖加深色澤，原料中還包括磨碎的芫荽；雖然啤酒的主導特色為它那柔滑、複雜的酒體，但乾果、烤堅果、香蕉、無花果、麥芽麵包、黑巧克力與焦糖的風味表現也相當出色，口味不甜。啤酒花散發土味與典型的胡椒味，為這瓶舉世聞名的啤酒增添更多的複雜度。由於酒精濃度高，並採瓶中發酵法熟成，這類啤酒能妥善陳放好幾年，屆時你就能體驗到更濃郁的茶味麥香、乾果，甚至是堅果和雪利酒的風味。

Sharp's Quadrupel Ale

英國，Rock
酒精濃度：10.0%
啤酒花：Centennial、Hallertauer、Aurora、Simcoe

　　除了固定生產的桶裝啤酒，Sharp's 酒廠裡那位說話簡潔明瞭、會踢英式橄欖球的首席釀酒師斯圖爾特・豪（Stuart Howe），每年也會從傳統與創新的酒款中擷取靈感，推出一系列 Connoisseurs Choice 精選特殊啤酒。有注意到啤酒花配方的人會告訴你，這瓶啤酒可不是一般的四倍啤酒。它使用了 4 種不同的啤酒花（包括在發酵後期，待酒液冷卻後才加入的 Simcoe）和 4 種酵母菌。酒體與麥芽的典型風味散發莓果、葡萄乾、甘草、有堅果味的 Oloroso 雪利酒以及帶烘焙香的黑巧克力氣息；啤酒花則賦予其松木、橘皮、花朵與葡萄柚的味道。這瓶酒完美詮釋四倍啤酒的風格，並在經典的酒底上增添新的酒花特色。

Struise St Amateus 12

比利時，Oostvleteren
酒精濃度：10.5%
啤酒花：Challenger、Styrian Goldings

　　全球最知名的四倍啤酒，也是轟動全球的啤酒，更是公認世上最棒的啤酒之一。越過 Sint Sixtus 修道院後，下一座村莊 Oostvleteren 便是 De Struise Brouwers 這間小型啤酒廠的所在地，他們生產的 St Amateus 12，顯然是對 Westvleteren 12 的改良酒款。St Amateus 對著酒廠裡的同伴露出一個戲謔、諷刺的比利時笑容，它的酒液呈深紅色，頂上帶著厚實的酒泡。趁新鮮喝，能嚐出由啤酒花主導的酒香；隨著陳放的時間拉長，啤酒花的風味變得越加圓熟，同時突顯出酵母與麥芽的滋味。口感豐饒，擁有乾果、香料、櫻桃白蘭地、散發香氣的啤酒花、椰子、可可粉與些許香蕉和梨子的酯香。酒體中等，散發麵包、漿果籽和糖蜜的氣息，苦味比絕大多數的四倍啤酒更為濃郁。

Dieu du Ciel! Rigor Mortis

加拿大，蒙特婁（Montreal）
酒精濃度：10.5%

　　Rigor Mortis 這瓶酒一年只釀造一次，所以如果有幸發現它的蹤影，你一定要好好把握。這瓶酒深色的酒液上方浮著一層飽滿綿密的泡沫，看起來棒極了，不過這還只是剛開始。香氣中聞得到香蕉、蘭姆酒、櫻桃、乾果以及香甜的麵包味；酒感強勁，但喝起來比想像中更加輕盈，帶有柔順美妙的細膩感，葡萄乾、梅乾、巧克力、焦糖、洋茴香、香草氣息在口中迸發，最後以辛香帶土味的啤酒花畫下句點。每一口的感受不盡相同，但都一樣繽紛有趣，是這類啤酒很棒的特色，每啜飲一口，你就不自覺把鼻子越探越深。啤酒廠說，這瓶酒貯藏 6 個月後風味更佳，不妨試試看；如果可以的話，再將陳放期延長——不然就乾脆直接多買一瓶。

Lost Abbey Judgment Day

美國加州，聖馬可斯（San Marcos）
酒精濃度：10.5%
啤酒花：Challenger、East Kent Goldings、
Cerman Magnum

　　Lost Abbey 和 Port Brewing 是同
一間啤酒廠裡的 2 個部門，受到比利
時啤酒的啟發，Lost Abbey 釀製了一
系列一流的啤酒；而 Port Brewing
則是美國明星啤酒薈萃的酒廠，
快速且大量地生產啤酒花氣息鮮
明的酒款。Port Brewing 成立在
前，Lost Abbey 則從原本一個
小單位發展為現今的釀酒主力之
一。他們有一間夢幻般的品酒室。
當 Stone Brewing 酒廠搬離位於
聖馬可斯的位址後，Port Brewing
和 Lost Abbey 隨即遷入。這瓶
Judgment Day 是用葡萄乾釀製而
成的四倍啤酒，酒液呈深紅褐色，帶著可可粉、
烤堅果、乾果、焦糖、莓果的香味，以及啤酒花
的土壤氣息。顏色深沉、風味強烈。

Boulevard Brewing Bourbon Barrel Quad

美國密蘇里州，堪薩斯城市（Kansas City）
酒精濃度：11.8%
啤酒花：Perle、Hallertauer Tradition

　　四倍啤酒的風味天生就與波本威士忌（太妃
糖、乾果、香料）很相稱，難怪有越來越多的
四倍啤酒被倒入木桶中；如果在酒中另外
加入一些櫻桃，便是現在這瓶 Bourbon
Barrel Quad，它是來自堪薩斯城市啤
酒廠的罕見酒款。身為 Boulevard 酒
廠的「第六瓶系列啤酒」（The Sixth
Glass）之一，這瓶 Quad 被放入各種
木桶中熟成，有的陳釀期長達 3 年，
然後在裝瓶之前會再經混合調製，
以達到風味的最佳平衡。太妃糖、
香草、橡木、酸櫻桃、甜櫻桃、可
樂、無花果、聖誕香料、葡萄乾和
紅糖等香氣擄獲你的口鼻，你將體
驗到最佳的酒香和木香韻味。滋味
柔順溫暖，是可以跟朋友共享的啤
酒，很適合搭配烤布蕾或櫻桃派等
甜點。

Cervejaria Wäls Quadruppel

巴西，美景市（Belo Horizonte）
酒精濃度：11.0%
啤酒花：Galena、Styrian Goldings、Saaz

　　Cachaça 是瓶巴西烈酒，由發酵後的甘蔗汁經加熱蒸餾後釀製而
成。未經陳放的 Cachaça 外觀看起來較蒼白，若貯放在木桶內熟成，
則會變成類似蘭姆酒的金色。它是巴西最受歡迎的烈酒，也是巴西最
知名的雞尾酒 Caipirinha 的酒底，這種雞尾酒混合了 Cachaça、
甘蔗、糖以及酸橙等原料，滋味清爽，飲用時會加入大量冰塊。這
瓶 Cervejaria Wäls Quadruppel 加入了吸有 Cachaça 酒的法國
橡木屑來陳釀，賦予啤酒灼熱的強勁酒底與一些香蕉氣息，並在啤酒
中原來的香草、焦糖、烤無花果、糖蜜與巧克力味道上，增添熱帶水
果的異國風韻。喝起來口感滑順細膩、酒體飽滿，啤酒花的苦味殷
實，苦度為 35 IBUs。這是一瓶完美的地方風格四倍啤酒，Cachaça
烈酒與酒體豐盈的啤酒，這個組合十分出色，它跟巴西松露巧克力
brigadeiro 十分對味。

比利時美國啤酒 BELGO AMERICAN

比利時美國啤酒與比利時印度淡啤酒，看起來應該並列在啤酒家譜上的相同位置，事實卻不然。兩者都是結合比利時與美國風格的酒種，但在釀造初期便有所不同：比利時美國啤酒一開始的風味像比利時啤酒，釀酒師選用美國或新世界的啤酒花，賦予啤酒柑橘、花香或熱帶氣息；而比利時印度淡啤酒最初則類似美國印度淡啤酒，釀酒師利用比利時酵母菌來發酵，為啤酒帶來胡椒、酯味、香料味的辛香以及一股霉味。就像複雜的文氏圖（VENN DIAGRAM）一樣，有些酒款的風格介於兩者之間，無法明確歸類。兩者都是具時代精神的啤酒類型，匯聚了以比利時為首的舊世界風味，以及美國精釀啤酒的顯著果味。

一般來說，這類啤酒無法歸入單一分類，這也令它們特別值得玩味。它們一開始也許是瓶夏季啤酒、黃金啤酒或烈性愛爾，後來會成為 Belgo Ameircan 這種類型的啤酒，是因為釀酒師使用香氣迷人、帶果味的美國與歐洲啤酒花，來賦予啤酒誘人的香氣與風味，並使酒花的風韻能溫和地與麥芽、酵母相融和。雖然帶著微妙的複雜度，這類啤酒仍然忠於它的血統，最後喝起來，就像有著美國特色的比利時啤酒。

JANDRAIN-JANDRENOUILLE IV SAISON

比利時，JANDRAIN-JANDRENOUILLE

酒精濃度：6.5%

經典酒款

這是我向女友蘿倫求婚後所喝的第一瓶酒。那天日落時分，我在一座希臘小島的私人海灘上，對她問出那個問題，然後聽見她說：「我願意。」回到旅館後，我拿出了這瓶酒慶祝我們的新生活。

初遇這瓶啤酒是在比利時，當香氣竄入鼻間，我立刻對它一見鍾情。帶果味的美國啤酒花散發水蜜桃、杏仁、柑橘、鳳梨，以及鮮美的花香。酒體輕盈，碳酸氣在口中帶來微微的震顫（就像是戀愛中砰砰作響的心跳）。它並非風味猛烈的啤酒，口感反而如仙塵般細膩、鮮美而清淡，縈繞其中的酒花氣息就像漂亮臉蛋上綻放的笑容，令人眼睛一亮。我想起了美麗的那個她，就在剛剛，我們許下一生的承諾。

Extraomnes Zest

義大利，馬爾納泰（Marnate）
酒精濃度：5.3%
啤酒花：East Kent Goldings、Citra

　　雖然義大利精釀啤酒多取經自比利時和美國，頂多在釀造過程中加上一些地方特色和個人創意，但隨著這個領域逐漸發展，它的規則也慢慢成形。在這樣的環境下，有啤酒廠推出了令人期待的新滋味——Extraomnes Zest 要為眾酒客展露獨一無二的義大利風情。它是一瓶比利時黃金啤酒，釀酒師在酒液冷卻後才加入 Citra 啤酒花，使啤酒花的果味融入那乾澀、輕盈的酒體。芒果、百香果、杏仁、葡萄柚和水蜜桃的氣息全都來自 Citra 啤酒花。酒體純淨，在巨大的苦味襲來前，嚐得到微微乾燥藥草和胡椒的氣味。苦味的出現毫無徵兆，一登場便緊緊纏住舌頭，誓言壓倒一切風味。這瓶酒擁有比利時啤酒花那經典的植物苦味，來勢洶洶卻又不失樂趣，在乾燥啤酒花清新的芬芳果味陪襯下，苦味反而減輕了。

Houblon Chouffe

比利時，Achouffe 村
酒精濃度：9.0%
啤酒花：Magnum、Hallertauer、Amarillo

　　這瓶由 Brasserie d'Achouffe 酒廠釀製的「骰子印度三倍淡啤酒」（Dobbelen IPA Tripel）是第一批擁有豐富啤酒花香氣的比利時啤酒，於 2006 年問世，至今仍是最暢銷的酒款之一。霧濁的金色酒液帶有明亮的白色泡沫，誘人的啤酒花香氣中聞得到橘皮、新鮮乾草、杏桃、油桃、粗棉布與芳草的味道，在香蕉與辛香酯類的烘托下，整體風味越顯飽滿。口感豐盈卻清淡，舌頭上的麥香滑潤，帶著微微甜味，使人很容易忽略它高達 9.0% 的酒精濃度而大口暢飲。在口腔中，啤酒花散發出更重的核果、果皮以及草本苦味，同時交織著酵母的辛辣氣息。

Anchorage Love Buzz Saison

美國阿拉斯加州，安克拉治市（Anchorage）
酒精濃度：8.0%
啤酒花：Simcoe、Amarillo、Citra

　　沒有任何酒喝起來會比這瓶 Love Buzz Saison 更像精釀啤酒。重新構思的比利時愛爾風味：✔；美國啤酒花：Simcoe ✔、Amarillo ✔、Citra ✔；奇特的原料：薔薇果、乾胡椒和鮮橙皮，3 個✔；桶內熟成：裝過法國黑比諾葡萄酒的橡木桶，✔；野生酵母：Brettanomyces 酒香酵母，✔；最後再另外為精美的酒標打一個大✔。外觀混濁，澄色的酒液之中帶著一撇羞澀的粉紅。深吸一口氣，鼻端竄進一股胡椒氣息，那是剛剛迸發的酒花與酵母的辛香。啤酒花與橙皮融合成一股帶果味與花香的氣味，襯托 Brettanomyces 酵母帶來的檸檬與皮革味。來自葡萄酒的犀利酸味貫串整個香辣酒體，苦味綿遠悠長。啤酒花、香料與橡木桶，3 種不同的元素被放到一起，你原本還以為會嚐到一團混亂的滋味，幸而所有氣息都能彼此互補或襯托。

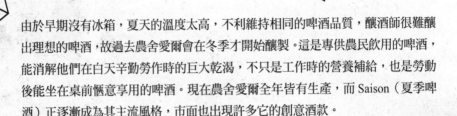

農舍愛爾 FARMHOUSE ALES

由於早期沒有冰箱，夏天的溫度太高，不利維持相同的啤酒品質，釀酒師很難釀出理想的啤酒，故過去農舍愛爾會在冬季才開始釀製。這是專供農民飲用的啤酒，能消解他們在白天辛勤勞作時的巨大乾渴，不只是工作時的營養補給，也是勞動後能坐在桌前愜意享用的啤酒。現在農舍愛爾全年皆有生產，而 Saison（夏季啤酒）正逐漸成為其主流風格，市面也出現許多它的創意酒款。

夏季啤酒源自比利時的埃諾省區（Hainaut），啤酒花、酵母及香料賦予它乾爽而辛辣的口感，香氣迷人，擁有難以捉摸的果味（柑橘、果園與核果）和清爽的苦味，非常解渴，複雜度高，風味質樸卻不失精緻。酒精濃度介於 5.0-8.0%，苦度可高達 40 IBUs，酒液成色介於麥黃至金色，發酵度高。Bière de Garde 是法國唯一原產的在地酒種，沿著法國北部和比利時邊境開始發展，它的名字意謂「用於保存的啤酒」。Bière de Garde 有顯著的麥芽香氣，酒體較夏季啤酒更柔潤，口感更溫和也較甜，散發草本植物的氣息，偶爾聞得到類似地窖的霉味；酒精濃度介於 6.0-8.5%，苦度可高達 30 IBUs，酒液成色介於金黃至琥珀色。傳統上在釀造夏季啤酒和 Bière de Garde 時會使用歐洲啤酒花，而今日釀酒師則會使用柑橘、美國和南半球的啤酒花來增添熱帶風情。

SAISON DUPONT
比利時，埃諾省（HAINAUT）
酒精濃度：6.5%
啤酒花：STYRIAN GOLDINGS、LAST KENT GOLDINGS

經典酒款

這是瓶經典的夏季啤酒，但在 80 年代之前，它尚非啤酒廠的主打產品，直到後來被傳到美國，在那裡成為啤酒界的超級巨星。家用酵母菌賦予它很多特色：果味、胡椒味、辛香以及極度乾爽的口感。霧濁狀的金色酒液有著豐厚的泡沫層，是瓶漂亮的啤酒。啤酒花帶來土味、胡椒辛香，以及核果氣息，清爽迷人的乾澀尾韻伴持久的苦味隨後湧上。如果有看到採用冷泡法釀造的同一酒款，那你非試不可，因為它的風味更加美妙，散發蘋果、香草、香料、鳳梨和杏仁的氣息，香氣更濃郁、層次更複雜、口感更豐富。2 款啤酒都很適合佐餐飲用：啤酒的酸味與泰式料理很契合，乾澀的口感可以搭配油脂豐富的魚肉，而酒中的辛香與辛辣的肉類可說是天作之合。

Brasserie Theillier La Bavaisienne Ambrée

法國，巴韋（Bavay）
酒精濃度：7.0%
啤酒花：Brewers Gold

　　Brasserie Theillier 酒廠成立於 1835 年，酒廠位址距離比利時邊境只有幾英里，是法國現役歷史最悠久的啤酒廠，至今只在第一次世界大戰期間停運過一次，因為當時德國人行軍至此，徵用了酒廠裡的釀造器具。La Bavaisienne 是瓶 Bière de Garde，開瓶後，啤酒花香帶著土壤、青草的香氣與一整袋的酒花辛香迎面襲來；酒體結構飽滿、帶著麥香，散發太妃糖、烤堅果、麥片與麵包的味道，酚味酵母為底層香氣增添一陣煙燻氣息，苦味表現內斂，使口感不至流於乾澀。酒韻醇熟鼻端隱約可辨的農舍霉味令它與農家乾酪、臘肉和新鮮麵包特別對味。

Dark Star Saison

英國，布萊頓（Brighton）
酒精濃度：4.5%
啤酒花：Saaz、Styrian Goldings、Belgian Goldings

　　Dark Star 啤酒廠有著英國最棒的啤酒，而這瓶夏季特色啤酒便是我的心頭好之一。每年我會掰著手指算日子，等它上市後便開始走訪大街小巷裡的啤酒吧，點上一品脫的這瓶啤酒，飲盡後又忍不住再次續杯。首席釀酒師馬克 · 特蘭特（Mrak Tranter）使用 Dupont 酵母，創造出一瓶很酷的、混合比利時與英國風味的啤酒；它的酒體滑順，略帶酯香果味、柳橙中果皮、辛辣的酒花香，以及討喜的果園與核果味，大口暢飲也毫不費勁；這瓶啤酒的桶裝酒款口感柔軟、圓潤且辛辣，少量的碳酸氣泡帶來飽滿的風味；若改以小酒桶盛裝，滋味會更鮮明而犀利，伴隨嘶嘶作響的碳酸氣突顯酒花氣息，並使其風味更輕盈、色澤更明亮。

De Glazen Toren Saison d'Erpe-Mere

比利時，阿爾斯特（Aalst）
酒精濃度：6.9%
啤酒花：Saaz、Magnum、Hallertauer Mittelfrüh

　　這瓶啤酒外面有層包裝紙，給我帶來了意外驚喜。1988 年，當傑夫 · 范登斯蒂恩（Jef Van Den Steen）和德克 · 德保羅（Dirk De Pauw）兩人於埃爾佩－梅雷（Erpe-Mere）的市政府碰面，而決定要在家裡自己釀造啤酒後，他們便報名了釀酒課程，然後在 1994 年以釀酒名家之姿畢業。2004 年終於成立了啤酒廠，而 Saison d'Erpe-Mere 便是他們的第一瓶啤酒。霧濁狀的黃色酒液，散發盈繞於鼻端間的醺然香氣：檸檬、蘋果、鳳梨、椰子與熱帶水果的氣味，混合青草土味和農舍的霉臭；酒體溫潤，口感柔軟而輕盈、質感奢華而優雅，帶著解渴的碳酸氣泡，是瓶風味絕佳的啤酒獻禮。

Hill Farmstead Arthur

美國佛蒙特州，Greensboro
酒精濃度：6.0%
啤酒花：不一定，包括 Saaz、East Kent Goldings

　　一聽到 Hill Farmstead 這兩個字，啤酒控就忍不住要跪地稱頌。他們是座名聲大噪的啤酒廠，以農舍風格與酒花氣息鮮明的酒款而著名，這裡有著眾所追求的啤酒，卻多是難以尋獲的夢幻逸品。Arthur 是瓶風味絕佳的夏季啤酒，當你坐在桌前細細品味時，會好奇酒廠裡那些人究竟對它做了什麼，才能產生這樣獨一無二的美味。Arthur 的酒體輕盈滑潤，是我過去在其他啤酒中不曾嚐過的風味，迷人精緻的水果香氣，散發出蘋果、杏桃與水蜜桃的氣息，擁有些許來自酵母的風韻和隱約的麥香，麥香宜人；酒廠使用自己的井水來釀酒，也許那水中被施了魔法，所以啤酒才有著異想不到的清爽酒感，令人印象深刻。Hill Farmstead 酒廠的啤酒，你絕對不能錯過。

Del Ducato New Morning

義大利，索拉尼亞（Soragna）
酒精濃度：5.8%
啤酒花：East Kent Goldings、Saaz、Chinook

　　這是瓶釀造靈感源於春季的啤酒，那是一年中最朝氣蓬勃的日子，萬物剛從冬眠中醒來，四周一片生機盎然，這瓶夏季啤酒的風格與這種氣氛不謀而合：口感清爽帶碳酸氣泡，散發香料、鮮美的花香，以及啤酒花的青草味。New Morning 以巴布‧狄倫（Bob Dylan）的歌曲為名，以野花、甘橘、磨碎的芫荽、綠胡椒和生薑來調製，酒體圓潤，風味微妙而純淨，來自柑橘的低調甜味受到胡椒辛香的突顯，花香則喚起忍冬和群花的滋味，擁有微微的柑橘味、恰到好處的清爽口感和餘韻，整體散發誘人的甘美風情。當花朵綻放、溫煦的陽光照在你身上，走到室外來瓶 New Morning 吧。

Stillwater Artisanal Ales Cellar Door

美國馬里蘭州，巴爾的摩（Baltimore）
酒精濃度：6.6%
啤酒花：Sterling、Citra

　　布萊恩‧史特朗基（Brian Strumke）是 Stillwater 酒廠的幕後推手，他自己沒有釀酒器具，所以會利用別處酒廠的閒置時段商借酒槽，也與不同的人共同研發新式啤酒；布萊恩所釀的啤酒都帶有農舍風味，他固定生產的啤酒類型並不多，偶爾會推出限量發行一次的夢幻逸品和特色啤酒；他處在當前正夯的吉普賽釀酒運動的最前線，像他這樣的吉普賽釀酒師，聲譽正日漸高漲。Cellar Door 是瓶加入白鼠尾草釀造而成的美式農舍愛爾，霧濁狀的淺金色酒液，帶著一股芬芳的果味和草本植物的香氣，同時伴隨著碳酸氣泡的刺激，以及大量的酵母香氣；鼠尾草的氣息極度刺激食慾，使我迫切渴望大啖越式豬肉、法國麵包或饅頭；甜美的啤酒花帶來的果味與鮮味低調而內斂，為這類舊式風格開創新的面貌。

時令啤酒

隨著時光流逝、季節更替，舌尖的渴望也跟著天氣而改變，只要滿足味蕾的需要，便能帶來難以取代的滿足感，所以我1月選擇的啤酒，與7月需要的啤酒絕不相同。

啤酒日曆上最具時令特色的酒款，便是使用青嫩啤酒花釀造而成的啤酒。這類啤酒非常罕見，在南北半球一年僅分別釀造一次，出現的時間也非常短暫。通常啤酒花在採收後，會立刻加以乾燥，整個過程就是在跟時間賽跑；若動作太慢，啤酒花會開始氧化，風味也會逐漸散失。藉由乾燥並壓縮，啤酒花的風味能妥善保存一年。而青嫩的啤酒花沒有經過乾燥，它們剛被採收後，就直接被釀酒師丟入煮沸鍋。如果酒花農場就在啤酒廠附近，那麼釀酒師就可以在收成當日，直接到農場收集啤酒花，然後在最短時間內回到酒廠動手釀製。使用這些新鮮酒花釀造而成的啤酒，風味獨一無二，是季節限定的美釀。青嫩啤酒花沒有乾燥啤酒花那樣強烈的風味，取而代之的是更富青草氣息、風味更為雅致。

秋天的啤酒顏色就像樹上的葉子，從金色轉紅後，再變為棕色，酒中多了綠籬水果與土壤的氣味。穿過營火的煙霧，我們進入冬季，這時的啤酒散發烘焙的燻香，交織聖誕香料的氣味，酒勁更強。啤酒化身四季，我們除了喝酒，同時也是在品味當下的一種思維、氣氛和風韻。

春天的跫音再次響起，為我們帶來清新、生機、光輝和綠意。時令啤酒也群起效法，它們這時呈金黃色，色澤明亮，選用幾個月前剛採收的啤酒花來釀製，風味活潑而鮮明。入夏後隨著天氣漸暖，這些啤酒的風味也逐漸鬆懈，原本犀利的苦味變得溫和，反而產生大口暢飲的樂趣，適合坐在戶外與朋友一同享用。接著又是秋穫時分，青嫩的啤酒花、陰鬱的秋日，這樣的循環生生不息。

時令、啤酒與食物間的關係也是環環相扣。隨著季節變化的味覺同時會影響我們所選的食物：春季沙拉適合搭配清爽的愛爾淡啤酒；科隆這種夏日啤酒，是烤肉時的不二選擇；棕色愛爾與秋天的南瓜很對味；而司陶特與冬天豐盛的燉煮料理很相配。

沒錯，我們都會在夏天飲用司陶特黑啤酒，冬天改喝白啤酒。杯中的啤酒反映出周遭環境的各種風味，再沒有任何飲品能像它這般止渴。

FLEMISH BRUIN AND FLANDERS RED

法蘭德斯棕啤酒和法蘭德斯紅啤酒

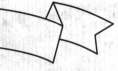

這類源自比利時的棕啤和紅啤，可能加上「OUD」作為字首。兩者皆為在酒槽中發酵的愛爾啤酒，釀製後會再放上一段時間，以醞釀酸甜、葡萄酒般的風味。與拉比克自然酸釀啤酒和 Gueuze 香檳啤酒的檸檬氣息相比，它們則更偏向醋酸味。其酸味來自野生酵母與細菌，及延長熟成期後產生的效果 —— 棕啤酒會置於酒槽中熟成，而紅啤酒則貯存於橡木桶中熟成，熟成期可高達 2 年。另外，這類啤酒的風味還有一個關鍵：在裝瓶前，釀酒師會混合新啤酒與老啤酒，以達到酸味與甜味的完美平衡。它們是果味鮮明的啤酒類型，兩者都會被用作水果啤酒的基底。

　　法蘭德斯棕啤酒和紅啤酒的成色介於紅、棕至紫紅色的範圍，酒精濃度為 4.5-8.0%，啤酒花的香氣與苦味纖細（苦度低於 25 IBUs），常被木頭的單寧味與酒中的酸味掩蓋。麥芽、酵母、細菌與熟成期，帶來迷人的果味和複雜的層次：紅啤酒散發出果味酯香、葡萄酒、櫻桃、李子、葡萄乾與木頭氣息，以及飽滿的醋酸；棕啤酒通常擁有更重的麥香，沒有橡木味，酸味也較紅啤酒低。不過今日，這兩種啤酒的風格其實越來越相近，分界也越來越模糊。它們以均衡的口感見長，因新啤酒偏甜、陳年啤酒則較酸，故釀酒師會混合不同年份的啤酒來控制酸度。

RODENBACH FOEDERBIER

比利時，魯瑟拉勒（Roeselare）
酒精濃度：6.0%
啤酒花：來自比利時波珀靈厄市（Poperinge）的比利時啤酒花

經典酒款

　　Rodenbach 是經典的法蘭德斯紅啤酒，經 4 週釀製並於酒槽熟成後，會被倒入名為 foeder 的巨大橡木桶，在酒窖裡開始長達 2 年的陳放。酒廠共有 300 個這樣的大型酒桶，有些 foeder 的歷史甚至可回溯至 1830 年代。Foeder 酒桶的尺寸最少有 3,700 美制加侖（14,000 公升），最高達 17,200 美制加侖（65,000 公升），木頭中的微生物會產生酸味，進而形成醋酸。標準的 Rodenbach 啤酒是混合 3 種新鮮啤酒後陳釀製成，味甜，嚐得到少許柔潤酸味，主要風味為木頭、櫻桃、香草和花香。以 foeder 酒桶釀製的啤酒，僅在啤酒廠附近才買得到，那還是直接取自酒桶，未經過濾、未甜化的啤酒，滋味更酸更飽滿，木質香氣更重，酒感更強。魯瑟拉勒的中央廣場是享用這瓶酒的最佳地方，可搭配法國火腿起司三明治與薯條。

New Belgium La Folie
美國科羅拉多州，科林斯堡
酒精濃度：6.0%
啤酒花：Target

　　La Folie 是這裡最知名的野生酵母愛爾，被稱為「酸味棕啤酒」，熟成方式卻像紅啤酒，這是因為其釀酒大師彼得・博克特（Peter Bouckaert）曾在釀造 Rodenbach 的酒廠工作過，而 La Folie 也會被放在又大又高的橡木桶中熟成。2012 年時酒廠不斷遷址，以便容納更多的 foeder 大酒桶。La Folie 混合了陳放 1 至 3 年的啤酒，開瓶後，櫻桃、李子、蘋果與橡木的味道首當其衝，酒體豐滿而富結構，焦糖和回味無窮的麥香使口感圓潤，醋酸氣息中挾帶強勁的酸味，以及更濃郁的櫻桃、木頭、蘋果和香料味。

Panil Barriquée Sour
義大利，帕爾馬市（Parma）
酒精濃度：8.0%
啤酒花：Perle、East Kent Goldings

　　這是瓶利用橡木桶熟成的酸味紅啤酒，先在酒槽進行第 1 次發酵，再移入裝過科涅克白蘭地的酒桶進行第 2 次發酵，最後在瓶中進行第 3 次發酵，以產生旺盛的發泡。酒液呈深銅紅色，開瓶後繽紛的水果味撲鼻而來，蔓越莓、李子、櫻桃、陳年啤酒和白蘭地融合後的葡萄乾味在鼻尖起舞，隨後湧上微微的香醋，伴隨橡木的氣息及鮮明、強烈的清爽酸味。這瓶酒結構顯著，酒液、酒桶和細菌各司其職，卻又和諧地像三大男高音合唱的迷人歌謠。它的醋酸味柔和，增添風味的同時又不致嗆口刺鼻，擁有紅果味、單寧酸、鹹感的木頭乾澀感、微微的甜味及科涅克白蘭地的酒味，整體風味溫潤，能滿足你味覺所需的 5 種味道：甜、鹹、苦、酸、鮮。

Cascade Sang Noir
美國奧勒岡州・波特蘭
酒精濃度：9.2%

　　孩童時的你是否曾幻想過，在超商裡待上一整晚，裡面的東西隨便你吃，你可以盡情奔跑，趁著沒人時在走道上用跪姿滑過地板？我就有想過！長大後，這個白日夢變成：帶著酒杯獨自被反鎖在 Cascade 啤酒廠的貯酒室，趁沒人發現，盡情喝上一整晚的啤酒（或者找位共犯相陪也不賴，他可以幫忙把放在高處的酒桶搬下來）。Cascade 啤酒廠使用各式酒桶、水果，透過不同的組合，釀造出美國最有趣、最優質的酸啤酒。Sang Noir 是瓶雙倍紅啤酒，置於波本威士忌與黑比諾紅葡萄酒的酒桶中熟成，再加入櫻桃，聽起來很不錯吧？它充滿豐盈的櫻桃味、強勁的醋酸、犀利的葡萄酒味、香草與橡木、焦糖等氣息，酸味受到波本威士忌的薰陶更顯圓潤，是瓶會讓你想擁抱釀酒師，謝謝對方創造了如此美味的佳釀（然後你就可以躲到桌底下，等酒廠裡的人關門離去，再趁機潛入貯酒室）。

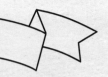

LAMBIC AND GUEUZE
拉比克自然酸釀啤酒與香檳啤酒

這是比利時布魯塞爾 Pajottenland 地區特有的桶中熟成酸啤酒，口感偏乾，魅力席捲布魯塞爾的南部與西部。在那裡，空氣中的天然酵母已準備好要跳入啤酒槽，盡情享用裡面的糖分大餐，並將一桶桶的啤酒酸化。過去，釀酒師還不會培育酵母、也不知道發酵背後的科學原理，大部分的啤酒可能因受到野生酵母的感染，難免產生酸味；然而，拉比克與香檳啤酒的酸味卻是釀酒師刻意為之。

　　未發芽小麥佔原料比例的 4 成，這類啤酒遵循傳統的糖化、煮沸程序，使用陳放過後的啤酒花，酒花的苦味及香氣較不明顯。麥汁滾沸後，會被倒在又大又寬的淺銅盤（coolship）上冷卻，同時透過屋頂的縫隙與廠外空氣中的酵母和細菌接觸，這些空氣中的精靈會觸發自然發酵過程——也就是說，無需釀酒師手動添加酵母，啤酒便會自行發酵，之後再將酒液倒入木桶，陳放 1 至 3 年。其發酵過程複雜，各階段的味道也不同：先是產生酒精的氣味、再來是酸味，最後才是野生酵母的風味。

　　拉比克是很純粹的啤酒，不跟其他酒類混合、飲用時也沒有碳酸氣泡，相當罕見，必須到產地附近才找到它。Gueuze香檳啤酒則相反，它會混合不同釀造年份的拉比克啤酒，調製出恰到好處的均衡口感。Gueuze也有經過碳酸化處理，因為摻入的新啤酒中含有糖分，糖分會再次於瓶中引起發酵，產生香檳般的細緻氣泡，這也是Gueuze最為人津津樂道的特色。這場碳酸化的過程會在瓶中耗時數個月，因此Gueuze香檳啤酒在裝瓶後，仍會在啤酒廠裡放上一段時間。Faro是款微甜的拉比克啤酒，若你喜歡較不酸的啤酒，不妨試試Faro。釀造拉比克啤酒時多會加入水果，但請留意使用人工香精的酒款，那喝起來可能會太甜，或者缺乏這類啤酒應有的內斂酒感。

　　這兩種啤酒的味道與其釀造工序一樣複雜，口感非常乾澀、酸味犀利、結構紮實、滋味清爽，但對某些不熟悉其強勁酸味的酒客來說，會顯得太具挑戰性。陳年啤酒花賦予這類啤酒氧化、類似乳酪和農場般的風味，酒桶帶來橡木與單寧酸的氣息，細菌與酵母則產生酸味、霉臭和多種層次的味道，一旦你開始懂得欣賞它們的美味，就會忍不住越喝越多。這種啤酒類型在90年代面臨存亡危機，但今日卻是全球備受歡迎、最被渴望的酒種，不斷有啤酒廠試圖複製它們的犀利酸味與複雜口感。

Cantillon Lambic

比利時，布魯塞爾

酒精濃度：5.0%

啤酒花：陳放 3 年的啤酒花

Cantillon 酒廠是你這一生的必訪之地，不管你喜不喜歡酸啤酒，來就對了！它座落在布魯塞爾的小街上，外觀並不起眼，卻收藏了齊全的 19 世紀釀造器具，堪稱一座啤酒博物館。當你在裡面四處轉悠，鼻端會飄來醺然欲醉的動人香氣：濃郁的水果、木頭和葡萄酒味，陳舊的氣息，以及發酵後的神祕甜味。裡面四處是緊密排放的酒桶、深色的陳舊木頭、牆邊蜿蜒而上的黴菌，滿是灰塵的天窗周圍結著厚厚的蜘蛛網，空氣中洋溢著微生物的氣息。這瓶啤酒在桶中陳放了 1 年半，金色的酒液閃爍迷人光澤，香氣中帶有檸檬的酸味，以及蘋果和農場般的土味，喝起來口感潤滑令人欲罷不能，嚐得到少許殘餘的甜味，伴隨令人不住抿唇、十分解渴的酸味，最後再由帶木香的乾澀餘韻壓底，給人一種粗獷、未經潤飾的勁道；層次複雜卻不失均衡，擁有無與倫比的好滋味。快安排一趟 Cantillon 酒廠之行吧！

Tilquin Gueuze Draft

比利時，勒貝克（Rebecq）

酒精濃度：4.8%

啤酒花：將陳年啤酒花混合使用

Tilquin 酒廠沒有實體的廠房，反之，它是間「gueuzerie」，或稱攪拌者（blender），也就是會向不同的拉比克啤酒廠購買已充份與野生酵母作用的麥汁，再置於從葡萄園購得的空酒桶內發酵，幾年之後，這些酒桶就會醞釀出難得的美味。這瓶生啤酒口感細膩清爽，易飲且平易近人，卻仍保有難以想像的複雜層次：它有著澳洲青蘋果的酸味、豐郁的果味、另一種乾淨柔和的酸度、淡淡的氣泡口感、果味粉的甜味及鹹香帶木頭味的尾韻。輕啜一口，酒液彷彿要在嘴中縮攏時，卻又突然變得醇熟圓潤，像曲球般滑落，顯出所有味道的飽滿豐美。這酒還有一款名為 Oude Gueuze Tilquin à l'Ancienne 的瓶裝酒款，酒精濃度 6.0%；兩者都相當美味。

Allagash Coolship

美國緬因州，波特蘭市（Portland）

酒精濃度：不定

如果你問拉比克啤酒的釀酒師，能否在 Pajottenland 以外的地方釀造這類啤酒，他們會氣沖沖地反駁：「不行！」那裡的空氣肯定有些特別的元素，不過野生酵母菌無所不在，要在其他地方釀造自然發酵的啤酒也不無可能。受到比利時啤酒的影響，Allagash 酒廠於 2008 年安裝了發酵用的淺銅盤，利用它釀製了許多自然發酵的啤酒，酒液在被裝入酒桶前，會用一整晚的時間來吸收空氣中的微生物。首批完成的啤酒在 2011 年才開始裝瓶，期待日後會有更多美味的啤酒陸續熟成。像這樣的啤酒跟周圍環境有著緊密聯結，似乎地方的關鍵特色會反映在當地的空氣裡，而 Allagash 酒廠就試圖要捕捉這個要素。這類啤酒非常罕見，擁有地方限定的獨特滋味，加上等待熟成所要的耐心，以及良好的混合調製技術，是你絕對不會想錯過的美釀。

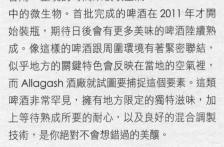

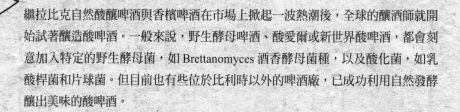

WILD BEER AND SOUR ALES

野生酵母啤酒與酸愛爾

繼拉比克自然酸釀啤酒與香檳啤酒在市場上掀起一波熱潮後，全球的釀酒師就開始試著釀造酸啤酒。一般來說，野生酵母啤酒、酸愛爾或新世界酸啤酒，都會刻意加入特定的野生酵母菌，如 Brettanomyces 酒香酵母菌種，以及酸化菌，如乳酸桿菌和片球菌。但目前也有些位於比利時以外的啤酒廠，已成功利用自然發酵釀出美味的酸啤酒。

　　這類啤酒按照比利時經典酒款的作法來釀製，並被置入酒桶中陳放。有些啤酒會先於酒槽中發酵後，再被移至木桶中熟成（葡萄酒桶可是熱門選擇）；也有的啤酒直接在酒桶中完全發酵。即使是相同的酒液，但因為在桶中熟成時間不同而產生不同風韻，所以這類啤酒跟 Gueuze 香檳啤酒一樣，在裝瓶前也會加以混合調製。

　　這類酸啤酒最後的成果往往難以捉摸。酒液成色可能呈現最淺的淡黃色，也可能是最深的黑色，酒精濃度最低不到 3.0%，最高卻可超過 12.0%；熟成方式也多有不同，有的置於不鏽鋼酒桶或木桶中熟成，也有的採瓶中熟成；雖然偶有例外，但苦度通常很低，因為苦味與酸味會相互衝突。最棒的野生酵母啤酒或酸愛爾，風味均衡乾爽，口感複雜，其酸味不會流於刺激的醋酸。考慮到這類啤酒的本質，許多野生愛爾啤酒的產量都以一批為限，每次的滋味也不盡相同。我們可以期待在接下來的幾年，隨著所有陳放的酒桶逐一熟成完畢，酸啤酒將在市場上大放異彩。

Lovibonds Sour Grapes

英國，Henley-on-Thames
酒精濃度：6.0%
啤酒花：Hersbrücker

　　Lovibonds 酒廠有款小麥愛爾淡啤酒 Henley Gold，酒精濃度和酒花風味都很淡薄。某日，有批小麥愛爾淡啤酒遭到細菌汙染而酸化，釀酒師傑夫・羅森邁爾（Jeff Rosenmeier）在品嚐過後，發現它美味的潛力（不過大部分的啤酒還是被倒掉了），其他人也有相同看法。後來又有一批酒酸化，這次傑夫把酸掉的啤酒裝入 3 個法國葡萄酒桶中，並加入發酸酵母和細菌；幾年後，他的最佳桶中熟成酸啤酒榮獲 2012 年世界盃啤酒大賽（World Beer Cup）金牌獎，那可是這場大賽中最受垂涎的獎項之一。這瓶亮金色的啤酒擁有令人嚮往的香氣：葡萄、柑橘、橡木、葡萄酒、野生酵母、檸檬等；橡木與單寧的酸味迷人，酒體柔順細膩、口感乾爽輕盈，優雅的風味令人驚豔。這麼美好的啤酒，來自多年前一場美麗的錯誤。

Russian River Temptation

美國加州，聖塔羅莎市
酒精濃度：7.5%
啤酒花：陳放的 Styrian Goldings 和 Saaz

　　Russian River 酒廠的啤酒深受酒客激賞，「卓越」、「稀有」這2樣特色成就它今日的地位。Temptation 是瓶黃金愛爾，置於裝過莎當妮白葡萄酒的桶子中熟成，並加入 Brettanomyces 酒香酵母、片球菌與乳酸桿菌發酵。它的酒液呈淡金色，帶著閃閃發亮的氣泡；香氣中聞得到白葡萄酒、木頭、柑橘與野生酵母的味道。入口後，一陣犀利又清爽的酸味首先衝上舌端，葡萄酒與酒桶的氣息隨後湧上，最後以複雜的尾韻作結，餘味辛酸卻乾淨而悠長。這瓶酒有著清新、解渴的單純風味，但同時又表現得無比複雜。Russian River 酒廠推出的另一款酸啤酒 Beatification 採用自然發酵法，它被稱為「Sonambic」，意謂來自 Sonoma 的拉比克啤酒——那是酒廠附近的葡萄酒產區，用來陳放 Sonambic 啤酒的酒桶便來自那裡。

Captain Lawrence Cuvee de Castleton

美國紐約州，Elmsford
酒精濃度：6.0%

　　Captain Lawrence 酒廠釀造了許多桶中熟成啤酒。Rosso e Marrone 是瓶紅寶石色的酸愛爾，釀酒師在橡木桶中加入紅葡萄和野生酵母來熟成；比利時三倍啤酒 Golden Delicious，以蘋果白蘭地的木桶熟成，釀酒師在酒液冷卻後再加入 Amarillo 啤酒花，產生令人酣醉的香氣，喝起來有烤蘋果味，最後的口感帶著微酸。Cuvee de Castleton 則是這間酒廠的第一瓶酸啤酒，一直以來都很受消費者喜愛。它是瓶比利時黃金啤酒，加入麝香葡萄（Muscat grapes）與野生酵母後，以法國橡木桶熟成，最後的風味又酸又甜，散發檸檬、葡萄和香草橡木香氣；酒液澄澈、風味犀利，十足的乾爽口感能突顯木頭的氣息，酸味則映襯出整體風韻的清爽優雅。他們所有的啤酒都很出色，尤其是 Reserve 帝國 IPA。

Cascade The Vine

美國奧勒岡州，波特蘭
酒精濃度：9.73%

　　Cascade 啤酒廠自稱旗下的酸啤酒是「西北風格酸啤酒」（Northwest style Sours），這昭示了 The Vine 的起源與身分。這是瓶前衛的美式啤酒，釀造靈感源自比利時啤酒，採用新式的酒底，酌量添入野生酵母與細菌，再以採購自當地的酒桶（包括葡萄酒和波本威士忌酒桶）來貯藏熟成。釀造過程中會加入壓碎的白葡萄，這是美式酸啤酒常用的添加物，可模糊水果香氣和原野氣息之間的分界。酒液呈深金色，帶酸味，檸檬和葡萄皮香氣聞起來很乾淨，擁有農舍蘋果酒及濃郁的酒桶氣息（它在桶中貯放了12個月，加入葡萄後再額外貯藏3個月）；中層結構的口感圓潤滑順，微甜的風韻能均衡酒中酸味，尾韻則帶有更豐富的葡萄與檸檬氣息；酒精濃度雖高，喝起來卻意外清爽，輕盈的口感令人驚豔。

The Bruery Tart of Darkness

美國加州，普拉森
酒精濃度：5.6%
啤酒花：Saaz

　　The Bruery 酒廠因其酒桶與細菌，以及旗下
迷人的非酸味啤酒，躋身美國頂尖啤酒廠之列。
2012 年底，他們酒窖中貯藏的酒桶高達 3 千桶，
種類約有 20 多種，包括以波本酒桶熟成的啤酒
和非酸味啤酒。Tart of Darkness 是瓶司陶特黑
啤酒，貯放於古老的波本酒桶中（酒桶之前曾裝
過 Black Tuesday，是酒廠知名的桶中熟成帝國
司陶特），加有酸化菌和野生酵母。這瓶啤酒的
味道一定會考倒你，它看起來似乎帶有巧克力的
氣味，聞起來卻像檸檬、櫻桃、香草與果香咖啡。

開瓶後，酸味、烘烤味、
波本酒桶、橡木的氣息接
踵而來，最後則
以又酸又乾的
口感作結；成
色深沉，風味
如雲霄飛車般
變化多端，是
瓶少見的酸味
司陶特黑啤酒。

Feral Brewing Watermelon Warhead

西澳洲，天鵝谷（Swan Valley）
酒精濃度：不定
啤酒花：不定

　　Feral Brewing 和
Nail Brewing 兩間
酒廠都想為乏味
的澳洲啤酒市場
注入新血，所以
雙方在 2012 年集
中資源，共同買下更
大間的啤酒廠，共用釀
酒設備來釀製啤酒。在這次
的遷移，Feral 保留原本酒廠的設施，將其改造
成澳洲第一間專門生產酸啤酒的酒廠，至今已推
出許多酸啤酒，包括 Watermelon Warhead，
這是瓶酸味柏林白啤，使用當地種植的水果來釀
製，並裝於莎當妮白葡萄酒酒桶中熟成，酸味犀
利、鮮美爽口；Dark Funk 是瓶酸味紅啤酒，同
樣置於葡萄酒酒桶中熟成；這裡甚至還有自然發
酵的酸啤酒 Swanambic。因為酒廠就位在盛產
葡萄酒的地區，所以酒桶的來源不成問題，酒廠
內酸味瀰漫，他們已經準備好著手釀造更多的酸
味佳釀了。

LoverBeer BeerBera

義大利，馬倫蒂諾（Marentino）
酒精濃度：8.0%

　　秉持創新的精神和配方，將葡萄與麥芽混合 ── 義大利釀酒師正以超越眾人的速
度，研發出各式野生愛爾啤酒！這也難怪，因為他們有著大量的酒桶，以及偏好酸
性果味的味覺。這瓶 BeerBera 的風味剛好介於啤酒和葡萄酒的中間，釀造工序跟
一般啤酒無異：麥汁煮沸後，從煮沸鍋被轉移至橡木大桶，這時釀酒師會在桶中加
入壓碎的巴貝拉葡萄，仰賴葡萄皮上的天然酵母促使啤酒自然發酵。酒液呈紫褐色，
開瓶後，能立即聞到葡萄香氣，夾雜深色水果和酸李的果味，其後一股近似穀倉院
子的土味，伴隨橡木氣息接踵而來。它喝起來類似葡萄酒，有葡萄與野生酵母的酸
味，以及麥芽的圓潤口感，碳酸氣發泡緩慢，另外還帶著莓果似的犀利酸味。這瓶
酒喝起來別有樂趣、風味與眾不同，其優異的口感表現大大超越單純的啤酒或葡萄
酒；此外，它也是瓶會讓人食慾大開的餐前酒。

比利時的影響

在我開始喝啤酒，並學會觀察每瓶酒之間的差異時，我認為比利時啤酒是當中最棒的：它擁有令人驚豔的風味、與眾不同的口感、變化多端的樣貌，以及最令人注目的濃烈酒勁。過去，我跟朋友常到英國蘭姆斯蓋特市鎮（Ramsgate）裡的比利時酒吧飲酒，這個濱海小鎮鄰近法國，有時站在岸邊，可以看到英吉利海峽對面的大陸，熟悉又陌生的比利時就在觸目可及之處。

品嚐比利時啤酒就像參與一場啤酒的嘉年華會，打開有著粉紅大象酒標的酒瓶，讓Gueuze香檳啤酒的酸味滑落喉嚨；我們勇於挑戰強勁的金色愛爾或品嚐美味的水果啤酒，還有香料啤酒、修士釀造的啤酒、黃金啤酒、棕啤酒、白啤酒、紅啤酒等等，這無疑是啤酒的烏托邦，不是嗎？

後來，我們又注意到美國精釀啤酒的龐克搖滾精神，渴望被美國啤酒花征服，然而，在我們來得及品嚐美國精釀啤酒之前，一場變革席捲了這塊大陸。這場變革由多間啤酒廠所引領，例如 New Belgium、Ommegang、Russian River、Allagash 以及 Lost Abbey，除了忠實重現比利時啤酒的風味，也另外推出新配方的比利時酒款。不久後，越來越多的美國精釀啤酒師開始釀造具個人風格的比利時啤酒。過去在美國，比利時啤酒被視為遙不可及的酒種，因為它們非常經典、民族特色鮮明。不過，只要有人帶頭嘗試且成功，其他人便會起而效尤。比利時啤酒從此不再令人覺得高不可攀，人人都可自由釀造，也成為市場不可或缺的要角；研發新的風格，為釀酒師帶來很大的樂趣。

不斷改變的味覺渴望、釀造靈感和啤酒風格，意謂時下永遠有正「夯」的啤酒。當初，啤酒廠使用果味豐富的美國啤酒花，在酒中增添乾澀、鮮明的辛香，彼時夏季啤酒曾一度流行。後來，有人在印度淡啤酒中加入比利時酵母發酵，繼酒花氣息後又多了一股霉味。啤酒類型層出不窮：三倍啤酒展現釀酒師的不凡功力，同時共享雙倍印度淡啤酒的酒感與啤酒花香；四倍啤酒是風格指南上新增的另類烈性啤酒；白啤酒隨處可見；另外，散發霉臭味的酵母也不再嚇跑釀酒師。這時，世界上其他國家也開始釀造比利時啤酒，義大利釀酒師推出了一些佳釀，然後這股趨勢又傳回了比利時。比利時釀酒師使用美國啤酒花，為經典酒款帶來全新的風味享受，結果經典酒款越發受到眾人追捧，許多人在嚐過新詮釋的比利時啤酒後，反而更加渴望一試其原款滋味。

現在世界上其他許多啤酒類型，不論是自然發酵啤酒、修道院傳統啤酒、烈性金色 Duvel，或者風味強烈乾澀的 Dupont，都受到比利時啤酒的影響。比利時啤酒掀起最新的流行趨勢，而這股風潮顯然還會持續很長一段時間。作為回報，它們的釀酒師推出了美式風格的愛爾淡啤酒與印度淡啤酒，作為酒客的另一種選擇。

水果啤酒 FRUIT BEERS

在比利時，釀造拉比克自然酸釀啤酒與 Gueuze 香檳啤酒時，很流行在酒桶中加入水果，例如添加櫻桃的 Kriek 啤酒和添加覆盆子的 Framboise 啤酒就是兩瓶經典酒款。但除了櫻桃和覆盆子，釀酒師還有許多其他水果選擇。最佳的比利時水果啤酒，以陳放 2 年以上的拉比克啤酒為酒底，再在裡面加入水果；由於酒液中仍然充滿飢餓的酵母，水果中含有的糖分會觸發進一步的發酵，故啤酒需於桶中再額外貯藏 1 年或更久。

　　任何水果都可以用來釀酒，使用的型式也是五花八門，完整的新鮮水果、冷凍水果、燉煮熟爛的水果、製成果漿或是果精等，都有人用。釀造過程中，加入水果的時機也分不同階段：有的水果跟煮香型啤酒花一樣，使用的時機較晚，例如煮沸結束後、麥汁進入漩渦槽時、發酵期間或發酵後；有些啤酒則要等到裝瓶前，釀酒師才會加入水果。但不論時機為何，每個階段都能釀造出優質的啤酒，唯一要注意的，就是用果漿或果精製成的酒款，它們的味道可能會過甜，果味也不自然。以下介紹的全是用新鮮水果釀製的啤酒，你可以仔細留意核籽、果皮或果核的氣味，以及水果中天然的酯類果香。這類啤酒口味或酸或甜、口感清新或雅致，水果是整體風味中的亮點，卻不至於太過招搖。

DRIE FONTEINEN SCHAERBEEKSE KRIEK

比利時，貝爾塞爾（Beersel）
酒精濃度：6.0%
啤酒花：陳年的啤酒花

經典酒款

　　Schaerbeekse 是種酸櫻桃，生長在布魯塞爾附近拉比克啤酒的產地，它曾一度是釀造 Kriek 櫻桃啤酒時會使用的品種，但現在已被更容易取得的品種所替代。欣慰的是，雖然 Schaerbeekse 櫻桃越來越少見，Drie Fonteinen 酒廠仍然使用它來釀造 Kriek 啤酒。這瓶酒外觀呈深粉紅色，開瓶後能立刻聞到含蓄而細膩的櫻桃味，伴隨花朵盛開的香氣，以及些許杏仁和草香；酸味銳利，櫻桃的味道在底層香氣中流竄，為啤酒增添一絲風韻與果味，彷彿暖和的微風撫面，捎來櫻桃樹的氣息——但最多就這樣了，不要期待打開後會出現香甜的櫻桃果汁。這瓶啤酒經過完善的熟成，不只帶著莓果或李子的果味，也保留了其酸度。如果你發現了它的蹤影，記得多買幾瓶。

Upland Strawberry Lambic

美國印第安納州，布盧明頓（Bloomington）
酒精濃度：6.0%
啤酒花：陳放 3 年的 Hallertauer

Upland 酒廠生產了 8 種果味的拉比克自然酸釀啤酒，8 種！它們的釀製程序仿效比利時拉比克，用未發芽小麥製成的渾濁麥芽漿作為酒底，煮沸時加入陳年啤酒花，與酵母和細菌一起放入橡木桶中貯放，直至產生適當的酸味，這時候再加入水果延長發酵時間，幾個月後，美味的啤酒便大功告成。Upland 酒廠所用的 8 種水果分別為草莓、覆盆子、櫻桃、奇異果、柿子、藍莓、黑莓和水蜜桃，其中又以奇異果最令人玩味，為啤酒的酸味增添熱帶花香。但我個人偏好草莓的酸味和莓籽味，為啤酒帶來其獨有的單寧特性，產生隱約的果味、清爽口感，以及天然的酸味。這 8 款啤酒喝起來乾爽中帶著令人噘嘴的酸味，味道比大多數的啤酒更前衛，卻仍保有質樸的鄉村氣息，我非常喜歡。

Baird Brewing Temple Garden Yuzu Ale

日本，靜岡縣（Shizuoka）
酒精濃度：5.5%
啤酒花：Motueka、New Zealand Cascade、Santium

使用日本柚子釀造，採摘自 Baird 啤酒廠附近的一間寺廟。這瓶酒所用的麥芽中多了黑麥和小麥，為琥珀色的酒液增添柔順且辛香的風味。開瓶後能聞到柚子的氣息 — 檸檬、葡萄柚、葡萄、花蜜和些許礦物草本的細膩香氣；酒體乾爽，散發大量柑橘、熱帶水果與啤酒花的芬芳，能平衡柚子的味道，並突顯其酸味；使用果皮與果汁來釀造啤酒，兩者的表現，一方帶著中果皮味且口感較乾，另一方滋味鮮明較銳利。Baird 也用當地種植的蜜柑來釀製另外 2 款啤酒 Shizuoka Summer Mikan Ale 和 The Carpenter's Mikan Ale。每到年底，酒廠便會推出 Jubilation，一瓶以肉桂與日本無花果釀製的慶祝用啤酒。因為使用當地水果，使 Baird 酒廠的啤酒與所在地產生緊密的聯繫。

Upright Fantasia

美國奧勒岡州，波特蘭
酒精濃度：5.75%
啤酒花：陳年的 Crystal

Fantasia 是瓶限量生產的啤酒，沒有任何經典酒款的影子，以「幻想曲」（fantasia）為名，貼切地表達出它背後的精神。以新鮮水蜜桃釀造而成，果園就位在啤酒廠附近；釀酒時，先使用大麥（不同於拉比克啤酒常用的未發芽小麥）與陳年啤酒花，接著將水蜜桃切開去籽後，放進來自當地葡萄園的橡木桶中，讓酒液與夏季啤酒的酵母、酒香酵母與乳酸桿菌一起在桶中發酵，幾週後倒入 Upright 酒廠的另一款啤酒，將原先只有 3/4 滿的酒桶填滿，再陳放 1 年熟成。除了水蜜桃，你還能聞到杏桃和檸檬的氣味，酸味精緻清新，伴隨香草與柔順的細膩口感，最後以乾爽、解渴的尾韻作結，它的味道就跟其酒標一樣有趣且誘人。

Russian River Supplication

美國加州，聖塔羅莎市
酒精濃度：7.0%
啤酒花：陳年的 Styrian Golding 和 Saaz

　　我有一只貼滿酒標貼紙的小型行李箱，這個行李箱是在 Russian River 酒廠自營的酒吧外買的 —— 因為首次美國啤酒之旅太失控，原先的行李箱根本裝不下我買的啤酒。每當我看到這只小小的破舊提箱，就會想起買下它後所喝的 Supplication。這是瓶置於黑比諾紅葡萄酒酒桶中熟成的棕色愛爾，有著紅寶石色的酒液，原料中添加了酸櫻桃及典型的酸味三重奏：Brettanomyces 酒香酵母、乳酸桿菌和片球菌；開瓶後，你先會聞到酵母菌的臭味，檸檬也跟著探出頭，接著酸櫻桃伴隨著杏仁與香草的氣息，其後緊跟著酒桶與葡萄酒味，莓果、橡木與香料風味征服了你的嗅覺，這股香氣讓你坐下來嗅聞一整天也不會厭倦，但千萬別因小失大 —— 因為啤酒的口感更勝一籌：味酸而乾爽，口感滑順、果味豐饒。

Goose Island Juliet

美國伊利諾州，芝加哥
酒精濃度：8.0%
啤酒花：Pilgrim

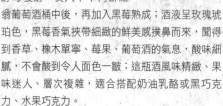

　　Goose Island 酒廠有全美最多的酒桶，在裡面隨意走走，可以發現散置的酒桶、一整間待裝填啤酒的空酒桶，以及專供腐味酵母使用的獨立酒槽。若走進貯放酒桶的房間，你會被一座木桶之城包圍，那裡的空氣中充滿令人陶醉的木頭香氣、緩慢發酵釋出的甜味，紅葡萄酒、波本威士忌、香草及紅果子等氣息帶領你體驗一場最華麗的嗅覺饗宴。Juliet 以野生酵母發酵，裝入卡本內蘇維翁葡萄酒桶中後，再加入黑莓熟成；酒液呈玫瑰琥珀色，黑莓香氣挾帶細緻的鮮美感撲鼻而來，聞得到香草、橡木單寧、莓果、葡萄酒的氣息，酸味細膩，不會酸到令人面色一皺；這瓶酒風味精緻、果味迷人、層次複雜，適合搭配奶油乳酪或黑巧克力、水果巧克力。

Cigar City Guava Grove

美國佛羅里達州，坦帕（Tampa）
酒精濃度：8.0%
啤酒花：Styrian Bobek、Simcoe

　　我最喜歡啤酒的一點就是它可以反映出地方特色。Cigar City 酒廠跟我英雄所見略同，不論是聚焦於其拉丁美洲起源，使用西班牙雪松木來貯藏啤酒（這種木頭也被用來製作雪茄盒，這地區與酒廠因而得名），或者加入坦帕當地的番石榴（因其出產的水果，坦帕又被戲稱為「大番石榴」），他們的啤酒皆出色地呈現出地方風味。Guava Grove 以夏季啤酒為酒底，加入紅番石榴果糊後，進行第 2 次發酵，最後產生豐郁的新鮮果香，散發水蜜桃、杏桃、酸橙、番石榴與紅葡萄柚的氣息，另外還伴隨酵母的丁香和胡椒味，以及甘菊花香；口感乾、發泡銳利、帶酸味，是瓶清爽的果香啤酒，適合搭配從佛羅里達州海岸捕來的新鮮海產一起享用。

Crooked Stave Wild Wild Brett Indigo

美國科羅拉多州，丹佛（Denver）
酒精濃度：7.0%
啤酒花：Strisselspalt、Mittelfrüh、Cascade

查德·葉柯森（Chad Yakobson）曾修讀釀造和蒸餾碩士學位，並專門研究野生酵母，他比多數人更瞭解 Brettanomyces 酒香酵母，也樂於跟他人分享所知，你可以在網路上找到他的「酒香酵母專題」，這是針對 Brett 酵母的碩士研究，這個研究隔離出 8 種酵母菌株，並分別調查其發酵情形，以尋找出個別的特性。現在，他自己的啤酒廠就是用這些酵母菌，釀製出美味的野生酵母愛爾。他們按彩虹的顏色，生產了一系列百分之百用 Brett 酒香酵母發酵的啤酒，這瓶 WWBI 便是其中之一，它的靛青色酒液，是因為加入新鮮藍莓一起熟成的結果；貯放於橡木桶內熟成，獨特的 Brett 酒香酵母賦予其芬芳的果味（你可以想像鳳梨與芒果的味道），這股果味與藍莓清淡的酸香可說是天作之合；擁有軟木材

的單寧酸、胡椒和醇熟的酵母霉味，底層散發逗人的淡淡莓果香，尾韻優雅乾澀。Crooked Stave 酒廠的啤酒別具特色，如果想喝喝看使用 Brett 酒香酵母釀造的啤酒，來這裡就對了。

Whitstable Raspberry Wheat

英國肯特郡·Whitstable
酒精濃度：5.2%
啤酒花：Perle

我喜歡到幾個地方喝啤酒，Whitstable 啤酒廠的酒吧便是其一。它就座落在海邊，是絕佳的夏日飲酒處，白天那裡是個輕鬆、人少的小空間，但夜晚會搖身一變為俱樂部。Whitstable 是座英國肯特郡的海濱城鎮，它的牡蠣很有名，也是我最喜歡的城鎮之一，酒廠有款使用 Saaz 啤酒花的皮爾森啤酒，以及加入 East Kent 啤酒花的印度淡啤酒，味道都很不錯，但天氣熱時，我喜歡來瓶 Raspberry Wheat，它的酒液呈深粉紅色，底層香氣中隱隱傳來檸檬汁的味道，覆盆子的小核對使尾韻微微染上清爽的酸味，不會過於濃郁，風味純淨含蓄，彷彿水果也在害羞；最適合用塑膠杯盛裝，在沙灘上享受。

Cantillon Fou' Foune

比利時，布魯塞爾
酒精濃度：5.0%
啤酒花：陳放 3 年的啤酒花

Cantillon 酒廠堅持使用完整的水果來釀造啤酒，而且用量還不少：每 2 美制品脫（1 公升）的啤酒，就會用掉 7 盎司（200 克）的新鮮水果。他們的 Kriek 櫻桃啤酒，擁有誘人、淡淡的櫻桃甜味，Framboise 覆盆子啤酒喝起來齒頰留香。這瓶 Fou' Foune 則以杏桃釀製而成：將杏桃對切後，保留果皮與果核，直接丟入桶中，酒中的酵母會將果肉完全分解到只留下果核；做為回報，酵母會帶來優雅的杏桃氣息；這瓶酒口感細膩，花香和蜂蜜味與拉比克的酸味意外和諧，口味並不甜，仍擁有酸味、土壤、果皮與果核的質性，散發些許刺激性的氣味與橡木香。有些人會把這瓶啤酒比作香檳，但那就太抬舉後面那款充氣飲料了！

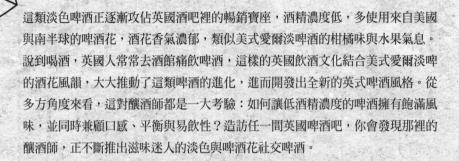

PALE AND HOPPY SESSION BEER

淡色與啤酒花社交啤酒

這類淡色啤酒正逐漸攻佔英國酒吧裡的暢銷寶座，酒精濃度低，多使用來自美國與南半球的啤酒花，酒花香氣濃郁，類似美式愛爾淡啤酒的柑橘味與水果氣息。說到喝酒，英國人常常去酒館痛飲啤酒，這樣的英國飲酒文化結合美式愛爾淡啤的酒花風韻，大大推動了這類啤酒的進化，進而開發出全新的英式啤酒風格。從多方角度來看，這對釀酒師都是一大考驗：如何讓低酒精濃度的啤酒擁有飽滿風味，並同時兼顧口感、平衡與易飲性？造訪任一間英國啤酒吧，你會發現那裡的釀酒師，正不斷推出滋味迷人的淡色與啤酒花社交啤酒。

　　酒精濃度大概介於 3.0-4.0%，酒液呈淺稻草色至金色，這類啤酒追求清爽輕盈的酒體、濃厚馥郁的酒花氣息和乾澀的苦味，是全天皆適合飲用的酒種。雖然苦度一般約 30 IBUs，但偶爾也會出現更苦的酒款，甚至超過 50 IBUs，與薄弱的酒感形成強烈對比；底層隱約可聞到麥芽的香氣，但多數時候只能捕捉到淡淡的餅乾或焦糖味。這類啤酒能從金色淡味啤酒或苦啤酒中脫穎而出，全仰賴其使用的啤酒花賦予它們鮮明的香氣與飽滿的果味，餘韻往往帶輕微苦味，清爽的口感會令你欲罷不能 —— 濃郁的酒花氣息與消渴的苦韻，這兩個特色完美奠定它們的美味。由於酒客開始追求香氣馥郁、酒精濃度低的啤酒，現在正是這類現代英國啤酒的鼎盛時期，它們的魅力已經橫掃全球。

Moor Revival

英國，索美塞特郡（Somerset）
酒精濃度：3.8%
啤酒花：Columbus、Cascade

　　賈斯汀・霍克（Justin Hawke）是位美國人，他搬到英國索美塞特郡的荒原，在此釀造了一系列上乘的現代比利時啤酒，其中包括酒花氣息鮮明的淡色啤酒、社交型黑色IPA，以及酒精濃度9.0%、風味絕妙的大麥啤酒JJJ IPA。Revival意謂重生，實際上，這瓶啤酒開創出了全新的啤酒風格，它是瓶原創的酒款，更是世界上最棒的啤酒。Revival的外觀呈誘人的霧濁狀橘金色，桶的酒精濃度3.8%，瓶裝則為4.0%，但味道並無二致，都帶有熱帶水果、鳳梨、芒果、葡萄柚中果皮和橘子的香氣；酒感輕盈，卻足以容納所有風味，並突顯出啤酒花的香氣；餘味很解渴，乾爽的口感會令你想再來一瓶。此外，你還可以留意Nor'Hop（使用美國啤酒花）或So'Hop（使用紐西蘭啤酒花）這兩瓶酒的蹤跡，兩者的酒精濃度皆為4.1%，風味極度清淡、啤酒花氣息極度鮮明。

Uinta Brewing Wyld

美國猶他州，鹽湖城（Salt Lake City）
酒精濃度：4.0%
啤酒花：Simcoe

　　鹽湖城的酒精法很複雜：酒精濃度 4.1% 以上的啤酒視為「高濃度」（heavy），其適用之法規與酒精濃度 4.0% 以下的「標準」啤酒不同。難怪 Uinta 酒廠的許多啤酒，酒精濃度都剛好是 4.0%。不過還是有例外，例如 Hop Notch IPA，酒精濃度7.3%，2011 年問世後便受到市場熱烈歡迎，酒廠須購買新的酒槽才能滿足酒客對它的消費需求；另一個例外則是酒精濃度 9.2% 的 Dubhe Imperial Black IPA。至於這瓶 Wyld，則是愛爾淡啤酒的進化版，擁有飽滿的風韻與香味，散發杏桃、水蜜桃、花朵與橙皮的氣息，滋味優雅討喜，口感輕盈卻不薄弱，帶著乳脂般的細膩，尾韻很止渴。除此之外，它也被認證是瓶有機啤酒，而且百分之百利用再生能源來釀造。

Matuška Fast Ball

捷克，Broumy
酒精濃度：3.8%
啤酒花：Citra、Columbus、Cascade

　　這是一瓶 9° 的美式愛爾淡啤酒，也是捷克啤酒市場上首屈一指的酒款，要知道，這個國家並不流行愛爾淡啤，酒精含量 9° 的啤酒也很少見。Matuška 是間捷克主要的小型啤酒廠，但是很少有酒廠像他們一樣，生產了那麼多款愛爾淡啤酒和印度淡啤酒。如果你想品嚐這類啤酒，不妨走一趟布拉格，那裡有幾間精釀啤酒酒吧，可以把 Zlý časy 作為第一站；這些酒吧的興起，也反映出這個國家有越來越多令人期待的新啤酒廠。Fast Ball 外觀渾濁、酒液呈琥珀金色，啤酒花帶著柑橘、胡椒、桃子與花香味撲騰而出，這股氣息又受到帶烤麵包味的順滑麥香支撐，整體風味輕盈且純淨，香氣迷人又清新，口感飽滿，酒體份量感十足，最後的強烈苦韻就像一記正中好球帶的必勝快球，為這次的品飲畫下完美句點。

Cromarty Happy Chappy

蘇格蘭，Cromarty
酒精濃度：4.1%
啤酒花：Columbus、Cascade、Nelson Sauvin、Willamette

　　Cromarty 是蘇格蘭多間令人期待的小型啤酒廠之一，於 2011年聖誕節前成立。濃郁的酒花風味是其一大特色，推出的各式精選現代啤酒外觀也都非常搶眼，包括加入咖啡豆的司陶特黑啤酒Brewed Awakening（酒精濃度4.7%）、使用美國啤酒花的黑麥啤酒Red Rocker（酒精濃度 5.0%），以及風味特強的愛爾淡啤酒 Rogue Wave（酒精濃度 5.7%）等等。另外有瓶 Hit the Lip（酒精濃度 3.8%），滋味類似這瓶 Happy Chappy，兩者皆為成色淺淡、口感淡薄的啤酒，卻擁有濃郁的酒花香氣，完美詮譯這類新式英國啤酒的風格。Happy Chappy 酒液呈金色，酒體溫和柔順，能承受啤酒花香的極限衝擊，進而產生葡萄柚、莓果和花卉的氣息，最後的尾韻則帶著青草的乾燥感。

Hawkshead Windermere Pale

英國，坎布里亞郡（Cumbria）
酒精濃度：3.5%
啤酒花：Citra、Goldings、Bramling Cross、Fuggles

坎布里亞郡內的湖區（Lake District）是英國最美麗的地方，Hawkshead 啤酒廠選在此處落腳後，便以「來自湖心的啤酒」為標語。2011 年，酒廠開始兼營啤酒屋，利用其地理優勢，把這個風光旖旎的地點打造為現代感十足的飲酒處。這裡無疑是品飲他們家啤酒的最佳地點，走進啤酒屋，先來杯 Windermere 淡啤酒，它以附近知名的湖泊來命名，成色相當淺淡，酒花氣息卻非常馥郁，聞得到芒果、葡萄與葡萄柚的味道，散發英國啤酒花的青草味，令人想起酒廠周圍的那一片綠野田疇；口感雅致，伴隨絕妙的酒花風味，正是這瓶酒討喜的原因 —— 你邊喝著 Windermere，邊祈禱趕快下雨 —— 這麼一來，就有藉口再多待一陣子。

Ca l'Arenys Guineu Riner

西班牙，Valls De Torroella
酒精濃度：2.5%
啤酒花：Amarillo

Guineu Riner 是瓶來自西班牙的美式愛爾淡啤酒，風味出眾、酒精濃度低、酒花氣息強烈，據說苦度高達 93 IBUs，但喝起來卻意外清爽；它的成色淺淡，外觀為霧濁的黃色，洋溢柑橘中果皮、草本植物、檸檬、松木與杏桃的鮮明香氣；細膩輕盈的酒體挾帶醉人芬芳，同時保留圓潤飽滿的口感，殷實的結構足以承載啤酒花的氣息，酒花香在席捲鼻腔後，又帶著濃郁提神的乾爽苦味滑落喉嚨，餘韻悠長。看到那麼低的酒精濃度和那麼高的苦度，你也許會有點擔心它的口感，但是放心吧，這瓶啤酒不會讓你失望；建議搭配西班牙前菜 Tapas 一起享用，跟炸烏賊或炸鯷魚尤其對味。

Buxton Moor Top

英國，巴克斯頓（Buxton）
酒精濃度：3.6%
啤酒花：Chinook、Columbus

這瓶出色的 Moor Top 完美詮釋了 Chinook 啤酒花那美妙的葡萄柚香，證明即使是酒感溫和的啤酒，風味也能因酒花而充滿勁道。社交型啤酒反映出老英國的「聚會精神」（sessionability），英國人除了白天的淺酌，也會在下班後邀三五好友共飲一杯；英國人就愛喝 IPAs，把聚會精神結合美式 IPAs 的柑橘風味，便誕生了這瓶 Moor Top 啤酒。它是瓶成色很淺的黃金啤酒，聞起來就像有人直接把 Chinook 啤酒花塞進你的鼻孔裡，鼻端全是葡萄柚、橘皮、橘子與松脂的香氣；口感乾爽而解渴，會令你抿唇回味不已，奔放的柑橘香氣特別顯著，啤酒花的苦韻悠長。Buxton 酒廠出品即是品質保證，當你發現他們家的啤酒，立刻來上一瓶就對了。

金色與黃金愛爾 GOLDEN AND BLONDE ALE

1980 年代，英國金色愛爾啤酒的問世不僅推動這個啤酒類型的進化，也把它們從地方推向世界舞台。這類啤酒的風味簡單而清新，適合在晴日下小酌一杯，它們無意與其他酒種一爭高下，只是在以拉格淡啤酒為主的市場中，提供酒客另種選擇。最初，酒廠只在特定季節才會釀製淡啤酒，沒想到推出後卻意外受市場歡迎，迅速成為全年性的產品。

　　這類啤酒呈金黃色或金色，酒精濃度與酒花風味皆略遜於愛爾淡啤酒，但麥芽酒體柔順澄淨，散發餅乾香氣，偶爾挾帶蜂蜜或麥片甜味，啤酒花的苦味細緻（既不急躁亦不悠長），與麥芽共譜出和諧均衡的美味，是種易飲性高、平易近人的啤酒類型。酒精濃度一般落在 4.0% 和 5.5%，苦度約 20s 或 30s，適用不同的啤酒花來釀製，只要避免香氣過於濃烈的品種：英國啤酒花被用於經典酒款，賦予啤酒土味、花卉和綠籬水果的氣味；美國與南半球的啤酒花則能增添柑橘與熱帶水果的特色。金色與黃金愛爾並非酒感強勁的啤酒，如果以笑聲來形容，愛爾淡啤酒是哈哈大笑的話，那麼它們頂多是輕聲淺笑，有時卻更令人回味不已。

Fyne Avalanche
蘇格蘭，阿蓋爾（Argyll）
酒精濃度：4.5%
啤酒花：Cascade、Challenger、Liberty

　　夏天的冰箱裡絕對少不了這瓶 Avalanche！蘇格蘭有許多很棒、很有趣的啤酒廠，其釀造靈感絕大多數來自美國精釀啤酒，Avalanche 便是結合美式風格的一瓶現代金色愛爾，它那以淺色麥芽製成的酒底別具英國特色，英國啤酒花為其帶來纖細的土味苦韻，美國 Cascade 啤酒花隨後賦予輕快、帶檸檬與柑橘味的餘韻，葡萄柚與花香則令整體風味更加飽滿。Avalanche 的酒體乾淨清爽、口感輕盈解渴，喝起來永遠不覺乏味，是很適合夏日野餐的啤酒。Fyne 酒廠另一瓶值得注目的啤酒是 Jarl，酒精濃度 3.8%，這瓶社交型愛爾啤酒只使用 Citra 這種啤酒花，擁有驚人的柑橘和熱帶水果香氣，被公認為英國最棒的啤酒之一。

Septem Sunday's Honey Golden Ale

希臘，Evia
酒精濃度：6.5%
啤酒花：Styrian Golding、Tettnanger

　　我喜歡希臘，常常往來諸島間享受燦爛的陽光、金色的沙灘、溫暖的藍色大海以及當地料理。希臘也有許多小型啤酒廠，推出了各種令人躍躍欲試的酒款。Septem是拉丁文，意謂「7」，代表上帝創造世界的7天，而Septem酒廠的啤酒都以星期來命名：Monday's Pilsner的風味輕快，散發果味啤酒花的誘人芳香；Friday's Pale Ale擁有柔潤乾淨的鮮美酒花香氣，令聞者動心；到了星期天，就品嚐這瓶Honey Golden Ale，裡面添加了2種希臘蜂蜜，酒液呈淡金色，洋溢花朵、水蜜桃與杏桃的細緻香氣，柔滑的口感中伴隨溫和均衡的苦韻，酒體豐滿，點綴微微甜味。

Cucapá Clásica

墨西哥，墨西卡利（Mexicali）
酒精濃度：4.5%
啤酒花：Amarillo、Cascade、Centennial

　　Cervecaria Cucapá是墨西哥的頂級精釀啤酒廠，他們的酒標設計大膽，啤酒類型眾多，例如美式IPA、雙倍黑麥啤酒（Double Rye）、帝國紅啤酒，以及置於龍舌蘭酒桶內熟成的大麥啤酒。Clásica是瓶簡單易飲的金色愛爾，酒液呈亮金色，帶著乾淨的餅乾麥芽香氣與柑橘味的酒花氣息，香氣清新，尾韻嚐得到23 IBUs的消渴苦味。這瓶酒具備你渴望的所有美味：啤酒花的表現恰到好處，酒精濃度也不會過於強勁而燒灼你的喉嚨；它就是瓶風味出色、妥善釀製的金色愛爾，能在陽光下盡情飲用，搭配墨西哥起司夾餅一起享用格外美味。一直以來，眾人對墨西哥啤酒的印象只有明亮的酒瓶、老是哽在喉嚨裡的酸橙味，與效仿龍舌蘭酒那特有的舔──嚐──吸喝法，但現在Cucapá酒廠正用出色的啤酒力挽墨西哥酒界的糟糕聲譽。

Oppigårds Golden Ale

瑞典，Hedemora
酒精濃度：5.2%
啤酒花：East Kent Goldings、Pacific Gem、Cascade

　　Oppigårds Bryggeri酒廠於2004年成立後，釀造的第一支啤酒便是這瓶金色愛爾，現在它也是瑞典國營的Systembolaget酒類連鎖專賣店裡最熱銷的瑞典愛爾啤酒。根據瑞典的酒精法規定，酒精濃度超過3.5%的啤酒只能在Systembolaget裡販賣，由於這類專賣店不像一般商店會受到法規的限制，所以常常可以在這裡找到全世界最棒的啤酒，每個月也都有新貨上架。
這瓶金色愛爾混合了新舊風味，結合3種啤酒花的特色：帶泥土、柑橘醬味道的Goldings啤酒花、芬芳帶葡萄柚味的Cascade，以及擁有黑加侖子氣息的Pacific Gem。有著烤麵包味的麥香點綴微微焦糖香氣，極度耐人尋味，30 IBUs的苦度帶來苦澀的尾韻，使啤酒喝起來格外解渴，中層結構的果皮味嚐起來則微帶異域風情。瑞典的夏日陽光並不炙盛，所以不妨把這瓶啤酒當作補充維他命D的安慰劑吧。

Stone & Wood Pacific Ale

澳洲，拜倫灣（Byron Bay）
酒精濃度：4.4%
啤酒花：Galaxy

　　視線越過拜倫灣那一片連綿的沙灘，映入眼簾的是珊瑚海那層層的波浪，白色的浪花吸引眾人深情的目光，美得讓人移不開眼。這裡是澳洲的東岸，也是遊客衝浪、狂歡的渡假勝地，Stone & Wood酒廠在2008年落腳於此，距離大海不過幾分鐘的路程。Pacific Ale的原料完全來自澳洲當地，選用澳洲種植的麥芽、小麥與啤酒花。Galaxy是很棒的啤酒花，這顆綠色手榴彈雖小，卻能爆發出豐富的熱帶水果、百香果與水蜜桃的風味。釀造Pacific Ale時，酒花使果味更加細膩鮮美，在橙皮、葡萄、青草與微微的蜂蜜氣息之後，嚐得到柔順乾淨的麥香，以及乾澀俐落的苦味。這是瓶美好的啤酒，有著美好的均衡風味，並且來自一處美好的地點。

Kern River Isabella Blonde

美國加州，Kernville
酒精濃度：4.5%
啤酒花：Cascade

　　在紅杉國家森林（Sequoia National Forst）的邊緣，距死亡谷（Death Valley）或優勝美地（Yosemite）的不遠處，有座Wild West小鎮。被這座小鎮吸引而來的民眾，追求的是上山下海的戶外運動，不過這裡沒有海只有湖。在結束一天的攀岩和泛舟後，你需要一瓶啤酒來提振精神，我推薦這瓶金色愛爾Isabella Blonde，它是由某間酒吧自釀的啤酒，以酒吧附近的湖泊為名，擁

有微妙的麥香，以及泥土、青草與果園水果的風味；絕佳的清爽口感和出色的均衡風味，能讓你毫不費勁地大口暢飲。在你嘗試更強勁的Kern River Citra雙倍IPA之前，先來杯Isabella Blonde熱身吧。

Rooster's Yankee

英國，Knaresborough
酒精濃度：4.3%
啤酒花：Cascade

　　肖恩·富蘭克林（Sean Franklin）在成立啤酒廠以前，曾在葡萄酒廠工作，他是英國首批使用新品種啤酒花Cascade的釀酒師之一，擅於掌握啤酒花特色，釀製出風味均衡、口感獨特的啤酒，在1993年推出這瓶Yankee啤酒。2011年他決定將酒廠轉讓，現在由弗澤得（Fozard）一家人負責經營，歐爾和湯姆（Ol and Tom）兩兄弟繼承肖恩的啤酒大業，不斷研發新款啤酒，推動酒廠的發展。Yankee融合英美特色的風味表現不俗、非常經典，酒液呈明亮的金黃色，乾淨柔軟的用水取自約克郡，選用淺色的英國麥芽和美國Cascade啤酒花來釀製，後者為它帶來美妙的葡萄柚和鮮美花草香。另外可以留意酒廠定期推出的特選啤酒，以及Buckeye和Wild Mule，它們都是充滿酒花魅力、完美釀製的現代英國啤酒。

美式愛爾淡啤酒 AMERICAN PALE ALE

這是第一個真正的美國精釀啤酒類型，釀造靈感發想自歐洲的淡啤酒，使用美國西岸種植的啤酒花，其濃郁的果味為啤酒添上美式色彩。一些早期的酒款，例如經典酒款 Sierra Nevada，至今仍是最棒的啤酒，它們點燃酒客的熱情、激發他們的渴望，與此同時，開拓了精釀啤酒的版圖。

　　Cascade 是美國原生的 C- 啤酒花，釀造美式愛爾淡啤酒時都少不了它，除了鮮明的柑橘味，還具備花香、松木與中果皮等氣息。每瓶美式愛爾淡啤酒的苦度不盡相同，有的苦味溫和、有的強烈，約介於 25-50 IBUs。釀酒師會在發酵後期及酒液冷卻後，才加入大量的啤酒花，賦予啤酒濃郁的香氣和風味，聞之彷彿置身柑橘樹林裡。酒液呈金黃至琥珀色，雖然有些酒款尾韻很乾，但普遍皆帶有些許甜味和圓潤的酒體。使用典型的中性美國愛爾酵母，賦予啤酒果味酯香及澄淨風味，酒精濃度約介於 4.5-6.5%。愛爾淡啤酒和 IPA 的分界很模糊，一款酒精濃度 6.0% 的啤酒，要說是任何一方都不為過，最終的差異還是在於所用的啤酒花：IPAs 擁有較濃郁的酒花氣息，相對而言，愛爾淡啤酒隨著酒花風味轉弱，逐漸變為琥珀或金色愛爾。美式愛爾淡啤酒已陸續吸引多位釀酒師成立酒廠、開設酒吧，它們先是改變酒客的味蕾，進而永遠改變美國啤酒的風貌。

Half Acre Daisy Cutter
美國伊利諾州，芝加哥
酒精濃度：5.2%
啤酒花：Centennial、Amarillo、Columbus、Simcoe

　　如果說Sierra Nevada是美式愛爾淡啤酒的經典酒款，那麼Daisy Cutter便是最棒的現代酒款！藉由結合傳統靈感和新式原料與想法，這個啤酒類型會定期自我更新。這瓶金色的啤酒香氣中聞得到葡萄柚、橘子、花卉與芒果的味道，但顯然整體風味不只如此。它的口感純淨柔順、風味輪廓鮮明，帶有俐落而簡單的麥香。一般在釀造啤酒時，稍不注意便容易令酒花失控，留下嗆鼻的急躁香氣，而非動人的清澈風韻；幸而Daisy Cutter就擁有無懈可擊的鮮美氣息，苦韻強勁會緊緊纏住舌頭，卻不至於苦到麻痺味蕾，受到那誘人苦味的撩撥、美妙香氣的取悅，忍不住會想再來一瓶。另外，酒廠裡還有款Double Daisy Cutter，滋味更加濃郁，美味也毫不遜色。

Magic Rock High Wire

英國，哈德斯菲爾德（Huddersfield）

酒精濃度：5.5%

啤酒花：Centennial、Columbus、Citra、Cascade、Chinook

　　Magic Rock酒廠在短短時間內，就從零發展到現今的鴻業規模。他們在2011年推出首支啤酒，以及一系列受美式風格影響的佳釀，從此便成為每位英國啤酒控最津津樂道的酒廠。High Wire是他們的西岸印度淡啤酒（West Coast IPA），灌上一大口，瞬間彷彿能感受到聖地亞哥陽光的撫觸。開瓶後，聞得到橘子、葡萄柚中果皮、百香果、烤鳳梨與柳橙的味道；酒體中帶著微微的太妃糖甜味，能均衡酒花氣息；乾苦帶胡椒味的餘韻，會令你想再來一瓶，以回味那能平復舌尖苦澀的含蓄甜美。他們還有款美式印度淡啤酒Cannonball，風味絕妙，或者試試Curious這瓶酒花氣息鮮明的淡色社交啤酒，酒精濃度3.9%，口中迸發的繽紛酒花香，必能贏得味蕾的滿堂采。

Three Floyds Alpha King and Zombie Dust

美國印第安納州，Munster

酒精濃度：6.66%和6.4%

啤酒花：Alpha King：Centennial、Cascade、Warrior；Zombie Dust：Citra

　　Alpha King和Zombie Dust都很出色，我實在難以抉擇，索性一起介紹。Three Floyds酒廠在釀酒界享有酒花英雄的美名，你所有想得到的啤酒這裡會有盡有，在探訪酒廠琳瑯滿目的各類啤酒時，我最念念不忘的便是他們的愛爾淡啤酒（以及另一瓶絕佳的Gumballhead）。Centennial、Cascade和Warrior啤酒花使Alpha King的苦度高達66 IBUs，橘皮、柑橘汁、鳳梨、松木與曬乾後的藥草味令嗅覺為之瘋狂。Zombie Dust同樣擁有令人喝采的美味，它僅使用別具熱帶水果風味的Citra啤酒花，追求更濃郁的芒果、葡萄與花香。兩瓶啤酒都擁有無與倫比的均衡感，以及清新的風味，致力為酒客提供最美妙的酒花體驗。Three Floyds不愧是酒花英雄。

Dancing Camel American Pale Ale

以色列，特拉維夫（Tel Aviv）

酒精濃度：5.2%

啤酒花：Citra、Cascade

　　以色列會成為精釀啤酒的熱門國度實在大出我意料之外！那裡的酒廠數量與啤酒產量不斷增加，釀酒師結合當地和美國的釀造靈感，推出不少有趣的酒款。Dancing Camel是以色列首批的精釀啤酒廠之一，由美國人大衛・科恩（David Cohen）於2006年創立。他們的美式愛爾淡啤酒為琥珀色，原料中加入以色列的棗蜜，以美國啤酒花為首的主導香氣散發葡萄柚、鳳梨與柳橙中果皮的氣息，麥香帶有烤麵包與焦糖味，伴隨微微蜂蜜的香甜，之後再以簡樸、止渴的餘韻畫上句號。以色列人舉杯時會說LaChaim，這是希伯來語的祝頌詞，意謂「向生命乾杯」。我們也一起舉起冰涼的American Pale Ale，乾杯吧。

Hill Farmstead Edward

美國佛蒙特州，Greensboro
酒精濃度：5.2%
啤酒花：Centennial、Chinook、Columbus、Simcoe、Warrior

肖恩·希爾（Shaun Hill）是Hill Farmstead酒廠的幕後推手，這座酒廠就蓋在他家土地上的一間農舍裡，這塊土塊歸屬在他家名下已超過220年。Ancestral Series系列的啤酒皆以希爾家族的成員來命名，釀造靈感也源自於這群人。愛德華（Edward）是肖恩的祖父，他就住在酒廠所在的這塊土地上。這瓶Edward就是完全使用美國原料釀製的愛爾淡啤酒，採用美國麥芽、美國啤酒花、家用酵母菌及農莊的地下水。我敢肯定，那裡的水一定有過人之處，才能為啤酒帶來如此優雅的風味。Edward的酒體相當輕盈，啤酒花散發葡萄柚、水蜜桃、柳橙中果皮、鮮美花卉與青草等香氣，口感清新而乾淨。它擁有驚為天人的美味，是瓶來自特殊地方、充滿故事的啤酒。

Lambrate Ligera

義大利，米蘭
酒精濃度：4.7%
啤酒花：Chinook、Amarillo、Cascade、Willamette

沒有到過Birrificio Lambrate這間自產自銷的酒吧，米蘭之旅就不算圓滿。這裡以深色木頭裝修，四處可見啤酒相關紀念品，一旁的黑板上草草寫著供應的啤酒，從青銅色出酒龍頭流出的酒液，頂層都有著厚實的泡沫冠——這個空間瀰漫古老英式酒吧的氛圍，又有種非法經營的地下酒吧神祕感。Lambrate的每種啤酒都很美味，黑啤酒的愛好者應該試試Ghisa，那是瓶很漂亮的煙燻啤酒，混合了咖啡、深色水果與煙燻氣息；啤酒花迷則應嚐嚐Ligera，但別指望會有激昂的蛇麻香氣或澎湃的苦味，反之，其風味芳香雅致，洋溢水蜜桃、橘子和柑橘中果皮氣息，口感乾淨，尾韻乾燥但諧和，餘味悠長。Ligera的滋味豐饒美好，與酒吧裡用啤酒麥汁來烹煮的義大利燉飯非常對味。

Camba Bavaria Pale Ale

德國，Truchtlaching
酒精濃度：5.2%
啤酒花：Cascade、Golding、Willamette

德國釀造的美式愛爾淡啤酒？喝起來像拉格啤酒嗎？德國人知道該怎麼處理那些啤酒花嗎？唉呀隨便啦，重點是這瓶啤酒帶給我出乎意料的驚喜。某日我隨手開了一瓶啤酒，空氣隨即瀰漫柑橘與熱帶水果香氣，令我大吃一驚。這瓶Pale Ale令人難忘，如果它是由任一間知名的美國啤酒廠釀造，估計會是當今最受歡迎的愛爾淡啤酒之一。Camba Bavaria啤酒廠與製造商Braukon結盟，那是間專為世界各地精釀啤酒廠打造所需設備的公司。Camba Bavaria的酒槽中匯集了來自全球的釀造靈感，這瓶Pale Ale擁有濃郁鮮明的果味，聞得到橘子、花蜜與芒果氣息，酒體豐滿，口感滑順，乾淨諧和的苦味尾隨其後，為整體風味帶來漂亮的翻盤。

Firestone Walker Pale 31

美國加州，佩索羅伯斯（Paso Robles）
酒精濃度：4.9%
啤酒花：Fuggle、Cascade、Centennial、Chinook

　　1996年，亞當·費爾斯通（Adam Firestone）與大衛·沃克（David Walker）創辦了Firestone Walker啤酒廠，從此征戰各大啤酒比賽，帶回不少獎項，其中包括在兩年一度的世界盃啤酒大賽上，獲頒4次的「年度最佳中型啤酒廠」（Mid Size Brewery of the Year），能贏得這個獎項是莫大的殊榮，這代表他們的啤酒是當年度最出色的酒款 —— 要知道參賽的啤酒不會標示酒廠，所以風味的好壞是決勝的唯一關鍵。嚐過Pale 31之後，你也會想在瓶身掛上金牌！它擁有芒果、甜瓜和橘子的豐盈香氣，不可思議的鮮美清爽口感，風味輕盈乾淨，啤酒花香濃郁、苦味卻甚微。喝過的人都會綻放滿足的笑容，為酒中潛藏的驚喜而興奮不已，堪稱一瓶完美的愛爾淡啤酒。

Great Lakes Crazy Canuck Pale Ale

加拿大，安大略省（Ontario）
酒精濃度：5.2%
啤酒花：Centennial、Chinook、Citra

　　Great Lakes是多倫多最古老的精釀啤酒廠，自1987年起便開始釀造啤酒，酒廠裡矗立著引人注目的銅槽，釀酒師會在下方點燃明火，開始煮沸麥汁 —— 雖然現在的煮沸鍋普遍都以閃亮的不鏽鋼打造，但無可否認，銅確實有其過人之處。Crazy Canuck是瓶受到西岸風格啟發的美式愛爾淡啤酒，酒液成色就如煮沸鍋那精心擦亮的銅色外觀，香氣也跟預期的不謀而合，散發葡萄柚、花朵和松木味（就像咀嚼C-啤酒花）；它清淡乾爽的口感能突顯酒花的松脂味，這股口感再伴隨中果皮與悠長的苦韻，一路滑下喉嚨。這瓶酒令我忍不住想狂喀一大盤炸雞，因為啤酒花的果味能抒解炸雞乾老的肉質和油膩感。

Tuatara APA

紐西蘭，Waikanae
酒精濃度：5.8%
啤酒花：Chinook、Simcoe、Zythos

　　你知道的，同一類型的啤酒寫了10瓶以上，而這10瓶的原料、釀造過程和風味又都差不多，我的筆記難免有點重複。我們已經知道，美國啤酒花能帶來葡萄柚和柳橙、松木和花卉的香氣，這令每瓶酒喝起來似乎有點大同小異，而在世界各地，擁有相似風味的啤酒不計其數，但偏偏有些酒款就是能從中脫穎而出，它們或許擁有與眾不同的香氣、口感，或獨樹一幟的酒花與麥芽風韻。這瓶APA也是同類型啤酒中的佼佼者，它的琥珀色酒液是Tuatara酒廠的一大堅持，美國啤酒花為其帶來豐盈的柑橘香，50 IBUs的苦味迷人，完美包覆味蕾，焦糖與莓果甜味隱隱交織其間，低調地維持風味和諧。啤酒廠的另一瓶Aotearoa Pale Ale與APA是同款啤酒，不過改用紐西蘭的啤酒花，喝起來一樣美味。

IPA 是凌駕啤酒國度之巔的啤酒類型，這點無庸置疑，即使在美式愛爾淡啤酒初露頭角，並推動整個啤酒界進化的同時，它的地位仍未見動搖。美式 IPA 的釀造靈感來自印度淡啤酒（India Pale Ale），後者酒花氣息濃郁，擁有百年歷史，透過海路從英國抵達印度後，經過進化，後來多改以美國西北地區的啤酒花來釀製。今日的印度淡啤酒跟印度或長途航程已毫無關係，它代表的是種以啤酒花為特色的啤酒類型，而美式 IPA 正是當前最令人期待、最著名的酒種：果香鮮明芬芳、苦味猛烈刺激、麥香飽滿豐盈，伴隨醉人的酒勁。

美式 IPA AMERICAN IPA

美式 IPA 具備多種面貌：從極淺成色至深琥珀色、從雅致花香到粗獷苦味、從犀利乾澀到甜潤口感，但都帶有美國啤酒花的香氣，散發柑橘、松脂、乾草藥、核果與花卉鮮美；它們的苦度通常很高，甚至苦到會讓你以為舌頭要裂開了，但這麼強勁的苦味，卻能被麥香與甜味調和；酒精濃度一般介於 6.0-8.0%。美式 IPAs 可粗略地分成二類：West Coast IPAs（西岸 IPAs），有挑釁的柑橘風味、口感乾且較苦；以及 East Coast IPAs（東岸 IPAs），酒體較飽滿，酒花表現不若前者強勢。美式 IPA 是精釀啤酒界的旗艦酒種，堪稱精釀啤酒的英雄。

BEAR REPUBLIC RACER 5
美國加州，希爾茲堡（Healdsburg）
酒精濃度：7.0%
啤酒花：CHINOOK、CASCADE、COLUMBUS、CENTENNIAL

經典酒款

何謂經典、最具代表性的美式IPA？何不試試這瓶Racer 5？也許喝完後，你就有答案了。IPAs的味道常常會太甜或太苦，但Racer 5完美融合麥芽、酒花與苦味，直取中間最諧美的風味：它的麥香圓潤帶烤麵包味、酒花香氣馥郁多彩、苦味則令你想再來一瓶。這瓶啤酒全部使用美國啤酒花，帶來大量的橙花、橘子、芒果與熱帶水果味，再加上松木與乾燥的草本植物氣息，說是愛爾啤酒，其實更像杜松子酒；酒中的甜味能均衡所有味道，並映襯出啤酒花果味的濃郁和殷實的苦味。要決定最喜歡的一瓶酒不是易事，但這瓶Racer 5很接近我心目中的第1名，特別是在希爾茲堡的那間酒吧裡，能品嚐到直接來自貯酒槽的Racer 5，絕美的滋味再配上起司漢堡和薯條，令我畢生難忘。

The Kernel IPA

英國，倫敦
酒精濃度：6.5-7.5%（每批略有差異）
啤酒花：詳見酒標

　　2010年初，The Kernel酒廠在倫敦塔橋附近的鐵路拱橋下開始釀造啤酒。2012年3月，他們遷至一處更大的地點，以便生產足夠的啤酒來滿足消費者的需求。釀酒師艾文・歐瑞爾德（Evin O'Riordain）與其團隊推出了多種的啤酒，包括司陶特黑啤酒、波特啤酒，與一些很有意思的經典歐洲啤酒。但其中最受矚目的，還是酒花風味濃郁的愛爾淡啤酒、IPAs和黑色IPAs。他們的啤酒會以使用的啤酒花命名，每批酒所用的品種都不一樣，所以有機會盡可能多試試他們家不同的啤酒，看看風味有何差異。The Kernel IPA外觀為火焰般的顏色，散發來自麥芽的焦糖和麵包香，最大的特色是飽滿紮實的酒體，能承載酒花的所有風味，然後在你飲用時，趁機一股腦地砸過去；雖然苦味濃厚、香氣驚人，但口感卻永遠不失均衡。

Epic Brewing Armageddon IPA

紐西蘭，奧克蘭市
酒精濃度：6.66%
啤酒花：Cascade、Centennial、Columbus、Simcoe

　　儘管Epic Brewing酒廠成立之初就遇到啤酒花短缺的窘況，但它的幕後推手尼古拉斯・盧克（Luke Nicholas）決定不受其制肘，反而盡情地大量使用啤酒花——我愛死這個態度，也愛死他們家的啤酒。大量的啤酒花帶來爆炸般的葡萄柚、甜美的熱帶水果與松木味，甜度適中的麥芽酒底上，點綴悠長的苦味來刺激味蕾，這是瓶會令人上癮的啤酒。喜歡啤酒花嗎？還可以留意酒廠的另兩瓶Hop Zombie或Mayhem。許多人會指定辛辣的食物來搭配IPA，但我認為那就像是以伏特加來滅火，啤酒花和辣味只會互相打臉，並不契合。我推薦豬腩或漢堡，酒中的苦味能解食物的油膩，另外，這瓶酒和胡蘿蔔蛋糕也意外地相稱。

Klášterní Pivovar Strahov Svatý Norbert IPA

捷克，布拉格
酒精濃度：6.3%
啤酒花：Amarillo、Cascade

　　爬上前往布拉格城堡的陡峭鵝卵石街道，是件使人口渴的體力活，感謝天主，當腳下的斜坡漸趨平坦後，附帶啤酒廠的斯特拉霍夫修道院（Strahov Monastery）馬上映入眼簾。修院裡，銅色的酒槽占據角落一隅，閃閃發亮的外壁，讓你在經過時，還能對著它檢查服儀。這裡的司陶特黑啤和小麥啤酒都很不錯，但是IPA的美味更勝一籌，一旦嚐過後，會令人興起乾脆定居於此的念頭。儘管幾世紀以來，這裡斷斷續續也釀造了不少啤酒，但跟這瓶IPA有相似風味的酒款卻不多見：它擁有近似銅色酒槽的成色，散發葡萄柚、芒果、杏桃、水蜜桃與忍冬的香味，口感苦中帶甜。這是瓶世界級的IPA，來自一個以拉格淡啤酒而聞名的國家；因為留在修道院品嚐這瓶美味的啤酒，我最後沒能爬上城堡。

Birra del Borgo ReAle Extra

義大利，博爾戈羅塞（Borgorose）
酒精濃度：6.2%
啤酒花：Amarillo、Warrior

　　美式IPA是必須趁鮮飲用的啤酒，隨著時間流逝，啤酒花的苦味逐漸消退，其備受盛讚的香氣也會很快散失。這代表，如果你想品嚐最優質的IPA，就必須到靠近產地的地方；而要享用這瓶ReAle Extra，羅馬的Open Baladin酒吧便是最佳地點。這間酒吧由del Borgo酒廠的萊昂納多·迪·芬奇（Leonardo di Vincenzi）與Birra Baladin酒廠的帝爾·穆索（Teo Musso）兩人共同經營。在遊覽了一整天的景點後，你走進酒吧，彷彿來到啤酒愛好者的羅馬競技場，那一整牆的酒瓶令你嘆為觀止，隨後你注意到出酒龍頭上的酒名，竟然個個大有來頭。ReAle Extra風味醇美，帶著水蜜桃、橘子、橙花的味道，花香馥郁，植物和香料的苦味交雜杏仁蛋糕的甜味，聞起來像美味的義大利糕點，其風味之美堪稱瑰麗的藝術品。

Feral Hop Hog

澳洲，天鵝谷
酒精濃度：5.8%
啤酒花：Cascade、Galaxy、Centennial

　　因為這是瓶酒花氣息豐郁的澳洲啤酒，所以我忍不住查了些袋鼠的資料：一群袋鼠的英文可以直接說a mob，袋鼠為有袋的草食動物，他們不會倒退，在海中兩隻腳可以個別活動，但在陸地上就只能一起跳躍。再回到啤酒的話題：這瓶啤酒擁有芬芳的香氣，散發濃郁的檸檬、水蜜桃及多汁的鳳梨味，伴隨豐富的葡萄柚與柳橙氣息，果香酸味撲鼻──它的酒花香（hops）可比一群袋鼠的奔躍（hops）還要強勁！口感柔軟乾淨，帶柑橘味的啤酒花同時賦予令人抿唇回味的乾燥餘韻。當你發現這瓶酒的蹤跡，趕快從口袋裡掏出幾塊錢（buck：錢或雄袋鼠，這是一個袋鼠的雙關語），然後把6罐裝的啤酒裝入袋子中（pouch：袋子，又指袋鼠的育兒袋……這雙關太簡單了）。

Pizza Port The Jetty IPA

美國加州，聖地牙哥（San Diego）
酒精濃度：7.6%
啤酒花：Simcoe、Chinook、Cascade、Amarillo

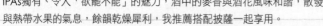

　　回程的班機預計晚上8點從聖地牙哥出發，所以我還有一下午的時間，可以再多嚐幾瓶啤酒。搭上公車，來到大洋海灘（Ocean Beach），街道兩旁都是嬉皮店鋪，速食店與刺青店，我一路直奔大海──來到西岸，怎麼可以不到海邊觀浪呢？從沙灘走回來時，經過幾個街區便會看到Pizza Port，這間酒吧除了提供超級好吃的披薩，也有自行釀製的冠軍啤酒。The Jetty是這裡佐餐用的IPA，它擁有最棒的IPAs獨有、令人「欲罷不能」的魅力，酒中的麥香與酒花風味和諧，散發大量柑橘與熱帶水果的氣息，餘韻乾燥犀利，我推薦搭配披薩一起享用。

La Cumbre Elevated IPA

美國新墨西哥州，阿布奎基（Albuquerque）

酒精濃度：7.2%

啤酒花：Chinook、Magnum、二氧化碳萃取物、Cascade、Centennial、Crystal、Zythos、Columbus、Simcoe

　　不少優質的美式IPA都曾獲得獎牌的加持，這瓶Elevated IPA也不例外，曾在重要的世界啤酒大賽上技驚四座，例如它在2011年的美國啤酒節（Great American Beer Festival）獲得金牌獎，2012年世界盃啤酒大賽獲得銅牌獎，要知道對這場盛事來說，美式IPA這個獎項相當於奧斯卡最佳影片獎，能贏得此獎項的肯定是一大榮譽。2012年，Elevated IPA改成罐裝，La Cumbre Brewing釀酒公司的總經理傑夫・爾韋（Jeff Erway）說道：「酒罐顯然是比玻璃酒瓶更好的包裝。」Elevated IPA使用多種美國啤酒花來釀製，酒花苦度高達100 IBUs，麥香協助維持整體風韻的和諧，賦予些許太妃糖與吐司的味道，並突顯柑橘、松木、花卉與果園水果的氣息。這瓶酒口感犀利而乾淨，鮮明的酒花風味令它別具特色。

Fat Heads Head Hunter IPA

美國俄亥俄州，米德伯格高地（Middleburg Heights）

酒精濃度：7.0%

啤酒花：Columbus、Simcoe、Centennial

　　Fat Heads一開始只是加州匹茲堡（Pittsburg）一間精釀啤酒沙龍，提供優質的啤酒和美味的食物。2009年Fat Heads在俄亥俄州開了分店，並增設啤酒廠。2012年，其大麥啤酒獲得巨大的成功，於是他們決定投入大量生產，以回應每位啤酒迷的期待。Head Hunter的金色外觀就如同它所贏得的獎牌（這瓶酒獲頒的獎牌和獎項不計其數），香氣中帶著芳香的柑橘、松木與熱帶水果氣息，不知為什麼，聞起來就是比其他大部分的IPAs更鮮美；在微妙的甜味與細膩的口感之後，蛇麻花87 IBUs的苦味猛烈衝擊你的味蕾，來勢洶洶的酒花苦韻，在美好的清香與甜味協調下，卻不會太過濃烈嗆口。快去享受這瓶啤酒，收集瓶蓋作為征服成功的證明！

Craftworks Jirisan Moon Bear IPA

南韓，首爾

酒精濃度：6.8%

啤酒花：Centennial、Cascade、Chinook

　　IPA無疑是世界性的啤酒類型，從美國奧勒岡州到日本大阪、澳洲雪梨到智利聖地亞哥、阿根廷首都布宜諾斯艾利斯到英國布里斯托、荷蘭阿姆斯特丹到紐西蘭的奧克蘭，全球大多數的啤酒廠都找得到它的身影；而美式IPA更造就了新一代的釀酒師與酒客，他們偏好濃厚的風味及獨特的柑橘果味。我不曾去過南韓，但現在我真希望有那機會……Craftworks Taphouse & Bistro是首爾的一間精釀啤酒酒吧，他們的啤酒來自加平郡的Kapa酒廠。Jirisan這瓶美式IPA在三種C-啤酒花的追擊下，苦度高達95 IBUs，但你必須親身來到酒吧，才能品嚐到這瓶美味的啤酒（到時順便利用機會，喝喝看他們的科隆啤酒、燕麥司陶特、小麥啤酒或其他酒款）。你有興趣嗎？改天我們一起到那裡喝一杯吧。

支配精釀啤酒世界的 IPA

如果要用一種風格來定義精釀啤酒，IPA 當之無愧。回溯至 18 與 19 世紀，當初英國人利用海運將啤酒從英國運至印度，啤酒就在海上的 6 個月中逐漸熟成。隨著 IPA 人氣漸長，它們逐漸成為以大量酒花釀製、酒精濃度比一般啤酒更高的啤酒類型。不過，當初會加入大量的啤酒花，也許只是想利用其防腐的特性，來熬過漫長的航運，避免啤酒酸化；更高的酒精濃度也可能只是為了滿足在溫暖地區酒客的舌尖渴望。

我們今日所熟悉的IPAs，是擁有更高的酒精濃度、與使用大量啤酒花釀製的啤酒，不再會聯想到過去海上的那款India Pale Ale（印度淡啤酒），或者兩者間唯一的聯繫只剩那則故事。在我看來，India Pale Ale與IPA是不同的東西，IPA已自為一個名詞，不再是India Pale Ale的縮寫──簡單說，IPA是種酒精濃度約6.0-8.0%的啤酒，使用大量酒花釀製而成。那IPA和India Pale Ale之間的差異為何呢？前者存在當下，而後者來自泛黃的歷史書頁。

從過去到現在，IPAs不斷進化、改變。它們曾是酒勁強烈的琥珀啤酒，充滿英國啤酒花的風味，但在20世紀時逐漸失寵，轉變為酒精濃度不到4.0%的啤酒。直到後來，美國精釀啤酒的釀酒師在開拓啤酒版圖時，對早期航海歲月中的啤酒故事產生了興趣，這才將它們重新帶回我們眼前。

美式IPAs的成功得益於它奔放撲鼻的酒花氣息。其濃郁風味帶有迷人的香氣與強烈的苦味，將味道厚實、酒花鮮明的IPA放在量產型的拉格啤酒旁，兩者的差別不言而喻。

啤酒類型的進化，正是19世紀India Pale Ale與21世紀IPAs的寫照。現在IPA的風格（酒精濃度6.0-8.0%、酒花氣息鮮明）又迎來進一步的改變。乍聽到黑色IPAs，你可能會覺得很矛盾，它們也許看起來像酒花氣息豐盈的黑色愛爾或波特啤酒，但實則保留了IPA的酒花風味，並進而將其與黑色的酒體結合；比利時IPAs則結合帶果味、酯味、辛香的比利時酵母與甜美的美國啤酒花；太平洋IPAs捨棄美國啤酒花，改用來自澳洲與紐西蘭的品種；帝國IPAs加強了酒精濃度與苦度；英式風格IPAs則回歸舊式的印度淡啤酒，不過這次省去漫長的海上航程，使用英國的原料，釀造出與美式IPAs迥異的滋味。除此之外，還有紅色、棕色與白色IPAs。美式IPAs的典型酒花風味幾乎影響了世上所有的啤酒類型，帶來更高的酒精濃度、更重的苦味，並以猛烈的柑橘氣息攻佔你的味蕾──IPA支配精釀啤酒的世界，而在掌權期間，同樣經歷了多次演變。

到倫敦，你會享用桶裝啤酒；在布魯塞爾，就不能錯過拉比克自然酸釀啤酒；到慕尼黑，一定要來上一杯金色的淡啤酒；而在美國，不論何處一定是喝IPA。然而，儘管IPAs相當於美國的同義詞，它們的蹤影卻遍及世界，其啤酒花的美妙苦韻和充滿異國風情的芬芳，一直是釀酒師的目標。你最喜歡哪種啤酒類型呢？我選風味鮮美的美式IPA。

美式帝國 IPA AMERICAN IMPERIAL IPA

飲用 IPAs、帝國 IPAs 或雙倍 IPAs 時，就像一場與人類本能的拔河，這也是我對它們難以自拔的原因。大腦認為苦味是件壞事，對人類的祖先來說，帶苦味的食物很可能表示有毒，所以我們的身體會發出警告，並且迅速作出「討厭」的判斷──這便是為什麼孩童都不喜歡帶苦味的蔬菜，大概也能解釋，為什麼我們小時候所嚐的第一口啤酒，感覺會那麼噁心。這種本能代表大腦會自動排斥苦味 IPAs，然而，精神上的排斥結合麥芽的香甜和酒精的醺然，形成一股危險又動人的快感，正是雙倍 IPAs 會令人上癮的原因。

美式精釀啤酒那「強還要更強」的冒險精神，為我們帶來帝國 IPA 和雙倍 IPA：酒精濃度為 7.5-10.0%，有些酒款甚至更烈，苦度介於 50-100 IBUs 以上，成色從金色至深琥珀色。不過，這類啤酒嶄露鋒芒的關鍵，來自大量使用啤酒花，帶來極度濃郁的香氣、放肆的柑橘味、中果皮氣息，以及挾帶苦味浪潮襲來的濃烈尾韻。一般來說，酒體的風味飽滿、帶甜味，但也有些清淡的酒款餘味很乾。最棒的雙倍 IPAs，其醇厚的麥香遇上濃郁的酒花，風味表現和諧而融洽：酒體柔順、酒精與麥芽的層次分明，每一口都嚐得到馥郁的酒花氣息，點綴著苦韻與鮮明芳香。最棒的美式帝國 IPA，擁有不易看透的傑出風味，而最差的酒款，只聞得到潮濕啤酒花的刺鼻氣味，其苦味會沿著你被酒液燒灼的喉嚨一路炸開！

Stone Ruination IPA

美國加州，埃斯孔迪多（Escondido）
酒精濃度：7.7%
啤酒花：Columbus、Centennial

知名影音網站YouTube上有一段出搥的煙火秀影片，原本該是10分鐘的絢爛聲光饗宴，卻因人為疏失，所有的煙火被同時施放，原本10分鐘的煙火秀在10秒內炸光光。而Ruination IPA的味道，就像同時點燃所有煙火！我仍然記得第一次喝到這瓶啤酒時，那股暈眩又令人傻笑的喜悅，我瞬間成為一位虔誠的啤酒花信徒，追求蛇麻花的真理。張狂的柳橙與葡萄柚中果皮、松木與芬芳的花香席捲我的口腔，中層的麥香風韻柔順，但隨後超過100度的苦味猛烈撲來；然而，儘管風味如此強勁，這瓶酒還是能保持不可思議的易飲性──正如瓶身所示，它以酒液為詩，頌讚啤酒花的榮耀。記得趁新鮮盡快享用，最好到啤酒廠現場品飲，體會啤酒花傾洩而出的爆炸般香氣。

Liberty Brewing C!tra

紐西蘭，新普利茅斯市（New Plymouth）
酒精濃度：9.0%
啤酒花：Citra

磅礴的香氣、滑潤的麥香、張狂的苦味偷偷地充滿整瓶啤酒，莫名卻不失和美，這就是你所渴望的雙倍IPA。這瓶酒的香氣太不合理：強烈的百香果、覆盆子、葡萄柚和山竹來勢洶洶，很難想像這麼濃郁的酒花果味是如何塞進小小的瓶身裡；酒中些許麥芽的香甜能調合每種滋味，啤酒花則留下強烈的中果皮苦韻。這瓶濃厚馥郁的啤酒有著重量級的口感，用非常快意的方式，席捲你的感官。Liberty酒廠的產量不大，一次約釀造79美制加侖的啤酒，相當於300公升，而酒廠就位在約瑟夫（Joseph）和克里斯蒂娜·伍德（Christina Wood）住家的車庫裡。然而，釀製啤酒只是酒廠業務的一部分，他們另外還有銷售家釀啤酒的原料——不過我想在他們釀好這瓶啤酒後，啤酒花大概也所剩不多了。

Avery The Maharajah IPA

美國科羅拉多州，博爾德
酒精濃度：10.24%
啤酒花：Simcoe、Columbus、Centennial、Chinook

我跟幾個小時前才剛認識的里諾（Reno）一起坐在酒廠的品酒室裡。我在抵達科羅拉多州的丹佛市郡（Denver）後，就開車一路殺到博爾德的Avery酒廠，進了品酒室，我喝著Joe's American Pilsner來放鬆心情，里諾則要了一品脫的Maharajah。他用約一分鐘的時間喝完那杯酒，續杯後，又幾乎在同時間一口灌完。「哇，好渴！」再點第三杯之前他讚道。我立刻對這位新朋友充滿敬意。一年後，我跟伙伴馬特在紐約喝到The Maharajah，當時已是半夜，我們先前也喝了點酒，所以只要了一小杯，沒想到它的滋味棒呆了，後來我們兩人又各點了一品脫。我喜歡這瓶啤酒，因為它的口感厚實誘人，擁有熱帶柑橘果味與較苦的草本氣息，此外，還會令我想起當初在紐約的回憶。

Alchemist Heady Topper

美國佛蒙特州，Waterbury
酒精濃度：8.0%
啤酒花：Styrian Goldings、Saaz、Perle

在Alchemist酒吧與啤酒廠營運的幾年後，身為業主的約翰·金米克和珍妮弗·金米克（John and Jennifer Kimmich）決定擴大事業規模，增加產量並安裝罐裝生產線。對酒花風味的嚴格把關，讓他們最早只推出了一瓶啤酒，那便是這瓶Heady Topper。不過這瓶是如此美味，有它也就夠了（酒廠在2012年擴大生產力，這意謂未來他們將推出更多類型的啤酒）。Heady Topper外觀呈橘金色，綺麗的酒液散發出水蜜桃、杏桃、葡萄和橙花的氣味——出乎意料之外，這瓶啤酒沒有使用任何一種C-啤酒花，所有氣味全都來自迷人的歐洲花種。它擁有令人貪戀的輕盈風味，卻不失飽滿口感，洋溢熱帶風情之美，120 IBUs的苦度能均衡整體風韻，同時增添清爽感——這是瓶頂級的雙倍IPA，也是市面上難得一見的酒款，若有幸發現它的身影，一定要先下手為強！

Brouwerij De Molen Amarillo

荷蘭，博德赫拉芬（Bodegraven）
酒精濃度：9.2%
啤酒花：Sladek、Saaz、Amarillo

　　De Molen啤酒廠位於荷蘭的知名地標裡，也就是在一座風車裡面，De Molen意謂「這座風車」。這座風車建於1697年，酒廠的成立日期則較晚。每年9月，酒廠的門諾·奧利維爾（Menno Olivier）會籌備「Borefts啤酒節」（Borefts Beer Festival），屆時全球一些最傑出的釀酒師會共聚一堂。如果你錯過這場盛宴也沒關係，可以到De Molen酒廠的品酒室，除了提供很棒的啤酒，還有美味的食物。Amarillo是瓶令人難忘的雙倍IPA，酒液呈琥珀色，杏桃、水蜜桃與橘子的味道招搖而迷人，這些美妙的氣息全都來自引以為名的Amarillo啤酒花；陣陣的香氣從瓶口湧出，聞得到柔和的甜味，帶土味的苦韻尾隨其後，那正是Sladek和Saaz啤酒花的傑作，但這瓶酒最精采的風味表現，還是來自Amarillo啤酒花。

To Øl Final Frontier DIPA

丹麥，哥本哈根
酒精濃度：9.0%
啤酒花：Simcoe、Centennial、Columbus

　　在To Øl酒廠成立之前，要先提3個人：托比亞斯·埃米爾·詹森（Tobias Emil Jensen）、托爾·金瑟（Tore Gynther）和他們的老師米格·博格·比爾梭（Mikkel Borg Bjergsø）。他們不滿在丹麥老是找不到好啤酒，於是乾脆借用學校廚房自行釀造。米格於2006年創辦了Mikkeller酒廠，2010年托比亞斯和托爾也成立了To Øl。現在，托比亞斯、托爾與學徒正努力推動丹麥啤酒的發展，期望丹麥未來能成為全球最有趣、最進步的釀酒國之一。Final Frontier是瓶風味厚實的雙倍IPA，外觀是鮮紅的琥珀色，聞起來就好像你把臉塞進發酵中的水果堆裡，柳橙、水蜜桃、葡萄柚與芒果的氣味迎面襲來；口感如樹脂般細膩，麥香含蓄，尾韻的苦味強勁，帶來充沛、辛辣的風味刺激。現在有些世上最棒的啤酒就在丹麥，快安排一趟哥本哈根之旅，親自去搜尋。

Russian River Pliny the Elder

美國加州，聖塔羅莎市
酒精濃度：8.0%
啤酒花：CTZ、Simcoe、Cascade、Centennial、Amarillo、二氧化碳萃取物

　　我認為啤酒書作家都會遵守一條不成文的規定，那就是一定要介紹Pliny the Elder。這是瓶能激起酒客渴望的啤酒，不論是喝過或沒喝過的人，都夢想有一天能（再次）說出那句美味咒語：「來一品脫的Pliny，謝謝。」我有幸在舊金山說過這句咒語，那時天色已暗且下著雨，我已一天沒睡，還有點迷路，幸好最後還是找到了Toronado啤酒吧，並對酒保說：「來一品脫的Pliny，謝謝。」我永遠忘不了在那間熱鬧、搖滾的酒吧裡，喝到Pliny的第一口滋味。沒錯，它擁有如想像中驚人的酒花香氣，但是它的酒底才是其為極品的原因：口感乾淨柔順，滋味乾爽，沒有多餘的麥芽甜味，苦韻和酒花風味經久不息，彷彿齒縫間塞滿了葡萄柚的中果皮，它的美味簡直難以言喻。

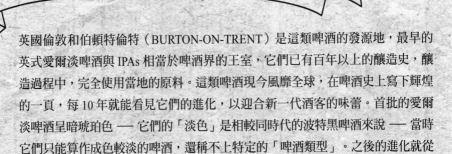

ENGLISH PALE ALE AND IPA
英式愛爾淡啤酒與 IPA

英國倫敦和伯頓特倫特（BURTON-ON-TRENT）是這類啤酒的發源地，最早的英式愛爾淡啤酒與 IPAs 相當於啤酒界的王室，它們已有百年以上的釀造史，釀造過程中，完全使用當地的原料。這類啤酒現今風靡全球，在啤酒史上寫下輝煌的一頁，每 10 年就能看見它們的進化，以迎合新一代酒客的味蕾。首批的愛爾淡啤酒呈暗琥珀色 —— 它們的「淡色」是相較同時代的波特黑啤酒來說 —— 當時它們只能算作成色較淡的啤酒，還稱不上特定的「啤酒類型」。之後的進化就從這裡開始，雖然過去它一直不是受歡迎的酒種，但今日的流行卻是有目共睹，跟苦啤酒、淡味啤酒和波特啤酒一起，越來越受大眾喜愛。

　　英國大麥製成的酒底能將所有風味完美融合，麥芽散發耐人尋味的撲鼻香氣，英國啤酒花則帶來典型的土壤、灌木與花香味，並伴隨粗獷、帶藥草氣息的顯著苦味；通常使用硬水釀製，產生的乾澀感會突顯酒花風味。淡啤酒酒精濃度為 3.5-7.5%，IPA 則約為 5.5%（但有些 IPAs 的濃度會低於 4.0%，20 世紀中期的 IPAs 正是這樣的風味）；苦度為 30 至 70 以上。英式愛爾淡啤酒與 IPA 不若美式風格那樣流行，也沒有它們的柑橘香氣，但麥香卻更濃郁。美式 IPAs 強調要搶鮮飲用，英式 IPAs 卻能妥善地陳放 1 至 2 年。然而，如果你追求的是英國啤酒花那極致的香氣，那麼趁鮮喝才是上策。

Fuller's Bengal Lancer
英國，倫敦
酒精濃度：5.3%（生啤酒5.0%）
啤酒花：Goldings

　　Bengal Lancer是2010年富樂酒廠（Fuller's）推出的特色啤酒，後來成為酒廠固定生產的新酒款。儘管倫敦啤酒界正掀起瘋狂的酒花熱潮，越來越多的酒客與釀酒師追求濃郁的美國和南半球啤酒花風味，但使用英國啤酒花的Bengal Lancer依然同樣受到眾多啤酒迷的青睞。這瓶酒以大英帝國駐守印度的知名軍隊為名，呈焦糖色，散發美妙的Goldings啤酒花香、溫暖的林地氣息、泥土味與糖漬柳橙味，酒體彷彿經過酒花大軍的強化，表現出絕佳的豐滿口感，餘韻挾帶酒花的辛香、土味及少許柑橘醬的甜味猛地襲來，喝起來極具現代英式風味 —— 可說是經典啤酒類型的新詮釋。

Firestone Walker Double Barrel Ale

美國加州，佩索羅伯斯
酒精濃度：5.0%
啤酒花：Magnum、Styrian Goldings、East Kent Goldings

伯頓聯合系統（Burton Union system）是19世紀中期，在伯頓特倫特地區提倡的發酵方式。這個系統由許多木桶組成，桶子上的S形管線會與上方的凹槽連接，當桶中的酒液開始發酵，酵母（挾帶一些酒液）會向上流經S形管線進入凹槽，隨後酒液流回聯合系統，酵母則被排除——這個系統能在不浪費啤酒的情況下，去除酒中多餘的酵母。Firestone酒廠的聯合系統將這道發酵步驟現代化，並以其傳遞美國橡木經中度烘焙後的細膩木香，這道過程在Double Barrel Ale原本的風味基礎上（花卉、水蜜桃、杏桃與莓果味），增添了柔軟的橡木氣息，與麥芽的烤麵包香混合後，風味驚人。

Hitachino Nest Japanese Classic Ale

日本，茨城縣
酒精濃度：7.5%
啤酒花：Chinook、Challenger

世界上所有啤酒類型之中，印度淡啤酒的故事最有趣，最可以激發釀酒師的靈感。作為一個被神話、傳說與百年歷史包圍的酒種，關於它的議論一直吵得沸沸揚揚。然而就像每個啤酒類型一樣，印度淡啤酒也持續在進化。Japanese Classic Ale便是瓶來自Hitachino Nest酒廠的進化版印度淡啤酒，它琥珀色的酒液迸發出帶太妃糖味的濃郁麥香，伴隨來自美國與英國啤酒花的花香與檸檬氣息，釀酒師把它放入雪松木桶中熟成（這種現代作法令人想起，當年橫越大洋時，印度淡啤酒也是被貯放在木桶裡），雪松木桶通常用於盛裝日本清酒，會使酒液產生木質甜味、些許橙皮和乾燥的口感。Japanese Classic Ale，一瓶日式作風的經典愛爾啤酒。

Cervejaria Colorado Indica

巴西，里貝朗普雷圖（Ribeirão Preto）
酒精濃度：7.0%
啤酒花：Galena、Cascade

印度淡啤酒的愛好者一定要看看皮特‧布朗（Pete Brown）的那本精采好書《啤酒花與榮耀》（暫譯，Hop & Glory），皮特帶著一桶啤酒，重現古時從英國到印度的海上之旅，他在書中介紹了許多關於這類啤酒的故事。他所搭乘的船行經巴西，可惜時間不夠充裕，要不然他就可以稍作停留，趁機喝上幾杯巴西IPA。這瓶Indica外觀呈暗銅色，所用的美國啤酒花帶來泥土、胡椒、綠籬（類似烈日下英國林地的味道）、烤蘋果以及草味濃郁的英式風味，喝起來很甜，但啤酒花的強勁苦味隨即打亂口中的甜膩。Colorado酒廠的啤酒皆使用來自瓜拉尼地下蓄水層（Guarani Aquifer）的地下水，這個蓄水層蘊藏豐富淡水，就位於阿根廷、巴西、巴拉圭和烏拉圭底下。可以說是一瓶真正結合當地原料與遠方釀造靈感的啤酒。

Gadds No. 3

英國，蘭姆斯蓋特
酒精濃度：5.0%
啤酒花：Fuggles、East Kent Goldings

大部分英式愛爾淡啤酒都使用 East Kent Goldings啤酒花，所以有人在東肯特（East Kent）成立啤酒廠也沒什麼好奇怪。釀造師埃迪·加德（Eddie Gadd）是位當地風土擁護者，善用本地原料來釀酒，每年9月，他會推出以青嫩酒花釀製的愛爾啤酒，啤酒花從採收到被丟入煮沸槽，全程不會超過2小時。No. 3是酒廠的優質啤酒，與No. 5和No. 7並列為3個主要酒款（那個數字代表埃迪喝下的品脫量，雖然喝完後難免要狂跑廁所。他一直說要釀造No. 1，但我們至今仍沒看到……）這是瓶十足的肯特愛爾淡啤酒，而我身為肯特郡的男人，喝出了家鄉的味道。酒中的淺色麥芽散發豐郁的麥香，與啤酒花銳利的土味與草味很相稱，同時啤酒花也釋出果園水果與花朵的氣息，豐盈的酒花香氣和諧動人，整體風味與結構表現不俗。

Carlow Brewing O'Hara's Irish Pale Ale

愛爾蘭，卡洛郡
酒精濃度：5.2%
啤酒花：Cascade、Amarillo

愛爾蘭對精釀啤酒的認識總是比其他國家慢一拍，其全國啤酒市場幾乎被大型的品牌壟斷。但有些人並沒有因此怯步，有群消費者成立了Beoir團體（www.beoir.org），宣揚愛爾蘭小型獨立啤酒廠的優點。

Carlow是這個國家最早的精釀啤酒之一，也是最普遍可見的啤酒，這瓶愛爾蘭淡啤酒可說是瓶具現代風味的IPA，擁有英國風味的麥香和美國風味的啤酒花氣息。Carlow散發甜美乾淨的葡萄柚香氣，麥香中交織耐人尋味的烤麵包味，啤酒花的苦韻挾帶土味四處徘徊，隨後竄出少許的柑橘氣息，為這次的口感體驗畫下句點。

Three Floyds Blackheart

酒精濃度：8.0%
啤酒花：East Kent Goldings、Admiral

Three Floyds啤酒廠藉由全部採用英國在地原料，並加入烘烤過的橡木來複製酒桶氣息（因這類啤酒曾被裝在橡木桶中穿越大洋），最終釀造出的這瓶Blackheart，完美重現了古老的英國風味。這瓶啤酒呈紅銅色，風味辛辣犀利，能聞到芬芳的土味及酒花香氣從瓶口流溢而出，此外，因Three Floyds使用的酒花用量比大部分酒廠多更多，故啤酒擁有豐沛的香氣，令人彷彿置身晴日下的果園或松樹林；橡木特有的單寧乾澀感，突顯出酒中的少許甜味及濃郁苦味（苦味70 IBUs），並使已然飽滿的口感更顯豐盈。雖然最初的印度淡啤酒都經過海上的長期熟成，但Blackheart卻是須搶鮮品嚐的啤酒，要趁新鮮才能體會到英國啤酒花的濃郁風韻，那可是少數啤酒獨有的美味。

太平洋淡啤酒與 IPA　PACIFIC PALE AND IPA

以美式 IPA 為首，愛爾淡啤酒及帝國 IPA 尾隨其後，一場 IPAs 世界巡禮於焉展開，後來它們在紐西蘭與澳洲停步，沾染上當地獨有的特色，成為太平洋淡啤酒與 IPA。這類啤酒跟美式愛爾淡啤酒、美式 IPA 並無二致，但改以澳洲種植的啤酒花來釀製，澳洲啤酒花同樣擁有豐沛的果味，但跟帶柑橘氣息的美國酒花不同，而是散發熱帶水果、荔枝、葡萄、鵝莓、酸橙、香草奶油及百香果味 —— 其風韻類似該區所產的白葡萄酒。澳洲啤酒花的香氣雅致而從容，較美國啤酒花更清盈，果味也更豐富。

紐西蘭種植的啤酒花許多都直接以產地為名，例如 Nelson、Motueka、Riwaka 等啤酒花；南半球的啤酒花多從典型的歐洲品種改良而來，風味更濃郁，且帶有當地土壤的氣息。用這兩地的酒花釀造的啤酒，洋溢無與倫比的香氣，它們就像加強版的貴族啤酒花，豐饒的果味之下，同時保留了青草、藥草的細膩風味。Cascade 啤酒花的培育在紐西蘭也很成功，保留美國 Cascade 原有的葡萄柚與花香，但多了熱帶水果的風情。這些啤酒花的人氣一路扶搖直上，但澳洲酒花的產量卻依然很少，而未來市場對它們的需求只會有增無減。

Yeastie Boys Digital IPA
紐西蘭，威靈頓（Wellington）
酒精濃度：7.0%
啤酒花：Pacific Jade、Nelson Sauvin、Motueka、New Zealand Cascade

你可以在網路上找到這瓶啤酒的配方，上面記載的可不只有單純的原料，而是更詳細的焦糖麥芽、水質成份、酒花用法等細節，甚至還告訴你最後應有的成色。透過公開的釀造配方，這瓶啤酒能被更多人共享。而身為一位啤酒花迷，這個配方最吸引我之處，便在於它所記錄的啤酒花，以及酒花的加入時機：這瓶酒混合使用香氣型與乾燥啤酒花，Pacific Jade 帶來77 IBUs的苦度，但用量最多的花種，是在麥汁煮沸熄火後，才添加的 Motueka，賦予啤酒濃郁的百香果、芒果、蜜瓜與甜美的柑橘香味。這是瓶金色（準確的說是7.3 SRM）的啤酒，在迸發的香氣之下，縈繞著豐富的苦韻與酒花氣息。

Toccalmatto Zona Cesarini

義大利，菲登扎（Fidenza）
酒精濃度：6.6%
啤酒花：Pacific Gem、Sorachi Ace、Citra、
Palisade、East Kent Goldings、Motueka

　　Zona Cesarini原本是美式足球的運動術
語，後來被用於日常對話中，意謂比賽的最
後時刻 —— 其典故源自阿根廷球
員雷納托‧切薩里尼（Renato
Cesarini），他在義大利踢球時，
常在最後一刻進球得分。這瓶啤酒
就像位第93分鐘的冠軍，從來不曾
讓我失望，每次品嚐都令我越發驚
艷。它帶有水果風味，散發濃郁
芬芳的葡萄氣息，有點像一瓶用
荔枝來熟成的甜酒，橘子、葡
萄柚、水蜜桃、花蜜與杏桃的
果香驚人，彷彿對著酒客吵著
要求：「快來喝我！」酒體豐
滿，酒液呈琥珀色，不甜，苦
味強勁卻不會過嗆，入喉帶著
單寧酸味，最後的尾韻乾、很
乾、非常乾，而且徘徊不散，
除非你接著喝第二口。

Alpine Beer Company Nelson IPA

美國加州，阿爾卑斯郡（Alpine）
酒精濃度：7.0%
啤酒花：Nelson Sauvin、Southern Cross

　　「老兄，你有喝過阿爾卑斯郡的啤酒嗎？」
在聖地牙哥的啤酒吧裡，有人這樣問我。「我不
知道他們怎麼做的，但是很特別，你懂的，啤酒
花的香氣是那麼、那麼……美妙。」
他把方向指給我看；5個街區後，
我在那裡吧台上的出酒龍頭發現了
Nelson IPA。這瓶啤酒在釀造時使用
了一點黑麥，Nelson Sauvin啤酒花
的風味特徵顯著，和紐西蘭知名啤
酒花毫不吝惜地展現它們的強烈
風韻；酒液為紅橙色，閃爍著
難以置信的明亮感與吸引力，
嚐一口就知道，確實是很特別
的風味，酒體柔順，帶著無可
挑剔的乾淨口感，百香果、荔
枝、葡萄與熱帶水果的滋味甜
美異常（甚至像果醬），喝起
來完全是種享受，這瓶酒想來
是難逢敵手。

Thornbridge Kipling

英國，貝克威爾
酒精濃度：5.2%
啤酒花：Nelson Sauvin

　　正當全英國紛紛敞開心懷、仰頭暢飲美式IPAs時，Kipling啤酒鶴
立一方，為眾人呈現截然不同的風味。Thornbridge是英國首波使用
Nelson Sauvin啤酒花的啤酒廠之一，這個作法為酒吧裡的出酒龍頭增
添全新的口味。Kipling為淺稻草色，擁有絕妙的清淡口感與出色的風
味結構；啤酒花帶來百香果、酸橙、鵝莓的果味，伴隨令風味加分的
乳脂感；苦味均衡，喝起來毫不費勁，不論是瓶裝或桶裝，所有滋味
都巧妙地相互呼應。這瓶啤酒來自英國峰區一處沉寂的集市城鎮，很
適合搭配泰式咖哩，咖哩中的奶油椰子、紅辣椒與酸橙味，和啤酒的
柑橘氣息簡直是天作之合，兩相映襯下，喝起來別具異國風情。

Santorini Brewing Company Yellow Donkey

希臘，聖托里尼（Santorini）
酒精濃度：5.2%
啤酒花：Aurora、Styrian Golding、
US Cascade、Motueka

到希臘渡假時，你可能
會品嚐冰涼的拉格啤酒，
但聖托里尼島上絕對不
止有Mythos啤酒，這座
崎嶇不平的島嶼被讚譽為
愛琴海上的鑽石，因落日美
景而聞名。Santorini Brewing
Company釀酒公司是於2011年，由4位來自希臘、
塞爾維亞、英國和美國的人所成立。英國人史蒂夫·
丹尼爾（Steve Daniel）是位葡萄酒採購員，專門
研究希臘葡萄，但他個人非常喜愛啤酒，所以在倫敦
也創辦了Rocky Head啤酒廠。這瓶Yellow Donkey
是愛爾淡啤酒，因省略過濾步驟，所以外觀略顯霧
濁，酒體飽滿，口感柔順，Motueka啤酒花賦予其
新鮮熱帶水果的甜美香氣。酒廠裡還有一款Crazy
Donkey，這瓶IPA擁有類似Yellow Donkey的酒花風
味，不過香氣更濃郁、果味也更重。來到希臘，邊喝
酒邊欣賞聖托里尼的迷人夕陽，實為一大樂事。

8 Wired Hopwired IPA

紐西蘭，布倫亨（Blenheim）
酒精濃度：7.3%
啤酒花：Southern Cross、
Motueka、Nelson Sauvin

這是瓶風味強烈、很出色的
IPA，使用紐西蘭的啤酒花
釀造，就像一陣搖曳的火
焰，吸引美國啤酒花狂熱
者的目光；酒中充滿紐西
蘭的鳳梨、芒果、百香果、
酸橙、鵝莓與葡萄等果味，
風韻濃郁芳香，口感細膩，
洋溢啤酒花油的質感。每年
3月啤酒花收成時節，酒廠
會推出用新鮮酒花剛釀成的
Hopwired IPA——花草香更
重，果味轉向奇異果和荔枝的滋味。8號線
（No. 8 wire）是種金屬線，紐西蘭人可以
用它來修補任何東西，這個名稱已融入當
地的語彙，暗示紐西蘭人的心靈手巧；對
當地人來說，只要有8號線，任何問題都不
是問題；同理可證，8 Wired IPA以8號線為
名，要享受絕佳的美味想必也不是問題。

Murray's Angry Man Pale Ale

澳洲，史蒂芬港（Port Stephens）
酒精濃度：5.0%
啤酒花：Motueka、Pacifica

這瓶啤酒來自Bob's Farm地區，這裡的Murray's啤酒廠與出產葡萄酒的Port
Stephens釀酒廠共用一室。Murray's釀製了多種成色繽紛、口感深奧的啤酒，而這
瓶Angry Man Pale Ale仿效紐西蘭的同伴，帶有相同的濃郁酒花氣息。它的麥香
純淨，擁有微微花蜜的甜味，這正是你在澳洲陽光下所渴求的味道，嚐得到豐盈的
細緻果香（葡萄、柑橘和鳳梨）以及辛烈、乾燥的苦味。若你追求的是更強烈的酒
勁，Murray's有瓶Spartacus是酒精濃度10.0%的帝國IPA，同樣全部選用紐西蘭啤
酒花釀製而成。他們的酒廠中還有間餐廳，裡面每道料理都有搭配推薦的啤酒和葡
萄酒，此外還有啤酒和乳酪的專屬菜單；你也可以從酒窖中直接帶走一箱啤酒。

比利時 IPAs 以美式（以及太平洋）IPAs 為基底，加入比利時酵母菌發酵，產生的辛香、酯香和果味，使我們聯想到比利時愛爾啤酒，例如黃金愛爾、農舍愛爾或者正統修道院啤酒。說起其源起，最早有位釀酒師決定改用比利時酵母來釀製一款很受歡迎的啤酒，以此觀察會產生何種改變。沒想到這個酵母與酒花的新組合，風味令許多人為之讚嘆，從此這類啤酒開始發展，表現也越加活躍，更受到酒客歡迎，逐漸成為一種品項繁多的啤酒類型，受到各地釀酒師的擁戴與挑戰。更重要的是，比利時 IPA 的出現，引領一種更開放的心態，鼓勵釀酒師或酒廠進行酵母實驗，而這個態度也陸續影響到其他許多的啤酒類型。

比利時 IPA BLEGIAN IPA

這裡有比利時 IPA、愛爾淡啤酒以及白色 IPA。愛爾淡啤酒和 IPAs 帶有誘人的酒花風味，伴隨來自酵母的氣息，偶爾可聞到丁香與酚味；其他時候，則散發胡椒和酯味（如香蕉、梨子與蘋果）的辛香，是對味蕾的一大驚喜，令風味更顯飽滿，並帶來更豐饒的果味。白色 IPA 的風味介於白啤酒和美式小麥啤酒之間，釀造時加入更多的啤酒花，普遍常見的有美國啤酒花，但我認為使用南半球啤酒花味道更佳，因為熱帶水果真的與酵母酯香很契合。身為實驗性的酒種，比利時 IPA 至今仍在世界各地持續發展，且不乏風味出眾的酒款；最棒的比利時 IPA 有著夢幻般的絕佳滋味，而最糟的喝起來就像香水或清潔劑。

Green Flash Le Freak
美國加州，聖地牙哥
酒精濃度：9.2%
啤酒花：Amarillo

　　Green Flash是間有趣的啤酒廠，而且佔地廣大，值得我們一探究竟。來到酒廠裡的品酒室，你在啜飲啤酒的同時，還可以觀察啤酒的釀酒過程。你的雙眼來回在橙色的Palate Wrecker、黃色的Imperial IPA以及綠色的Barleywine間搜尋，這裡啤酒的彩虹成色使你產生錯覺，彷彿剛剛走進一間糖果店。粉紅如唇膏的Le Freak啤酒，將安排你與比利時三倍啤酒和美式IPA來場美妙的約會。開瓶後，大量鮮明的酒花香氣一擁而上，散發葡萄柚、花卉、柳橙、芒果與松木氣息，酵母帶著胡椒與草藥味尾隨其後，最後由犀利清爽的啤酒花苦韻壓底。與Le Freak擁有類似風味的啤酒，我另外推薦藍色的Rayon Vert，它是瓶比利時 —— 美式愛爾淡啤酒，瓶中添加了Brettanomyces酒香酵母，散發辛辣帶霉息的風味。

Anchorage Bitter Monk

美國阿拉斯加州，安克拉治市
酒精濃度：9.0%
啤酒花：Apollo、Citra、Simcoe

　　如果你是從第一頁看到這裡，想必對Anchorage酒廠已不陌生。若你只是隨手翻到這一頁，也別急著移開目光，先看看這瓶Bitter Monk吧。它是瓶比利時風格的雙倍IPA，使用美國啤酒花，先在酒槽中加入比利時酵母發酵後，倒入裝過莎當妮白葡萄酒的法國橡木桶內，同時加進Citra啤酒花和Brettanomyces酒香酵母，陳放一段時間。這是瓶令人頭暈目眩、舌頭打結的啤酒，散發大量熱帶水果味、低調的葡萄和香草味，以及帶檸檬和農場味道的酒香酵母氣息，而比利時酵母的氣息則在舌背上徘徊不去。整體風味使我感覺彷彿置身農場，但在農場的一側有座松樹林，另一側則是柑橘與芒果園；也好像有人剛砸開一桶葡萄酒，然後往裡面扔進滿滿的花朵與胡椒，大聲歡呼：「噢耶！」對我來說，Bitter Monk就是這麼痛快的味道。

Westbrook Farmhouse IPA

美國南卡羅來納州，芒特普林森
酒精濃度：7.3%
啤酒花：Columbus、Centennial、Amarillo、
Cascade、Galaxy

　　在Westbrook酒廠的旗艦級IPA中丟進3種酵母菌，再加上額外的啤酒花，便能得到這瓶Farmhouse IPA。首先使用一種農舍酵母，使啤酒產生辛辣香氣與隱約的酚味，隨後再加入2種不同的Brettanomyces酒香酵母，把殘留糖份完全分解，使啤酒口感變乾，同時留下特殊的農舍風味（散發馬匹、乾草與檸檬香草的味道，帶霉味）。而在整體風味之上，聞得到鮮明的酒花氣息：來自澳洲Galaxy啤酒花的芒果與鳳梨味，以及美國啤酒花的甜美柑橘與芬芳酒香；琥珀色的酒體飽滿豐盈，餘味乾爽，苦味殷實，酒液中的碳酸氣一路湧進頂層的泡沫冠中。然而，雖然風味如此繽紛，啤酒花與酵母之間卻能保持極佳的均衡感，酒香酵母帶來的獨特霉味與奔放的啤酒花香非常契合。

Troubadour Magma

比利時，Ursel
酒精濃度：9.0%
啤酒花：Simcoe與其他

　　這瓶啤酒來自Musketeers啤酒廠，此系列以Troubadour為名，意指中世紀時周遊往來於不同村莊、為民眾帶來音樂與喜樂的遊吟詩人。Troubadour Magma是瓶三倍IPA，確切點說是瓶比利時三倍啤酒，擁有更濃郁的麥芽與啤酒花香。這瓶酒是新式比利時啤酒中的佼佼者，火焰般的成色，洋溢的香氣會瞬間攫住你的注意力，烤鳳梨、熱帶水果、芒果與橘子味撲鼻而來；酒體飽滿豐盈，散發香草與杏仁蛋糕的甜味，伴隨一點圓潤的淺色麥芽香，50 IBUs的苦味會從半路殺出，最後留下乾爽的餘韻；第二波的甜美酒花香業已蓄勢待發，只等著你再輕啜一口，便傾軋而出。先嚐過Troubadour系列的黃金啤酒後，再來試試Magma吧。

141

High Water No Boundary IPA

美國加州，奇科市
酒精濃度：6.5%
啤酒花：不定，通常來自南半球

No Boundary IPA每年僅生產3次，釀酒師每次都會利用手邊最好的原料來釀造，因原料不盡相同，每次啤酒的味道也不太一樣；唯一不變的，就是使用比利時酵母菌（不同啤酒使用不同菌株）來發酵。這瓶酒全部使用來自遙遠南半球的啤酒花（外加一些美國Citra酒花），但是酒花的苦味低，釀酒師會另外加入由酒廠人員史蒂夫・阿爾帝瑪里（Steve Altimari）種植的檸檬馬鞭草來提振苦味，後期再額外扔入八角。它的風味很令人期待，葡萄柚、葡萄和柳橙味的酒花香氣之下，是酵母的味道，它會使酒中所帶的果味更加鮮明，而帶單寧酸、葡萄皮的乾澀口感，則突顯出啤酒花的胡椒與土香，最後的柑橘尾韻，向品飲者暗示檸檬馬鞭草的存在。

Deschutes Chainbreaker IPA

美國奧勒岡州，Deschutes
酒精濃度：5.6%
啤酒花：Bravo、Citra、Centennial、Cascade

讓我為你介紹白色IPA。當IPA遇上小麥啤酒，有時可能成為帶美國酒花氣息的重量級比利時白啤，或變成熱情奔放的美式小麥啤酒。Chainbreaker是首批成為全年生產的白色IPAs之一，淺稻草色的酒液上方有著薄弱的白色泡沫，釀酒師在比利時白啤酒中加入柳橙及磨碎的芫荽，並使用美國啤酒花產生濃郁風味；香氣中混合檸檬、香料、柳橙與葡萄柚味；口感柔滑，滋味豐盈清爽，苦味與酵母尾隨而來，除了在舌背留下乾爽的餘味，也帶來中果皮和胡椒的辛香。這是瓶春天型的啤酒，風味出色，擁有獨一無二的鮮美柑橘類果皮味——我希望會有更多啤酒廠嘗試釀造這類啤酒。如果你手邊剛好有瓶白色IPA，推薦你搭配檸檬香草烤雞一起享用。

Hardknott Queboid

英國，Millom
酒精濃度：8.0%
啤酒花：Centeninial、Cascade、Amarillo

我很欣賞Hardknott啤酒廠的戴夫・貝利（Dave Bailey），他具備一位釀酒師應有的所有個性，工作努力、充滿創意、勇於改變，而且還很瘋狂，看來天生就是要走這一行。他的瘋狂表現在他所釀製的各類啤酒風格上，例如風味出眾的Infra Red紅色IPA、一年販售一次的大麥啤酒Granite，或者桶中熟成的烈性司陶特黑啤Æther Blæc，以及其他定期推出的特色啤酒。再來就是這瓶Queboid，充滿意想不到的風味變化：酒液呈朦朧的青銅色，竄入鼻間的香氣令人驚喜連連，聞得到用聖誕香料烘烤的蘋果、草莓、胡椒粒、烤柑橘中果皮與果味咖啡的味道；中層結構的麥香帶有甜美的麵包味，烘焙水果和柑橘的氣息更濃郁，酵母的胡椒與丁香味緊緊纏住味蕾。每一口都有不一樣的驚喜，刺激你動腦來一探究竟，這瓶啤酒確實反映出釀酒師戴夫的個性。

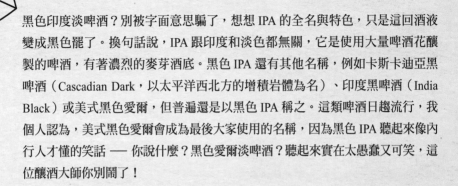

BLACK IPA (AKA AMERICAN BLACK ALE)
黑色 IPA

黑色印度淡啤酒？別被字面意思騙了，想想 IPA 的全名與特色，只是這回酒液變成黑色罷了。換句話說，IPA 跟印度和淡色都無關，它是使用大量啤酒花釀製的啤酒，有著濃烈的麥芽酒底。黑色 IPA 還有其他名稱，例如卡斯卡迪亞黑啤酒（Cascadian Dark，以太平洋西北方的增積岩體為名）、印度黑啤酒（India Black）或美式黑色愛爾，但普遍還是以黑色 IPA 稱之。這類啤酒日趨流行，我個人認為，美式黑色愛爾會成為最後大家使用的名稱，因為黑色 IPA 聽起來像內行人才懂的笑話 —— 你說什麼？黑色愛爾淡啤酒？聽起來實在太愚蠢又可笑，這位釀酒大師你別鬧了！

黑色 IPA 擁有迷人的酒花香氣（柑橘、花卉、草本植物、松木與熱帶氣息），以及最後猛烈來襲的苦韻。我認為較好的風味表現是，不要讓烘烤的苦味干擾啤酒花的濃郁柑橘香，不要讓視覺、味覺被它們騙了：黑色 IPA 喝起來像焦糖風味變薄的 IPA，口感柔順圓潤、酒體飽滿，只是看起來色澤深沉。這就是我理想中的黑色 IPA，因為既然被稱為 IPA，那它的味道就要像 IPA。也許會嚐到一點巧克力味，那也不錯，但如果你手中的黑色 IPA 喝起來像走味的早餐（例如太苦的咖啡、葡萄柚汁和烤焦吐司），那瓶酒可能其實是美國司陶特黑啤或酒花氣息鮮明的波特啤酒，只不過換了新酒標來趕流行。

Deschutes Hop in the Dark
美國奧勒岡州，本德（Bend）
酒精濃度：6.5%
啤酒花：Northern Brewer、Nugget、Centennial、Amarillo、Cascade、Citra

遇見這瓶Hop in the Dark之後，我才明白以前的黑色IPAs有多難喝。在此之前，我喝過的大部分黑色IPA，都帶有澀口的黑麥芽味、討人厭的烘焙苦味，葡萄柚的香氣也總是姍姍來遲 —— 這組合實在不怎麼樣。但這瓶Hop in the Dark不同，閉上雙眼，聞起來就像IPA，酒液看起來則像司陶特黑啤酒，這便是品飲黑色IPA的樂趣。最優質的黑色IPAs就像這瓶啤酒，焦糖、麵包與烘烤麥芽漿使它口感柔順（當然麥芽漿中的燕麥也功不可沒），酒體飽滿，散發鮮明的熱帶水果味，啤酒花的甜美柑橘香中，亦挾帶了中果皮、松木與草本植物（薄荷和鼠尾草）的氣息；隱約總覺得香氣中還有點摸不透的氣味，但那也可能是外觀帶來的錯覺。

143

Uinta Dubhe Imperial Black IPA

美國猶他州，鹽湖城
酒精濃度：9.2%
啤酒花：Bravo

Dubhe的發音為「doo-bee」，是大熊座裡第2亮的星星、北斗七星的一部分，也是代表猶他州的星星。這瓶啤酒的原料還使用了大麻種子，啜飲一口，帶著麥香的口感厚實豐滿，散發出焦糖與些許甜巧克力的香味，伴隨香草與木質氣息，隱隱的烘焙香氣恍若森林深處的幽微營火味，苦度為100 IBUs，苦味悠長顯著，帶草本植物的味道；啤酒花的甜美柑橘、果園水果與青草氣息並不特別強烈，卻能突顯其他風味，產生值得玩味的口感享受。這是瓶適合邊觀星邊飲用的啤酒。

Odell Mountain Standard

美國科羅拉多州，科林斯堡
酒精濃度：9.5%
啤酒花：Chinook、Cascade

要選Odell酒廠的哪瓶酒好呢……St Lupulin或Myrcenary都不錯，這2瓶酒花特色鮮明的淡啤酒，分別以所使用的酒花油為名，藉此向賦予它們夢幻風味的啤酒花致意；或是難得一見的桶中熟成啤酒，其所用的木桶與野生酵母，為美麗的啤酒增添動人的複雜度……但不管所選為何，Odell酒廠的啤酒有一個共同特色，那就是無懈可擊的均衡感。Mountain Standard毫不馬虎地向我們展示這個優點，它是瓶成色沒那麼黑的雙倍黑色IPA，擁有絕佳的均衡風味，酒精濃度雖然偏高，入口的酒感卻是不可思議地清盈；酒體柔順飽滿，微帶巧克力、甜木與櫻桃味，釀酒師親自採收當地啤酒花、加入酒槽，賦予啤酒新鮮的柑橘和辛辣芬芳的底層香氣，伴隨絕妙的中果皮苦味，餘韻悠長令人傾心。

Pacific Brewing Laboratory Squid Ink

美國加州，舊金山
酒精濃度：7.0%
啤酒花：Cascade、Nugget、Summit、Cluster

帕特里克（Patrick）是Pacific Brewing Laboratory的幕後推手之一，我因緣際會下認識了他。理查·布魯爾·霍爾（Richard Brewer-Hall）是住在舊金山的英國人，會在自家釀製啤酒，他的地下室裡有間酒吧。理查邀請我到他家看超級盃，有免費的啤酒和食物招待，我欣然前往，在那裡認識了帕特里克。帕特里克那時正在享用他自釀的雙倍IPA，那杯酒風味驚人，是我在加州那一週內喝過最棒的啤酒。後來帕特里克成立了啤酒廠，這瓶Squid Ink和另一瓶Nautilus是他們最重要的2瓶夏季啤酒，帶有木槿風味。Squid Ink洋溢可可、咖啡、太妃糖、柳橙、松木與葡萄柚的氣息，伴隨豐滿的酒體及草本植物的苦味。現在我要到哪裡，才能喝到那款不得了的家釀雙倍IPA呢？

Magic Rock Magic 8 Ball

英國，哈德斯菲爾德
酒精濃度：7.0%
啤酒花：Apollo、Cascade、Columbus、
Nelson Sauvin

　　2001年時，波爾多大學的葡萄酒專家接受了
一項實驗，他們分別喝了一杯白酒和紅酒，然後
描述印象；結果顯示，他們對兩杯酒的敘述非常
不同。然而實際上，這兩杯酒其實是同一瓶白
酒，「紅色的」白酒是用無味色素所染成。黑色
IPA就類似這樣，市面上不乏來魚目混珠的灰色酒
款，但Magic 8 Ball這瓶啤酒跟大部分的黑色IPA
相比，表現確實更為出色。香氣中聞得到芒果、
水蜜桃、杏桃與百里香味道，再加上微微的可可
和香草味，酒體滑潤柔順，焦糖
甜味在中層徘徊，另外還有
包覆著巧克力氣息的熱
帶水果味，及強勁的苦
味，所有風味在新一輪
熱帶水果氣息的陪伴
下，於口中畫下句點。
舌尖上迷人的惡作劇，
這真的是黑色淡啤酒嗎？
說不清楚，那就再來一口吧。

AleBrowar Black Hope

波蘭，倫堡（Lebork）
酒精濃度：6.2%
啤酒花：Simcoe、Chinook、Citra、
Cascade、Palisade

　　2012年5月，AleBrowar
酒廠開張，帶著促進波蘭
精釀啤酒發展的決心，推
出了3款啤酒。AleBrowar
和波蘭最古老的家庭釀酒廠
Gościszewo Browar簽定
合約，釀製了白啤酒、IPA和
黑色IPA。2瓶IPAs都使用相同
的啤酒花和酵母，酒精濃度也
相當，唯一差別在於，其中一
瓶添加了黑麥芽，因而成色變
黑。這瓶黑色IPA散發咖啡烘焙味，伴隨莓果、
煙燻與黑巧克力的氣息，帶來微微酸味；啤酒
花的土壤、草本植物味，加上乾淨的柑橘、焦
糖味，豐實了中層結構，形成獨特有趣的風
味。看到有新啤酒廠進軍精釀啤酒界，這真是
令人興奮又期待 —— 希望他們能成功引領波蘭
酒吧與啤酒廠的精釀運動，打動波蘭酒客的味
蕾，並擊敗目前波蘭最暢銷的啤酒Tsykie。

Yeastie Boys Pot Kettle Black

紐西蘭，威靈頓
酒精濃度：6.0%
啤酒花：NZ Styrian Golding、NZ Cascade、Nelson Sauvin

　　這瓶酒可歸屬為太平洋黑色IPA；或相對美國的卡斯卡迪亞黑啤酒來說，也可
以將它視為紐西蘭的尼爾森黑啤酒；還是乾脆歸類為一瓶啤酒花特色鮮明的波特啤
酒……但不論你如何稱呼，它都是瓶會撥動你心弦的佳釀，只是這次稍微有點不
同。它喝起來最初像IPA，果味從瓶口奔放而出，聞得到葡萄皮、黑加侖子（就像
在葡萄酒、咖啡與啤酒等不同飲品中，會發現的那類黑加侖子味）、松脂、花卉
與葡萄柚中果皮的味道；中間結構則像波特啤酒，酒體豐饒甘美，帶有甘草、巧
克力與焦糖味；但在最後又恢復成一瓶IPA，散發草本植物、柑橘中果皮與熱帶果
汁的氣息，伴隨啤酒花的青草、泥土香，同時留下帶果味的纏綿苦韻。想怎麼稱
呼這瓶啤酒都隨便你，最重要的是，它的味道真是該死的好。

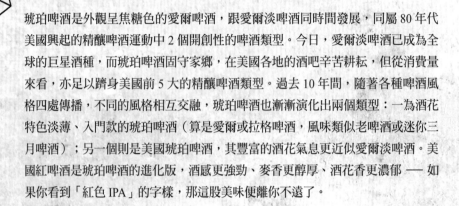

AMERICAN AMBER AND RED ALE
美國琥珀與紅愛爾

琥珀啤酒是外觀呈焦糖色的愛爾啤酒，跟愛爾淡啤酒同時間發展，同屬 80 年代美國興起的精釀啤酒運動中 2 個開創性的啤酒類型。今日，愛爾淡啤酒已成為全球的巨星酒種，而琥珀啤酒固守家鄉，在美國各地的酒吧辛苦耕耘，但從消費量來看，亦足以躋身美國前 5 大的精釀啤酒類型。過去 10 年間，隨著各種啤酒風格四處傳播，不同的風格相互交融，琥珀啤酒也漸漸演化出兩個類型：一為酒花特色淡薄、入門款的琥珀啤酒（算是愛爾或拉格啤酒，風味類似老啤酒或迷你三月啤酒）；另一個則是美國琥珀啤酒，其豐富的酒花氣息更近似愛爾淡啤酒。美國紅啤酒是琥珀啤酒的進化版，酒感更強勁、麥香更醇厚、酒花香更濃郁 —— 如果你看到「紅色 IPA」的字樣，那這股美味便離你不遠了。

注意看彩虹的內圈，那便是這類啤酒的成色，從深黃色、橙色、再到深紅色，也許還泛著紫色光澤；它們是以色澤較深的麥芽（如水晶麥芽）釀製而成，釀好的酒液顏色正如其名。紅愛爾的中層結構帶有令人回味的太妃糖或焦糖香氣，並伴隨香甜的堅果味。字首的「美國」大字，暗示它們以啤酒花為主導的香氣，苦味表現從溫和到強勁（30-80 IBUs），釀造後期及酒液冷卻後才加入的啤酒花，為啤酒帶來奔放活躍的香氣；酒精濃度約 5.0-8.0%，跟大部分啤酒類型一樣，少不了帝國級的酒款，例如帝國紅愛爾啤酒。

Half Acre Ginger Twin
美國伊利諾州，芝加哥
酒精濃度：6.5%
啤酒花：Chinook、Simcoe

每次看到啤酒瓶身上的酒標，我都難免會這樣想：那個圖案真醜，想必啤酒的味道也不怎麼樣……這瓶酒真好看，喝起來一定也很不錯。當然，這只是我的刻板印象，判斷依據也不準確，但如果要從兩瓶啤酒中擇一，我一定是選漂亮的那瓶。Half Acre酒廠擁有世界上最好看、最迷人的啤酒，光看外觀就是一種視覺享受 —— 最棒的是，啤酒的味道和外觀一樣出色。Ginger Twin是瓶印度風格的紅色愛爾，這樣稱呼紅色IPA實在太囉唆了；它的酒液呈鏽銅色，來自麥芽的堅果味與黑麥麵包味，低調地藏在酒花香氣之下，啤酒花散發泥土、花卉、葡萄柚與草本植物香氣，並同時帶來樹脂味的悠長苦韻。Ginger Twin的諧美風韻，就像它的酒標一樣美麗又有趣。

8 Wired Tall Poppy

紐西蘭，布倫亨
酒精濃度：7.0%
啤酒花：Warrior、Columbus、
Simcoe、Amarillo

　　紅色IPA就應該像這瓶啤酒一樣，
用比一般IPAs更飽滿的酒底，突顯美
國啤酒花那挑釁的芳香。這瓶酒成色
更深，帶有濃郁的堅果味，以及隱
約的巧克力與莓果味；它以麥芽製
成的酒底，能引出啤酒花中的所
有風味，散發深色莓果（而非甜
蜜的果園水果）、帶烘焙味的柑
橘（而非新鮮橘汁）、花蜜（而
非新鮮花卉）與強烈的木質香氣
（而非松脂）。所有味道經醞釀
熟成，越發濃郁醇美，我猜正因
如此，以Tall Poppy（高大的小
狗）為名真是再適合不過了。這
瓶酒與牙買加風味烤雞很對味，
也可以搭配有淡淡調味的食物（但
勁辣可不行），或者椰香咖哩也很不錯，椰子的
鎮定效果就類似一首蛇麻花搖籃曲。

Swan Lake Amber Swan Ale

日本，金谷町
酒精濃度：5.0%
啤酒花：Cascade、Nugget、Columbus

　　這是日本最受推崇的精釀啤酒之
一，自啤酒廠於1997年營運以來，
獲得全球無數獎項的肯定。這瓶酒
來自「瓢湖屋敷の杜」（意為「天
鵝湖」）啤酒廠，風味正介於老啤
酒和美國啤酒花之間，洋溢麥香的
烤麵包味，以及美國啤酒花隱約的
柑橘、花卉與水蜜桃香，酒花風
韻纖弱誘人，伴隨解渴的苦味；
啜飲一口，帶青草土味的辛辣氣
息，與散發濃郁烘焙味的黑麥
芽，攜手在你口中起舞。啤酒的
整體風味與烤肉格外契合，例如
日式烤雞串，或者搭配滿滿一盤
胖嘟嘟的日式餃子，最好能煎至
焦赤，如此你便能嚐到那美妙、
脆香的外皮，它會使愛爾啤酒中
的堅果味更加香甜。

Pizza Port Ocean Beach Chronic

美國加州，聖地牙哥
酒精濃度：4.7%
啤酒花：Liberty

　　加州靠太平洋的沿岸除了有4間Pizza Port酒吧，還有一間啤酒
廠，每間酒吧除了供應美味的披薩，也會自行釀製啤酒。1978
年，第一間Pizza Port酒吧在索拉納海灘（Solana Beach）
開張，並在1992年首次銷售自釀的啤酒；接著他們又開設了
Carlsbad、San Clemente以及這間Ocean Beach。2013年
時，他們成立了啤酒廠，以增加生產量來滿足酒客需求，並為啤酒增
加罐裝包裝。如果你附近有間Pizza Port酒吧，事不宜遲，快去那裡品嚐
美國最棒的啤酒。Chronic是瓶口感柔順帶堅果味，風味乾淨的琥珀啤酒，啤
酒花氣息並不濃郁，取而代之的是純淨、和諧的風味很適合從海邊戲浪回來後大口
暢飲。

Brodie's Hackney Red IPA

英國，倫敦
酒精濃度：6.1%
啤酒花：Amarillo、Citra

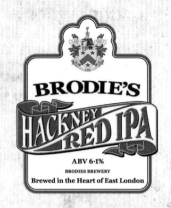

在倫敦東萊頓地區（Leyton）有間King William IV酒吧，酒吧後面有個車庫般的小空間，Brodie's酒廠便在此處。它是倫敦（甚至全英國）最具實驗精神的啤酒廠，生產各類啤酒，風味之美驚豔四座，卻不失該類型的核心風格。這瓶Red IPA堪稱巨型的酒花炸彈，擁有高明的粗野風味，洋溢濃郁的美國啤酒花香、更苦的葡萄柚味以及帶烘焙氣息的柑橘味，柔順的酒體交織烘暖的焦糖味道，最後以強烈的苦韻壓底。你可以順便留意另一瓶Dalston Black IPA，也是瓶風味奔放的佳釀；此外，另一系列低酒精濃度的愛爾酸啤酒也很不錯，味酸而解渴。

Szot Amber Ale

智利，聖地亞哥（Santiago）
酒精濃度：6.0%
啤酒花：Cascade

智利約有50幾間的精釀啤酒廠，Szot酒廠便是其中一，由美國人凱文‧佐特（Kevin Szot）與智利妻子阿斯特麗德（Astrid）所創立。酒廠推出的一系列美式愛爾淡啤酒、加州普通啤酒與帝國司陶特啤酒等，清楚反映出釀酒師的釀造靈感來源。琥珀愛爾與淡色愛爾很類似，但前者用了更多的水晶麥芽，賦予啤酒較深的成色，並留下更多不可發酵的糖分，這代表酒中會有更多焦糖般的殘留甜味，符合智利人的口味習慣，但又表現得恰到好處。這瓶酒擁有清淡的柑橘與花香、細膩的核果味，口感柔順、餘味清脆。與智利海岸的鮮魚（特別是燉魚料理）非常對味。

Ithaca Cascazilla

美國紐約州，伊薩卡（Ithaca）
酒精濃度：7.0%
啤酒花：Cascade、Chinook、Crystal、Amarillo

在嚐過Ithaca酒廠的Flower Power IPA之後，我再也無法抗拒名為Cascazilla的啤酒。Cascazilla這名字不只代表它酒花巨獸的身份（zilla：吉拉，日本電影中的怪獸），也源自酒廠附近的卡斯卡迪拉峽谷（Cascadilla Gorge）。啜飲一口Cascazilla啤酒，口中彷彿瞬間遭遇巨大怪獸的襲擊，各種滋味鬧騰不已，卻同時難掩一股寧靜沉著的風味。這瓶大膽的紅色IPA擁有鮮明的柑橘、花卉與松木香，底層的橘子醬氣息混合了麥芽甜美的堅果和太妃糖香氣；苦味中夾雜泥土與樹脂味，餘韻經久不息，彷彿怪獸的呼嘯。在你乾完一瓶後，你也會忍不住發出一樣的驚呼，從喉嚨深處，發出哥吉拉似的咆哮讚嘆。想來點較溫和的啤酒嗎？這裡也有根汁啤酒。

這不算一個啤酒類型，而是種能為啤酒增添獨特風味的原料。以前舊式的歐洲啤酒會添加黑麥，例如 Roggenbier，但後來比起用來釀酒，它反而越來越受麵包烘焙業者的歡迎。黑麥是用來釀製威士忌和杜松子酒的穀物，直到最近啤酒廠裡才重新有了它的身影。要用黑麥來釀酒並不容易：它沒有外殼，所以能輕易吸收釀造用水，產生黏稠的麥芽漿，給釀酒師帶來潛在困擾。儘管如此，還是有人會用黑麥來釀酒，著眼於其獨一無二的香料、堅果與薄荷味，並能賦予啤酒紅色外觀；更甚者，它還能為啤酒增添深邃風味與質感，是其他原料給不了的。

黑麥啤酒 RYE BEER

任何啤酒類型都可以添加黑麥。有時黑麥會出現在啤酒的底層香氣，但也有啤酒會以它為主導風味。許多黑麥啤酒會藉由清澈的酒體與濃郁的酒花香氣，來強調黑麥的辛香味，美國啤酒花的馨香又和黑麥的草本土味特別相配，兩者的組合可說是相得益彰。一些英國或美國啤酒花的芳香與莓果味，亦能突顯黑麥的風味。黑麥啤酒的酒精濃度與苦度跨度很廣。

Upright Six

美國奧勒岡州，波特蘭
酒精濃度：6.7%
啤酒花：Tettnang、Magnum

Six是Upright啤酒廠全年生產的4款啤酒之一，另外3款則為Four、Five和Seven。這4款酒都使用相同的夏季啤酒酵母菌、當地種植與製麥的麥芽，以及來自Annen Brothers農場的啤酒花，這間農場就位於波特蘭南部的天使山（Mt. Angel）。雖然使用相同的酵母、麥芽和酒花，但加上其他幾種原料，便組合出4款風格截然不同的啤酒，可見釀酒師功力之深厚。Upright啤酒廠的這些啤酒向來不易分辨類型，但這瓶Six可以算是黑麥美式夏季啤酒。它深赤褐色的酒液在你飲用之前，就吸引你的目光；當你開始探尋杯中的美味祕密時，獨特的香氣令人陶醉，散發黑麥麵包、巧克力、無花果、櫻桃、菸草、胡椒、香蕉、泡泡糖、烤蘋果和青草等氣息；黑麥使口感乾燥、辛辣，在酵母的突顯下，帶來一股近乎酸味的強烈尾韻。

Half Acre Baumé

美國伊利諾州，芝加哥
酒精濃度：7.0%
啤酒花：Chinook

　　Half Acre成立於2006年，在擁有啤酒廠之前，山德·奎克（Sand Creek）在威斯康辛州釀製啤酒，並載到芝加哥販售。當科羅拉多州杜蘭戈市（Durango）的Ska Brewing啤酒廠要改裝升級時，Half Acre從該處載回了4拖車的不鏽鋼酒桶。2012年，Half Acre在酒廠一側闢了間品酒室，準備大量生產。Baumé是瓶限量生產的美式巧克力黑麥司陶特，酒液呈深棕色，滋味甘美如濃郁的巧克力和甜咖啡，大量的黑麥香氣增添麵包與薄荷香草風味，與摩卡咖啡的氣息相當契合，啤酒花帶來意外的鮮美感，點綴胡椒與香料的草地氣息；黑麥表現恰如其分，賦予這瓶出色的啤酒獨特風味。

Summer Wine Cohort

英國，Holmfirth
酒精濃度：7.5%
啤酒花：Summit、Citra、Chinook、Simcoe、Amarillo

　　如果你喜歡酒花香氣濃郁的啤酒，那麼你一定會喜歡Summer Wine啤酒廠。在要把啤酒花整袋整袋地往酒槽裡倒時，酒廠裡的人一點也不客氣，他們的每瓶酒都在追求厚重的苦味與誇張的香氣，風格多受到現代美國啤酒的影響，例如Diablo IPA，其酒花爆炸性般的滋味甚至會刺痛你的舌頭。但這瓶Cohort有點不一樣，因為它是瓶雙倍黑色比利時黑麥IPA（Double Black Belgian Rye IPA），聚集了各種重要的啤酒特色，精采呈現出釀酒師的冒險精神與高超技術：啤酒酒體飽滿，散發巧克力與黑麥、薄荷和柳橙、莓果與煙味，啤酒花花香與柑橘的氣息；酵母的風味辛辣，但結合啤酒花、黑麥後產生不可思議的均衡感，成為一瓶好喝到不行的啤酒。

Sixpoint Righteous Ale

美國紐約州，布魯克林
酒精濃度：6.3%
啤酒花：Cascade、Columbus、Chinook

　　如果啤酒風格指南中有介紹美式黑麥愛爾，那麼它的說明大概跟美式愛爾淡啤酒或IPA很類似，差別只在於麥芽漿中加入的是黑麥，而且所用的啤酒花能與穀物的藥草辛香互補，同時融入柑橘的味道。Righteous可說是瓶標準的美式黑麥啤酒：酒液呈琥珀紅色、味道辛辣、口感很乾也解渴，極度乾燥的口感幾乎使人錯認為銳利的柑橘酸味（嚼勁十足的黑麥麵包就有這股味道）；啤酒花的土味能突顯黑麥的植物氣息，但在C-啤酒花的中果皮、花卉與柑橘味映襯下，黑麥的表現又不會過於強勢。跟你分享一些啤酒小知識：六角星的圖示堪稱酒界的指標，它象徵風味的純粹，6個角分別代表釀酒所需的6大元素，也就是水、穀物、麥芽、酒花、酵母與釀酒師，另外再加上水火的調和。

Haymarket Angry Birds Belgian Rye IPA

美國伊利諾州，芝加哥
酒精濃度：7.5%
啤酒花：Amarillo、
Cascade

　　聽到我跟朋友的英國腔，酒保開始與我們攀談：「你從哪來？」「你覺得芝加哥如何？」「哦、你是來這裡喝啤酒的？想參觀我們的酒廠嗎？」於是我們跳下高腳椅，跟著對方來到乾淨俐落的酒廠，酒吧裡那一系列滋味絕佳的啤酒就出自這裡。我們看到了他們的「酒窖」，其實就是一整排的酒桶直接靠在一整排的酒槽旁，直接取自酒槽的啤酒，那是貨真價實的「尚青」啤酒！在酒吧裡時，我跟朋友已經大大讚賞過他們啤酒的鮮美，而現在終於知道原因。Angry Birds Belgian Rye同樣擁有令人驚豔的鮮美，比利時酵母結合美國酒花氣息，酵母的辛香、黑麥的深沉、Amarillo酒花的水蜜桃和杏桃味，以及Cascade的馨香，種種風味天衣無縫地相互交融，形成令人難忘的絕佳滋味。酒廠裡另一瓶Oscar's Pardon是採冷泡法釀製的比利時愛爾淡啤酒，同樣完美結合了比利時與美國的風味。如果你人在芝加哥，務必走一趟Haymarket啤酒廠。

Tempest RyePA

蘇格蘭，Kelso
酒精濃度：5.5%
啤酒花：Summit、Centennial、
Columbus

　　Tempest酒廠從2010年開始釀酒，其啤酒的獨特風味，令他們躋身最成功的蘇格蘭啤酒品牌之一。酒廠給人的印象是：慷慨的啤酒花使用者，樂於釀製烈性啤酒，並勇於嘗試罕見原料。Red Eye Flight酒精濃度7.4%，是瓶甘美柔順、烘焙香十足的波特啤酒，添加了可可、德麥拉拉蔗糖與咖啡；Chipotle Porter酒精濃度5.6%，在豐盈深色的啤酒中，加入帶泥土與煙燻味的乾燥墨西哥辣椒，能調和水果的強烈風味；Long White Cloud酒精濃度5.6%，充滿紐西蘭啤酒花的熱帶水果味。而這瓶RyePA則是美式黑麥IPA，裡面的黑麥帶堅果味，並隱隱散發黑麥麵包的香氣，中層結構的麥香帶著含蓄的焦糖香甜，隨後登場的啤酒花擁有青草、中果皮與草本植物氣息，並以淡淡柑橘餘味作結。

Deep Ellum Rye Pils

美國德州，達拉斯（Dallas）
酒精濃度：4.6%
啤酒花：Liberty、Mt Hood、Sterling

　　在皮爾森啤酒的酒底中加入黑麥，讓我們有機會一探不同的穀粒會為酒種帶來何種風味。Rye Pils酒液呈金色，邊緣隱約泛著紅色光澤，由啤酒花主導的香氣中，交織著黑麥香，使用產自美國的德國酒花，賦予啤酒花草和柑橘類水果的氣息，風味既新鮮又雅致，不像IPA那般平淡；酒體柔順純淨，黑麥餅乾的香氣尾隨其後，吞噬所有甜味，最後再以黑麥與酒花的柑橘香畫下句點；總而言之，黑麥為皮爾森啤酒增添了全新的複雜層次與風味。這瓶來自德州的啤酒是搭配烤肉的不二選擇：黑麥與乾燥的綜合香料非常對味，同時啤酒花的細緻柑橘氣息又能解膩。

淡味啤酒已有超過300年的歷史，它的名字原本意謂新鮮感，而非指稱特定類型的啤酒，只是相較於陳年的啤酒，它們的味道相對清淡。淡味啤酒也經歷過各種演變，在成為風味「較溫和」的啤酒之前，曾一度比印度淡啤酒更強勁（按今天的標準，味道也更苦）。但在第一次世界大戰期間，受到糧食配給制的影響，啤酒廠不得不降低啤酒的酒勁，一時間淡味啤酒蔚為流行。戰後，啤酒的濃度又開始增強，但到了30年代，新德州開始使用啤酒花，並再次調降酒精濃度，隨後二次世界大戰爆發，啤酒的酒精含量掉到新低。從那時起，這種酒精濃度低、酒花風味清淡的啤酒，便被定型為我們今日所熟悉的淡味啤酒。

淡味啤酒 MILD

淡味啤酒是種反其道而行的啤酒類型，在風格厚實奔放的其他酒種威逼下，被逼至啤酒國度的乏味一角。然而，淡味啤酒其實正處於過渡階段，有越來越多的酒客開始追求低酒精濃度、高易飲性的啤酒，在這個趨勢的影響下，淡味啤酒正逐漸獲得新的認同。這類啤酒的成色從金色到黑色都有，但以紅褐色最為常見，酒精濃度介於3.0-6.0%，苦度可能達到30s，帶有英國啤酒花的細膩香味。有些淡味啤酒喝起來很乏味，有些則充滿美妙的風味與深度，並伴隨刺激的解渴苦味，能取悅現代人挑剔的味覺。若要釀製淡味啤酒，並不需要遵循什麼特別的條件，唯一要注意的，就是它們那容易飲用的特性，以及麥芽和啤酒花的均衡感。今日，淡味啤酒又再次進化，成為酒精濃度溫和，但特色顯著的現代啤酒類型 —— 也許如今它們最乏味的地方，就是它們的名字。

Leeds Midnight Bells

英國，西約克郡，里茲（Leeds）
酒精濃度：4.8%
啤酒花：First Gold、Bobek、Willamette

英國的黑色淡味啤酒（Dark Mild）、金色淡味啤酒（Golden Mild），以及酒勁較烈的深紅色淡味啤酒（Ruby Mild），在在展現出這類啤酒的多變風貌。Leeds啤酒廠的Midnight Bells是瓶極佳的黑色淡味啤酒，深紅褐色的酒液上方頂著綿密的棕褐色泡沫（在啤酒機的出酒閥裝上名為「sparkler」的裝置，它有點像蓮蓬頭，通過sparkler流出的啤酒會產生厚實綿密的泡沫冠），酒體柔順、口感乾淨，帶有栗子般的氣味，巧克力味淡薄，多數時候你只聞得出一股美妙、易飲的風味；啤酒花釋出優雅的英式花香，在Willamette啤酒花的黑加侖子味襯托下，香氣越加鮮明，最後酒液帶著Bobek啤酒花的辛香滑落喉嚨——完美的均衡口感。Leeds啤酒廠有2間酒吧，你可以在那裡喝到所有約克郡現代風格的啤酒，全都是上等佳釀，與經典的酒吧食物相當般配。

Pizza Port Ocean Beach Skidmark Brown

美國加州，聖地牙哥
酒精濃度：4.1%
啤酒花：Phoenix、Brewers Gold、Sterling

　　聖地牙哥是西岸IPAs的故鄉，Ocean Beach啤酒廠的Skidmark在很多方面令我又驚又喜，主要因為我沒有預料到它的風味竟會如此濃烈，相較於4.1%的酒精濃度，其口感與質地就像風味渾厚的棕色愛爾，酒體飽滿、口感乾淨（你能從中嚐到清晰的麥香），交織著堅果與微微優質咖啡的氣息，帶土味的啤酒花帶來新鮮誘人的香氣，整體風味繽紛多彩，卻又和諧圓融。那一天，我坐在酒吧裡看著面前的Skidmark暗自納悶，為什麼其他釀酒師做不到？現代淡味啤酒就應該像它這樣：風味鮮美和諧、口感別有韻味，而且容易飲用。

Tap East East End Mild

英國，倫敦
酒精濃度：3.5%
啤酒花：Fuggles

　　這是提供給男性同胞的啤酒。你知道當你明明想要待在酒吧，卻硬被拖去逛街時，是什麼心情嗎？幸好倫敦現在有了Tap East酒吧，它就位在歐洲最大的購物中心裡，也販售他們自行釀造的啤酒。下次如果又被拉去逛街，你只要先假裝很有興趣，然後找機會開溜到Tap East稍作休息，直到收到「親愛的，你在哪裡？」的簡訊，就可以去接人了。這瓶East End Mild呈栗子色，耐嚼的英式麥香在口中發散開來，香氣中全是土壤、青草與綠籬水果的味道，Fuggles啤酒花帶來悠長的苦韻。如果說美國的味道像IPA，那麼英國的味道就像這瓶East End Mild。

Little Creatures Rogers Beer

澳洲，費利曼圖（Freemantle）
酒精濃度：3.8%
啤酒花：East Kent Goldings、Galaxy、Cascade

　　Little Creatures身為澳洲最早的精釀啤酒廠，其成功奠基於旗下的愛爾淡啤酒，釀酒師受到美國啤酒的啟發，使用來自美國與澳洲本地的啤酒花，創造出帶有柳橙、葡萄柚與花朵氣息的愛爾淡啤酒，風味清新動人，是當地酒客冰箱裡的常備酒款。這瓶Rogers Beer雖同樣美味卻微帶差異。它的酒液呈琥珀色，酒精濃度只有3.8%，卻擁有超乎想像的甘美風味；從竄入鼻間的香氣你首先發現，釀酒師使用了甜美的南半球啤酒花，賦予啤酒少許花卉與新鮮莓果的滋味；它的酒體澄澈、口感乾燥，含蓄的麥香散發出烤堅果與焦糖氣息，風味雖簡單，喝起來卻令人驚豔——在今日這個普遍追求華麗複雜風味的啤酒國度，這瓶Rogers Beer為我們示範何謂克制的精釀美味。

這是源自英國倫敦的啤酒類型，然而直到第一瓶棕色愛爾啤酒問世多年後才得名。最初它們只是倫敦隨處可見的普通啤酒，卻催生了口感更乾、酒勁更強、酒花氣息更濃郁的波特啤酒。20世紀時興起二度流行，這次發展出2種風格，並冠以自己的名稱：一者為棕色甜啤酒（Sweet Brown Ale），知名酒款如 Mann's Brown Ale；另一種則是口感乾燥、帶堅果味的北方棕色啤酒（Northern Brown），知名酒款如 Newcastle Brown Ale。而在前者幾乎消失後，北方棕色啤酒 Newcastle 遂成為一款旗艦級的世界啤酒，不過現在幾乎無人想重現同樣風格。棕色愛爾啤酒的地位不斷被其他酒種取代，但多虧美國精釀啤酒的釀酒師，他們將棕色愛爾重新打造成充滿新意、令人期待的啤酒，可望在啤酒界找到立足之地。

棕色愛爾啤酒 BROWN ALE

今日市場上有英國棕色愛爾與美國棕色愛爾，前者酒精濃度為 4.0-5.5%，擁有堅果、烤麵包以及烘焙氣息，酒體中等，苦韻中夾雜土味，苦度約 25-35 IBUs，所用的英國啤酒花帶來花卉、泥土與綠籬水果的風味。美式棕色愛爾酒精濃度較高，為 5.0-6.5%，帶烘焙與巧克力味的酒體更豐厚，美國啤酒花散發活潑的花香與柑橘氣息，同時帶來乾澀厚實的苦味，苦度高達 50 IBUs。現在仍找得到一些舊式的棕色愛爾，但現代酒款較受酒客歡迎，特別是美式風格的棕色愛爾 —— 老實說，目前棕色愛爾啤酒在英國很罕見，它在這裡並不流行，而且夾在苦啤酒、愛爾淡啤酒與司陶特黑啤酒之間的尷尬位置。但在美國你可以找到印度棕色愛爾、棕色 IPA 或帝國棕色啤酒，不用我多說，帝國級的風味自然更醇厚。

Baird Angry Boy Brwon Ale

日本，靜岡縣
酒精濃度：6.8%
啤酒花：Nelson Sauvin、Glacier、Cascade

品嚐棕色愛爾啤酒有點像在說：「我們去家具店看看燈罩。」很無聊對吧？棕色、棕色、還是棕色，這啤酒也太無趣了吧。沒想到，Angry Boy卻完全顛覆我的想像。它的酒液呈霧濁狀的暗紅銅色，而就像你在路上碰到漂亮的人會多看兩眼一樣，它的香氣會讓你迅速將鼻子湊回杯緣內側，浸淫在水蜜桃、鳳梨、橘子與些許乾燥藥草味中，雖然聞之低調，卻很清新；酒體帶著乾淨的麥香與溫和的烘焙氣息，散發出太妃糖、堅果、烤麵包與些許黑巧克力的味道，交織啤酒花細膩的芬芳，隨後苦味會使口感變得乾爽。品嚐Angry Boy讓我成為快樂的男孩。

Surly Bender

美國明尼蘇達州，布魯克林中心（Brooklyn Center）
酒精濃度：5.5%
啤酒花：Columbus、Willamette

釀酒師在麥芽漿中加入些許燕麥，使這瓶Bender成為一款燕麥棕色愛爾。燕麥賦予啤酒柔和滑順、細膩飽滿的酒體，並產生圓潤口感。對深色啤酒而言，口感的表現特別重要，因為它們所用的烘焙麥芽會產生犀利酸味，進而使風味變薄、口感發澀。Bender的美味來自它飽滿的酒體，能承載所有烘焙氣息，以及太妃糖、香草與巧克力的味道，啤酒花隱隱散發出菸草與樹葉的氣味，伴隨中果皮的尾韻，整體的口感表現相當均衡和諧。Surly酒廠也有釀製咖啡口味的Bender，他們將Bender與瓜地馬拉的咖啡豆進行冷榨處理，為已經很美味的啤酒，增添濃郁的摩卡風情。如果你是啤酒花至上主義者，那我向你推薦Furious這瓶令人讚不絕口的IPA。

Pretty Things St Botolph's Town

美國麻薩諸塞州，劍橋市
酒精濃度：5.7%
啤酒花：Fuggles

釀酒師用淺色愛爾麥芽、發芽燕麥、烘焙小麥、水晶麥芽、棕色麥芽及黑色麥芽製成麥芽漿，再加上4劑少量的糖分，增添啤酒的顏色與風味，接著加入2種酵母菌：典型的英國酵母與一般的德國酵母，綜合上述一切，最後釀製出這瓶驚豔四方的麥芽傑作St Botolph's。我對Pretty Things酒廠的評價早已突破天際，但他們的啤酒還是能不斷刷新我對他們的激賞（我在筆記本上潦草地寫著：「就像一般啤酒，但味道要好上一百萬倍——那間酒廠是怎麼辦到的？」）St Botolph's以最優雅的方式，帶來極度柔順豐盈的麥香，風味顯著且強悍，令你彷彿置身四度空間，口感複雜又含蓄，你可以一口氣乾掉3瓶仍欲罷不能，Fuggles啤酒花的青草香宛如森林般沉鬱，同時帶來均衡的苦韻，那可能是你畢生嚐過最和諧的風味。

Runa Agullons

西班牙，梅迪奧納（Mediona）
酒精濃度：5.0%
啤酒花：Fuggles、Northern Brewer

從2009年起，Ales Agullons啤酒廠就在巴塞隆納城外的農舍裡開始釀造啤酒。Runa啤酒的美味來自其啤酒花的花卉、林地與薄荷芬芳，酒花的土味苦韻悠長，伴隨烤堅果、可可與黑麥麵包的味道，使它成為一瓶出色的加泰隆風格英式棕色啤酒；易飲性高，入口迸發清新酒花香氣。Agullons酒廠除了有一系列英國風格的啤酒，還會定期推出特色啤酒——你可以留意Septembre的蹤影，這瓶酒混合Pura Pale與拉比克啤酒，上市前經過2年陳放，其水果、橡木與霉味近似昔日農舍釀的葡萄酒。

Cigar City

美國佛羅里達州，坦帕
酒精濃度：5.5-9.0%
啤酒花：每瓶酒款皆不同

　　有生產棕色愛爾的啤酒廠並不多，所以很難得有酒廠會像Cigar City一樣，一年內就推出5款棕色愛爾啤酒，另外又不定時會釀造其他棕色愛爾。他們的Maduro棕色愛爾擁有豐富的麥香和甜美的菸草味；Cubano-Style Espresso帶有土味的烘焙香與香草味，釀造原料中還多了咖啡豆，啤酒的苦味來自麥芽、酒花和咖啡的結合；Bolita Double Nut是瓶酒精濃度高達9.0%的棕色巨獸，充滿烘烤堅果、太妃糖和土味啤酒花的氣息；Improv Oatmeal Rye India-Style Brown Ale是款印度風格的棕色愛爾，啤酒花風味強烈卻細膩；最後一瓶Sugar Plus則是瓶特殊的聖誕棕色愛爾。這5瓶啤酒嚐起來其實有點像不同味道的液體版雪茄。

Nøgne Ø Imperial Brown Ale

挪威，格里姆斯塔（Grimstad）
酒精濃度：7.5%
啤酒花：Columbus、Chinook、East Kent Goldings

　　我曾在倫敦的挪威大使館喝了一整晚Nøgne Ø酒廠的啤酒，若說喝酒的地點，那絕對是我受邀去過最高級的地方。Imperial Brown給人的感覺非常斯堪地那維亞，酒液為深紅褐色，酒體渾厚飽滿，散發太妃糖、堅果、黑麥麵包和微微的巧克力味，別具深邃的英式風味；啤酒花帶著和美的土味與花香，伴隨悠長的苦韻，宣告它們C-啤酒花的身份。它並非風格強勁的棕色啤酒，當麥香越發濃郁，它整體的風味也越顯均衡雅致。Nøgne Ø是挪威精釀啤酒的外交大使，也是斯堪地那維亞的頂尖精釀啤酒廠之一。

8 Wired Rewired Brown Ale

紐西蘭，布倫亨
酒精濃度：5.7%
啤酒花：Pacific Jade、Pacifica、Cascade

　　Rewired意謂重新佈線，它絕對是最適合這瓶啤酒的名字。在品嚐這瓶酒，並探究其美味祕密時，你可以感覺到大腦的神經原相接處在高速活動，不斷捕捉信號、作出反應、稍微中斷後又重新檢驗。我最喜歡Rewired的一點，就是品飲的過程本身就是種享受，並且它還改變了我對棕色愛爾的刻板印象。開瓶後，黑加侖子與春日青草的鮮美氣息首當其衝，麵包與烤吐司的香味中，點綴滿滿一匙糖蜜和烘焙麥芽的悠長苦味，綠籬與烘烤熱帶水果的精煉香氣，則交織著啤酒花的風韻。以前棕色愛爾啤酒會讓我聯想起在昏暗、悶熱的搖滾俱樂部裡，手持Newcastle風格的棕色愛爾，邊裝酷邊試圖向女孩搭訕的那一刻。但當棕色愛爾經過重新配方，舊的回憶彷彿跟著染上了平靜美好的色彩。

在英國酒吧點一杯愛爾啤酒，酒保送上來的就是苦啤酒，苦啤酒是英國啤酒業的主力，原本這個名字只是口語簡稱，作為跟「甜味」淡味啤酒和更苦的愛爾淡啤酒的區別，後來漸漸被廣泛使用。19 與 20 世紀，愛爾淡啤酒與苦啤酒（一開始其實是相同的啤酒）普遍受到歡迎，但就像其他很棒的英國指標（如披頭四樂團、詹姆士・龐德等），苦啤酒在 60 年代贏得地位與身份。當苦啤酒獨自開始發展後，我們便能回溯至較近的歷史。

苦啤酒 BITTER

苦啤酒這個啤酒類型沒有很硬性的風格規定，其關鍵特色在於 3.5-4.5% 的酒精濃度，以及乾爽、酒花氣息鮮明的餘味，這兩者使苦啤酒具備高度的易飲性。成色變化介於金色與黃褐色之間，傳統上會使用英國啤酒花，帶來土味和芳香，但今日多仰賴美國啤酒花推動其風味的發展，苦度從玩笑似的 20 IBUs 到強勁的 50 IBUs 不等。苦啤酒是酒吧啤酒，從裝飾著 50 年代窗簾和地毯的老酒館到國際性的啤酒吧裡，都看得到它們的身影。這是個不斷進化的酒種，現今與周遭金色愛爾、愛爾淡啤酒和深色愛爾啤酒的角力，也許令它們面臨被排擠的危機，但不用擔心，它們不會消失，只是可能會出現新綽號，或慢慢轉為一種更開放、更一般的英式愛爾或社交啤酒。

ADNAMS SOUTHWOLD BITTER

英國，紹斯沃德（Southwold）

`經典酒款`

酒精濃度：3.7%

啤酒花：FUGGLES

　　我非常喜歡Adnams酒廠，他們的啤酒不只美味也很優質，釀酒師勇於嘗試新的風格，並定期推出新款啤酒，你永遠可以在那裡找到瓶好啤酒。Southwold Bitter是他們的主要酒款，於1967年首次釀製，使用酒廠附近所種的麥芽與英國Fuggles啤酒花，擁有十足的英國麥芽經典風味：飽滿豐盈的香氣、難以言喻的嚼勁與烤麵包味。風味獨特的Fuggles帶來強烈的土味與微微花香，水中的礦物質則突顯出酒花的苦味──建議直接從酒桶中取用，能充份體驗其風味的深度和細膩。你可以順便留意酒廠的另一瓶Adnams Innovation，是很棒的現代歐洲IPA，使用Bodicea、Columbus與Styrian Goldings啤酒花，風味清新如春晨，擁有柑橘味及辛香帶土味的餘韻。

Oakham Asylum

英國，彼得伯勒（Peterborough）
酒精濃度：4.5%
啤酒花：Amarillo、Chinook、Cascade、Bramling Cross、Willamette

　　Asylum是英國苦啤酒的終極目標。這瓶Asylum的表現輕盈活潑，整體風味不斷進化。金色的酒液散發微微的討喜甜味，清脆的麥芽酒體之上，聞得到葡萄柚、葡萄與青草香，隨後竄出一股簡潔犀利的苦味，使你的味蕾下意識尋求那第一波甜味的庇護；香氣濃郁，來自美國啤酒花的氣息尤其鮮明，但所有風味又彼此調和得恰到好處。Oakham酒廠只靠釀製風味飽滿的優質啤酒，便躋身英國頂尖啤酒廠之一（你還可以留意Citra和Green Devil IPA這2瓶啤酒的身影）。他們在彼得伯勒的酒廠安裝了供應美味啤酒的出酒龍頭，倫敦火車站有固定的班次開往此處，快去買張車票吧，保證絕對讓你不虛此行。

Toccalmatto Stray Dog No Rules Bitter

義大利，菲登扎
酒精濃度：4.2%
啤酒花：East Kent Goldings、Styrian Goldings、Citra

　　這是瓶義大利風格的英國啤酒，使用了巨量的英國啤酒花與甘美的Citra酒花，將經典酒底徹底改頭換面，創造出驚為天人的風味。羅馬有間Bir & Fud酒吧，除了供應美味的披薩，還有多種不同的啤酒，是我啤酒之旅的必遊行程；就是在那間餐廳，我首次喝到這瓶啤酒。我點了杯紫琥珀色的Stray Dog，然後就像那天稍早我拜倒在特萊維噴泉（Trevi Fountain）之前一樣，啤酒剛送上來，我瞬間就折服在其風味之下：它的香氣中聞得到柑橘與芒果的烘焙香以及胡椒、水蜜桃和杏桃的果味，散發出難以置信的鮮美，伴隨辛辣尖銳的悠長苦韻，跟後來送上來的美味披薩簡直是絕配。

Kent Brewery KGB

英國肯特郡，West Malling
酒精濃度：4.1%
啤酒花：East Kent Goldings、Fuggles

　　肯特郡是英國的啤酒花花園，而Kent Brewery KGB使用的啤酒花，正是這個國家最知名的品種。1970年代，當時有位啤酒花農湯尼‧雷得塞爾（Tony Redsell）向啤酒花營銷委員會（Hop Marketing Board）提議，他在東肯特郡所種的Goldings啤酒花應該擁有獨立的名稱，因為它們跟其他地方的Goldings不一樣。那時啤酒花相關事務都由委員會決議，而他們的回覆是：「好吧。」2012年，湯尼所種植的East Kent Goldings迎來第63次的收成，而他正努力為農場裡其他的啤酒花爭取原產地名稱保護制度的承認。這瓶淺色的苦啤酒善用East Kent Goldings的風味，再加上知名的Fuggles，產生濃郁的酒花香氣，聞得到泥土、柑橘和豐饒的果味，口感輕盈乾爽，帶著樹皮及林地花卉的氣息，伴隨強烈濯口的悠長苦韻——毫無疑問，這是一瓶現代肯特愛爾啤酒。

Mont Salève Special Bitter

法國，Neydens
酒精濃度：4.2%

Brasserie du Mont Salève是法國最好的精釀啤酒廠之一，從酒廠推出的一系列啤酒可以看出他們的世界觀：英國司陶特、比利時黃金啤酒、美式IPA、德國小麥啤酒以及這款很英國的金色苦啤酒Special Bitter。它的麥香徘徊在底層結構，啤酒花則肩負風味重任，除了帶來水蜜桃、糖漬柑橘皮、土壤、青草的鮮美芳香，亦同時賦予提神的植物苦味，香氣聞之令人垂涎、苦味嚐之精神一振。另外，如果你發現他們家的Sorachi Ace Bitter，也千萬不要錯過，雖然它酒感短暫、酒精濃度只有2.5%，但開瓶後滿滿的檸檬、葡萄柚、泡泡糖與草本植物氣息，也是對酒客的美味一擊。

21st Amendment Bitter American

美國加州，舊金山
酒精濃度：4.4%
啤酒花：Warrior、Cascade、Simcoe、Centennial

我喜歡21st Amendment他們家酒罐的樣子，而在嚐過罐中啤酒的滋味後，我無可自拔地淪陷了。Bitter American是瓶特級淺色的社交型愛爾——這是「優質苦啤」的另種誘人說法。我第一次喝這瓶酒時，是凌晨3點在下榻的紐約旅館屋頂上，我邊喝著酒，邊眺望遠處的天際線，那瓶酒與那一刻，構成很難忘的回憶：口中是啤酒的焦糖與麵包味，眼前四周全是摩天大樓，柑橘中果皮、松木、花卉、柳橙的氣息在鼻端縈繞，黃色計程車從下方急駛而過，口感輕盈鮮美，以苦韻作結，從暗夜清新的微風中，傳來城市遠方的嘈嘈喧鬧。這瓶酒風味綺麗，韻味十足，令人難忘。

Social Kitchen & Brewery SF Session

美國加州，舊金山
酒精濃度：4.4%
啤酒花：East Kent Goldings、Bramling Cross

最優質的苦啤酒擁有可讓人仰頭暢飲的易飲性，即使喝上一整晚也不會厭膩。要釀造能吸引酒客、風味出眾的苦啤酒，需要技巧，但SKB酒廠的首席釀酒師金‧史特達凡（Kim Sturdavant）對這類啤酒已駕輕就熟。SF Session是瓶夏季愛爾，英國啤酒花的細緻風味與金色的酒體結合，象徵英國苦啤酒的現代進化；隱約嚐得到麥香，而辛辣又犀利的酒花苦韻非常解渴；這瓶啤酒明是十足英國風格，但不知何故，喝起來卻有舊金山風味。來到SKB，也可順便品嚐料理，在你研究菜單決定要吃什麼時，趁機喝喝看他們的SKB Pilsner，這是瓶風味優雅的拉格啤酒，口感乾爽又美味。

全名為 Extra Special Bitter，是最早的一種啤酒類型，也是現今最棒的酒種之一。第一瓶富樂酒廠的特殊苦啤酒於 1971 年問世，從此開啟這個啤酒風格的發展。今日在倫敦、羅馬、東京、雪梨、洛杉磯與紐約都有 ESB 的蹤影，而在這些知名城市之外，也是無所不在。富樂酒廠的特殊苦啤酒正是這類啤酒的核心，其他的特殊苦啤以它為中心不斷進化，就好像圍繞教會（或酒吧）而擴展的城鎮一樣。

特殊苦啤酒 ESB

特殊苦啤酒有時又被稱為烈性苦啤酒，相當於苦啤酒的風味進階版，保留了苦啤酒特有的提神乾爽苦味，但增加麥芽與啤酒花的用量。麥芽是 ESB 的關鍵原料，卻非主導香氣，英式麥香帶著耐人尋味的餅乾、麥片與焦糖氣味，酒體豐饒，大獲酒客好評。大量的啤酒花則能均衡麥芽酒底的風味，並釋出帶土味的苦韻，苦度約 30-60 IUBs，英國啤酒花的香氣中，聞得到花卉、青草、綠蘿、土壤的氣息（若使用美國啤酒花，則會聞到松木、花朵或中果皮，而非鮮甜的柑橘類果汁味道）。成色通常為琥珀色系，介於深金色至紅褐色，酒精濃度約 5.0-6.5%。最棒的 ESBs 能調和深沉卻不強勢的麥芽酒底、濃郁的酒花苦味及芬芳的果香，從而醞釀出均衡和美的滋味。雖然不是所有的 ESBs 喝起來都跟富樂酒廠的酒款一樣美味，但它們或多或少確實都受到後者的影響。

FULLER'S ESB

英國，倫敦
酒精濃度：5.9%
啤酒花：CHALLENGER、GOLDINGS、NORTHDOWN、TARGET

這瓶酒喝起來很英國，當我在某座村莊裡的板球場旁享用烤肉時，它使我有高唱國歌的衝動。而這瓶啤酒的英式麥香更豐厚濃郁，襯得口感更顯飽滿，啤酒花釋出的苦味黏在牙齦上，同時帶來混合了泥土、烤橘子、草莓園和林地的美妙辛香，整體風味令人彷彿置身溫暖的夏日，肩上揹著一麻袋的啤酒花，邊吃著橘醬三明治邊走在鄉間小路上。桶裝的酒款酒精濃度5.5%，瓶裝則為5.9%，兩者都有豐富的麥香，口感輕盈，交織醉人的香氣，是嚐過一次就難以忘懷的特色啤酒。

Central City Red Racer ESB

加拿大，素里（Surrey）
酒精濃度：5.5%
啤酒花：Horizon、Cascade、Centennial

　　Central City是間位於不列顛哥倫比亞省（British Columbia）的酒吧，也有自行釀造啤酒，他們的一系列Red Racer啤酒，提供酒客罐裝或生啤酒的選擇。這瓶ESB重新詮譯了這類啤酒的經典風味：酒液邊緣泛著淡紅色，選用英國Maris Otter大麥麥芽與水晶麥芽，帶來焦糖、烤堅果與烤麵包的氣味，迷人麥香被美國啤酒花的香氣包圍，混合接骨木花與橙花的馨香，散發胡椒與土味的苦韻湧上，伴隨柑橘中果皮的果味。順帶一提，Red Racer IPA是酒廠最知名的啤酒，風味出色。在Central City酒吧點份豬肉三明治搭配他們的特殊苦啤酒，啤酒的飽滿口感和酒花的芳香，與三明治的鮮美肉汁和醬汁非常對味。

Jämtlands Postiljon

瑞典，Pilgrimstad
酒精濃度：5.8%

　　Pilgrimstad是釀造這瓶Postiljon啤酒的城鎮，啤酒的名字來自當地的水井，那座水井是路過的朝聖者（pilgrims）休息的地方，據說井裡的水擁有神奇的療效，所以他們會在井邊稍事休息後，再啟程前往挪威重要的古老城鎮特隆赫姆（Trondheim）。Jämtlands是瑞典最迷人的啤酒廠之一，裡面掛滿了從各大啤酒賽事中贏回的獎牌。Postiljon這瓶啤酒擁有深紅色的酒液，倒時，黏稠的泡沫緊緊攀住玻璃瓶身，它散發尊崇而高貴的英式風味，耐嚼的麥芽帶來烤麵包與堅果的味道，外圍縈繞淡淡的巧克力和烘焙水果味，啤酒花則賦予啤酒馨香的土味與久纏不去的苦韻。繽紛的各式氣息被濃縮在小小的酒瓶中，口感卻異常乾淨，這也許都要感謝那神奇的井水。

Tallgrass Oasis

美國堪薩斯州，曼哈頓
酒精濃度：7.2%
啤酒花：Northern Brewer、Columbus、Cascade

　　Oasis是瓶採用冷泡法釀製的帝國特殊苦啤酒，擁有7.2%酒精濃度，酒花香氣散發青草和柳橙辛香，麥香中交織著泥土和莓果氣息，隨後93 IBUs的苦味來勢洶洶地席捲了整個口腔；酒感強勁，整體風味卻不可思議地和諧。Tallgrass酒廠的傑夫·吉爾（Jeff Gill）原本只是位業餘的家庭釀酒師，2007年終於實現長久以來的職業釀酒夢想。現在，Tallgrass酒廠生產一系列好看又好喝的啤酒，以16液量盎司（500毫升）的罐子包裝。可以先試試他們的愛爾淡啤酒8-Bit Pale Ale，之後再來瓶小麥啤酒Halcyon Wheat，接著嚐嚐三倍啤酒Velvet Rooster Tripel和另一瓶Buffalo Sweat後，以酒花氣息豐盈的Oasis為這場啤酒盛宴拉下尾幕。

蘇格蘭愛爾啤酒，或稱「WEE HEAVY」，是種麥香鮮明、酒體飽滿的烈性愛爾，於 18 世紀誕生於蘇格蘭。蘇格蘭盛產大麥，卻不適合種植啤酒花（然而 19 世紀時，愛丁堡曾因印度淡啤酒而享譽全球），因此蘇格蘭啤酒風味強調大麥口感和清淡的酒花氣息（偶爾以草本植物或石南來增添風味）。一開始它們屬於「蘇格蘭的愛爾啤酒」這種涵蓋範圍較廣的啤酒類型，到了 19 世紀則因其價位而出名：酒精濃度淡（LIGHT）的啤酒價值 60 先令（寫作 60/-）、重（HEAVY）的啤酒 70 先令（70/-）、更重（EXPORT，出口，因為要賣出口，所以需要更重的濃度以利保存）的 80 先令（80/-），而超過 100 先令（100/-）的蘇格蘭愛爾就被稱作「WEE HEAVY」。所有的蘇格蘭愛爾啤酒都具有相似的麥香與低苦度，但在各地出酒龍頭上所標示的蘇格蘭愛爾，指的則幾乎都是較烈的啤酒。

蘇格蘭愛爾啤酒 SCOTCH ALE

蘇格蘭愛爾啤酒在高溫下進行糖化，以產生焦糖氣息，經典酒款的啤酒花用量很節制，發酵溫度比傳統的愛爾啤酒低（向蘇格蘭的氣候妥協），這意謂它們的果味與發酵後的酯香會相對淡薄。有的釀酒師會使用泥煤燻製的麥芽或煙燻麥芽來釀造，這個結合啤酒與威士忌的構想，為蘇格蘭愛爾帶來艾雷威士忌的營火或泥煤風味。酒液呈紅褐色，酒精濃度為 6.0-9.0%，苦度可能有 30 IBUs，啤酒花的香氣並不濃郁，但能增添整體風味的均衡感，是種意外備受歡迎的啤酒類型，它們鮮明的大麥香氣，跟其他著眼於美國酒花濃郁柑橘味的啤酒，正好形成對比。

Black Isle Scotch Ale

蘇格蘭，摩洛奇（Munlochy）
酒精濃度：6.2%
啤酒花：Pilgrim、Cascade

Black Isle酒廠的啤酒與當地環境和地球有著緊密聯繫，他們堅持只用有機原料來釀造啤酒，酒廠用水取自蘇格蘭高地黑島半島下方的井水，麥渣則會成為農場牲畜的飼料（這間啤酒廠有飼養牛羊）。他們的蘇格蘭愛爾保留了這個酒種的基礎風味，再另外賦予其全新樣貌：酒液呈深紅色，香氣中充滿誘人的焦糖、乾果、烤麵包、木頭和香草味，柔順的麥香碰上藥草與青草的氣息，增添口感的樂趣。這瓶酒還有更烈性的酒款，酒精濃度7.9%，可說是啤酒界的麥芽巨獸，風味表現更強勁、酒花香氣磅礡。與酒廠裡以麥渣餵養的羔羊作成的羊肉料理可謂是天生絕配。

Oskar Blues Old Chub

美國科羅拉多州，朗蒙特（Longmont）
酒精濃度：8.0%
啤酒花：Columbus或Summit（僅為產生苦味）

　　Oskar Blues在2002年推出手工罐裝的愛爾淡啤酒Dale's Pale Ale，掀起罐裝啤酒的革命，酒廠將此稱為「罐裝啤酒的啟示」。從那年起，酒廠規模持續擴張，罐裝生產線升級且啤酒類型逐漸增加，包括雙倍IPA、帝國司陶特以及風味更清淡的皮爾森啤酒。這瓶Old Chub氣勢洶洶地用麥香塞滿整個酒罐，但拉開酒罐拉環卻湧出宜人的香氣，散發蘋果奶酥、香草、紅糖和焦糖堅果味道，底層傳來類似石南或帕爾馬紫羅蘭氣息；紅褐色酒液柔潤順口，有可可、焦糖蘋果與煙燻風味，口感豐饒卻不甜，雖然酒體厚實、麥香逼人，但餘味非常清爽。就像美好的秋日，能趕走科羅拉多州冬天的寒意。

Renaissance Stonecutter Scotch Ale

紐西蘭，布倫亨
酒精濃度：7.0%
啤酒花：Southern Cross、Pacific Jade

　　Renaissance推出了多款皮爾森啤酒、愛爾淡啤酒、IPA、波特啤酒、蘇格蘭愛爾及大麥啤酒等等。只選用紐西蘭啤酒花來釀造，每瓶都帶有獨特的奇異果風味。美味的波特啤酒Elemental Porter擁有濃郁的巧克力香，伴隨皮革、咖啡、花香與香蒜的味道，使我想起一個我努力忘懷的夜晚（但我絕對不會忘記這瓶啤酒）。在Stonecutter Scotch的風味舞台上，上演麥芽的獨角戲，啤酒花從旁哼唱著互補的伴奏；啤酒洋溢太妃糖蘋果、焦糖、可可、烘烤麥芽、葡萄乾、烤杏仁與甘草味道，啤酒花馨香中挾帶胡椒氣息，帶來綠野與莓果的香氛。啤酒花與麥芽的風味鮮美飽滿，同時又不失輕盈易飲的口感。

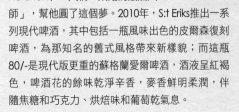

S:t Eriks 80/-

瑞典，斯德哥爾摩（Stockholm）
酒精濃度：5.7%
啤酒花：East Kent Goldings

　　啤酒廠成立於1859年，但直到1881年才定名為S:t Eriks。這個新名字來自他們最熱銷的啤酒S:t Eriks Lager ÖL，酒廠後來逐漸成為斯德哥爾摩最大的啤酒品牌。但到了30年代，酒廠經營慘澹，除了必須遷址，還須面對禁酒令的打擊與被收購的危機。1959年酒廠成立滿百年，他們清空酒槽決定歇業。50年後，故事又翻開了新的一頁，瑞典啤酒進口商格拉提亞（Galatea）取得S:t Eriks品牌的使用權，夢想能重振這個別具歷史意義的品牌聲望。傑西卡・海德里希（Jessica Heidrich），人稱「飛翔的釀酒大師」，幫他圓了這個夢。2010年，S:t Eriks推出一系列現代啤酒，其中包括一瓶風味出色的皮爾森復刻啤酒，為那知名的舊式風格帶來新樣貌；而這瓶80/-是現代版更重的蘇格蘭愛爾啤酒，酒液呈紅褐色，啤酒花的餘味乾淨辛香，麥香鮮明柔潤，伴隨焦糖和巧克力、烘焙味和葡萄乾氣息。

基本上，任何風格介於大麥啤酒、司陶特黑啤、ESB 和 IPA 之間，又無法完全歸類為特定類型的啤酒，都可以稱為烈性愛爾啤酒。這類啤酒往往擁有很高的酒精濃度，約 7.0-11.0%，且多使用大量啤酒花，除了酒精濃度和啤酒花，也找不出其他可以輕鬆定義它們的特色了。有時候，有些啤酒釀造好後，會再陳放上幾年時間慢慢熟成（如果妥善貯藏，陳放期甚至可超過 10 年），有時啤酒則須搶鮮飲用，也有的啤酒既適合陳放亦可鮮飲，端看個人喜好。美式烈性愛爾是精釀啤酒的進化，擁有強勢的酒花風味。這類啤酒的分界線，要從幾個世紀前的英國老愛爾（OLD ALES）說起，為什麼會叫老愛爾呢？因為已經在酒廠中陳放一段時間的啤酒，被送到酒客手中時，確實已經老了，經過時間沉澱，風味更加芳醇，但同時也產生雪利酒般的氧化味及酸勁，新的風味層次更為複雜。「老愛爾」最初並非啤酒類型，而是因其熟成的步驟而得名 —— 如果它們轉型為趁鮮飲用的啤酒，可能就會被改稱為淡味啤酒（MILD）。

烈性愛爾啤酒 STRONG ALE

如果你手中有瓶烈性愛爾（或老愛爾）啤酒，那麼你永遠不知道會碰上什麼味道。這就像俄羅斯輪盤，一切都取決於你放在扳機上的手指將按下什麼。

Fuller's Vintage Ale

英國，倫敦
酒精濃度：8.5%
啤酒花：不一定，但必然是英國啤酒花

我每年都會買半箱富樂酒廠的Vintage愛爾啤酒，趁鮮先喝一瓶，然後把剩下的收到櫥櫃後面，就這樣放上幾年。這是款適合陳放的啤酒，一開始味道就很不錯，陳放3至4年後風味更佳，10年後則驚為天人（前提是你有妥善看護這些啤酒）。2011年，我參加了場垂直品酒會，品鑑來自15個年份的Vintage，那是一次很不可思議的體驗，我感受到時間是如何改變啤酒，其風味可說是高潮迭起（啤酒的熟成並非直線變化，反而更像是高低起伏的波浪）。Vintage Ale每年的釀造配方大抵相似，卻不盡相同。新鮮的Vintage擁有核果味和辛香的啤酒花氣息，味道較苦；陳放越久，櫻桃和杏仁的味道慢慢湧現，其次是葡萄乾與蛋糕的味道；當熟成滿10週年後，又多了雪利酒的風味。推薦你跟我一樣多買幾瓶，看看時間如何帶來驚世美味。

Thornbridge Bracia

英國，貝克威爾
酒精濃度：10.0%
啤酒花：Target、Pioneer、Northern
Brewer、Sorachi Ace

釀酒師使
用甜中帶苦的
義大利栗子蜂
蜜、一長串來
自世界各地的
啤酒花，以及
巨量的不同麥
粒，成就出這
瓶英國最棒的
啤酒。可可、
黑巧克力、新鮮咖啡豆、紅莓、新鮮甜麵
包、白巧克力、薄荷香草、巧克力瑪芬、
烤榛果、甘草、芳香的啤酒花、甜美的煙
燻味……每口都能享受到不同的樂趣。它
的口感滑順而濃郁，苦味厚實，帶土味的
乾爽餘韻會漸漸轉為芳香開胃的氣息，同
時襯托出其他滋味的甜美。喝起來幾乎就
像司陶特黑啤酒，但對Bracia來說，它那
不同凡響的風味配上司陶特黑啤的名字，
又顯得太樸素了。

Stone Arrogant Bastard

美國加州，埃斯孔迪多
酒精濃度：7.2%
啤酒花：酒廠語帶傲慢地說：「這是機密。」

這瓶啤酒充滿挑釁
風味、強烈酒感、豐盈
麥香、濃郁酒花氣息，
還有目空一切的自信，
自信到甚至自闢出美國
烈性愛爾（American
Strong Ale）這個啤酒
類型。這瓶酒象徵今日
Stone酒廠那毫不妥協的
釀造精神，但它的出現
其實肇因於1997年的一場意外。這瓶以鬼臉石像為標
誌的啤酒，是史蒂夫‧瓦格納（Steve Wagner）和格
雷‧科赫（Greg Koch）所犯的美麗錯誤，當時他們
正在試驗酒方，想釀製愛爾淡啤酒，不料卻算錯用量，
加入了過量的原料，沒想到味道超好；幾年後他們又試
了一次，這次還把成品推到啤酒市場上。啜飲一口，帶
來滿嘴的啤酒花味，散發樹脂、松木、柑橘中果皮與胡
椒的氣息，味道非常苦，隱約能察覺含蓄的麥香，指望
嚐到一點甜味，結果是空歡喜一場。你可以買到用6美
制品脫（3公升）大酒瓶盛裝的Arrogant Bastard，如
此驚人的容量，不愧是瓶傲慢的啤酒。

Hair of the Dog Adam

美國奧勒岡州，波特蘭
酒濃度：10.0%
啤酒花：當地種植的啤酒花

這瓶酒的釀造靈感源自Adambier，那是產自德國多特蒙德
（Dortmund）的帝國老啤酒（Imperial Alt），經過妥善熟成，
擁有強勁的酒感和甘美的酒花氣息，Hair of the Dog酒廠找回
Adambier的風味，加以研發後推出具自家特色的復刻酒款。這是酒廠
的第一瓶啤酒，每年釀製3至5次，若發現它的蹤影，一定要把握機會買下。
這瓶酒呈非常深的深褐色，麥芽與啤酒花帶來濃郁的黑巧克力、菸草、烤蘋果、焦糖、剛出爐的肉桂麵
包、淡淡的煙燻味等氣息，散發土壤和木頭味的苦韻股實，餘味經久不息。它充滿令人難以置信的飽滿
風味，喝了全身都跟著暖和起來，很適合冬天飲用，最好再配上一塊風味濃郁的切達起司。

Orkney Dark Island Reserve

蘇格蘭，奧克尼群島（Orkney）
酒精濃度：10.0%
啤酒花：East Kent Goldings、First Gold

奧克尼群島（Orkney Islands）位於蘇格蘭大陸北方，今日在島上，你可以拜訪古老的北歐大教堂與城堡，參觀島嶼周圍的斯丹尼斯立石，在斯卡拉布雷遺跡稍作停留，然後就先點隻螃蟹，並搭配Orkney Northern Light啤酒吧！這是瓶帶柑橘果香、口感清爽的愛爾淡啤酒；接著換上司陶特黑啤酒Dragonhead，邊吃牛排邊享受酒中的美妙煙燻味；最後再品嚐奧克尼的乳酪與這瓶奧克尼愛爾啤酒Dark Island Reserve，它的酒精濃度10.0%，裝瓶之前曾貯放在威士忌酒桶中熟成3個月，滋味使你想到無花果、巧克力、乾果、香草與焦糖，另外伴隨泥土與木頭的氣息；口感有趣、結構複雜、入口溫暖，品飲這瓶啤酒，就好像在劈啪作響的火堆旁，閱讀一本殘破、用皮革裝訂的羅伯特・伯恩斯作品集。

Moon Dog Henry Ford's Girthsome Fjord

澳洲，墨爾本（Melbourne）
酒精濃度：8.0%
啤酒花：Summit、Horizon、Amarillo、Cascade、Glacier

「Moon Dog, Moon Dog; Moon Dog chained; Moon Dog free; Moon Dog, Moon Dog.」在你讀過這首用來為Moon Dog酒廠命名的詩後，很快就會明白他們瘋狂的釀酒精神。這間酒廠致力於釀造全澳洲最大膽、最獨特的啤酒，顯然也正在逐步實現這個目標。這瓶啤酒的酒標上註明它是「比利時美式印度棕色愛爾」（Belgo-American India Brown Ale），釀酒師使用大量美國啤酒花與一種正統修道院啤酒的酵母來釀製，另外還加入了美式愛爾酵母與英國

愛爾酵母。特殊組合的原料帶來很成功的風味，它的味道就像在巧克力香蕉與柳橙上，再撒上紅糖、松針與黑胡椒。

Porterhouse An Brain Blásta

愛爾蘭，都柏林（Dublin）
酒精濃度：7.0%
啤酒花：Galena、Nugget、East Kent Goldings

在愛爾蘭的都柏林或布瑞（Bray）、英國倫敦或美國紐約，你都可以找到Porterhouse酒吧。紐約的Porterhouse就附屬在曼哈頓南方的Fraunces Tavern啤酒博物館裡，這棟歷史悠久的建築裡面收藏著這個國家誕生和成長的記錄。我在倫敦的Porterhouse學到很多啤酒的知識。這瓶An Brain Blásta在蓋爾語中表示「美味的水」（tasty drop），7.0%的驚人酒精濃度，沒人敢輕易嘗試。耐心待啤酒陳放幾年後再開瓶，你將品味到難忘的驚喜：琥珀紅色的酒液中，漾滿莓果和花卉的土壤香氣，風味鮮美誘人，酒體柔順，散發鮮明的莓果、杏仁與乾果味，強烈的苦味隨後襲來，餘韻悠長；口感複雜卻非常有趣。

這是原產自英國的啤酒，因其葡萄酒風味與高酒精濃度而聞名，往往也是啤酒廠裡最烈的酒款。這類愛爾啤酒的厚實酒液，是以用 parti-gyle 法萃取的第 1 道麥汁釀製而成，釀酒師先將較濃郁的第 1 道麥汁引入煮沸鍋，再把濃度次之的第 2 道麥汁引入另一個煮沸鍋，如此一來，便能利用同一桶麥芽漿釀製出不同的啤酒。這些麥汁煮沸後加入不同的啤酒花，再進行個別發酵。大麥啤酒會隨時間改變風味，最後形成一股不合時宜的酒勁，於是面臨從吧台上消失的危機。但當大麥啤酒在 70 與 80 年代傳入美國西岸，高酒精濃度正是 Anchor 與 Sierra Nevada 這兩間酒廠所追求的，大麥啤酒於是挾帶新的風味，風靡全世界。

大麥啤酒 BARLEY WINE

現在市面上幾乎找不到舊式風格的大麥啤酒，英國和美國大麥啤酒取而代之捲起新風潮。兩者的基礎風味很類似，酒精濃度都很高，約 8.0-12%，有豐富的麥芽、焦糖、紅糖、堅果、多汁或乾燥的水果氣息，滋味深邃，酒體飽滿，口感柔順。英國大麥啤酒擁有莓果味的酒花香氣和帶土味的犀利苦韻，苦度約 40-70 IBUs；美國大麥啤酒則偏像雙倍 IPAs，苦味渾厚（苦度約 60-100 IBUs），肆意添加的美國啤酒花帶來澎湃的烘焙柑橘與松木香氣。這兩類啤酒都經過妥善熟成，但是啤酒花奔放的香氣隨著時間推移，會逐漸沉澱、圓熟。

ANCHOR OLD FOGHORN

美國加州，舊金山
酒精濃度：8.0-10.0%
啤酒花：CASCADE

經典酒款

今日隨處可見來自美國的許多不同酒種，但回到1975年，第一次釀造 Old Foghorn 時，情況完全不同。這是美國的第一瓶大麥啤酒，這瓶開創性的酒款拉開小型釀酒廠復興運動的序幕，同時也為啤酒市場引進全新風味。釀酒師採用古老的parti-gyle萃取法，用甜度最高的第1道麥汁釀造這瓶烈性啤酒，第2道麥汁則用來釀造Small Beer（酒精濃度3.3%）。在釀製Old Foghorn時，釀酒師毫不手軟地加入大量啤酒花，並待酒液冷卻後，另外添加帶葡萄柚與花香的Cascades啤酒花（新鮮的Cascades有著色澤鮮豔的花蕾）；酒液呈紅褐色，散發乾果、可可、烤麵包和糖蜜的味道，來自啤酒花的辛辣苦韻被麥芽的香甜柔化，醞釀出絕妙熟成風韻。

Nøgne Ø 100

挪威，格里姆斯塔
酒精濃度：10.0%
啤酒花：Columbus、Chinook、
Centennial

#100

　　這是Nøgne Ø
啤酒廠的第100瓶啤
酒，因為風味絕佳，
被增列為固定生產的
酒款。它的酒液呈栗
褐色，帶著烤麵包、
焦糖、水果麵包與
巧克力的味道，煙燻香和香料味掩蓋了低調
的啤酒花香，但輕啜一口便能嚐到酒花那細
膩的苦韻、藥草的氣息和香料芬芳。秋夜絕
對是享受它的最佳時機，再配上一塊乳酪，
麥芽的甜味和乳酪的乳脂很般配，啤酒花則
能中和甜膩。大麥啤酒幾乎可以搭配任何一
種乳酪，其中跟藍紋乳酪的組合特別美味。
Nøgne Ø也有日本清酒，他們可是歐洲第
一間釀造日本清酒的啤酒廠，帶著Nama-
Genshu清酒，跟上這瓶100的美味吧。

Marble Barley Wine

英國，曼徹斯特（Manchester）
酒精濃度：10.7%
啤酒花：Goldings、Green Bullet、Pacific
Gem、Motueka、Simcoe

　　Marble酒廠以淺色、帶酒花香氣、酒精濃度低
的啤酒而聞名，例如Manchester Bitter，酒精濃度
4.2%，是瓶現代版的經典英式苦啤酒，酒花氣息鮮
明，柑橘與熱帶水果的氣息縈繞在乾淨的酒體上，令
人不住想舉杯痛飲。除此之外，他們也生產了多種特
色啤酒，包括夏季啤酒、
三倍啤酒、帝國司陶特
以及這瓶大麥啤酒。這瓶
大麥啤酒可是酒款中頂級
酒款的典範：英式的酒底
散發乾果、糖蜜與巧克力
味，隨後新世界啤酒花的
苦味源源湧現，在磅礴的
香氣中，聞得到柑橘中果
皮、多汁的松木、胡椒與
花香紅茶的氣息；這是瓶
經典酒款的超現代詮譯，
同時反映出Marble酒廠的
現代精神。

Montegioco Draco

義大利，蒙泰焦科（Montegioco）
酒精濃度：11.0%
啤酒花：Fuggles、East Kent Goldings

　　霧濁的深紅色酒液帶著厚實的泡沫層，誘人的清新香氣令人陶醉，酒中散發出
花草和阿蒙提拉多雪利酒（Amontillado sherry）的氣息，同時交織著淡淡堅果和
無花果的味道。啜飲一小口，乾果與豐厚的堅果味即刻在口中迸發，不會太甜，啤
酒花帶來柔和的核果、杏乾味，伴隨優雅的苦韻，使複雜的風味層次更加出色，
藍莓的花香與果味很細微，雪利酒的味道則很明顯，非常醉人；這瓶啤酒很適合
冷藏後倒入小玻璃杯於餐前飲用，或者搭配開胃菜享用。再看看Montegioco酒
廠的其他啤酒：La Mummia是桶中熟成的酸啤酒，偏酸又柔潤的口感令人難忘；
Quarta Runa原料中加入了水蜜桃，使辛香乾澀的酒體多了一股杏仁味；Bran則
是瓶烈性的比利時愛爾，洋溢糖蜜、乾果、香料和巧克力的味道。

À l'Abri de la Tempête Corps Mort

加拿大，馬德蘭群島（Îles-de-la-Madeleine）
酒精濃度：11.0%
啤酒花：Hersbrücker

　　À l'Abri de la Tempête啤酒廠位在聖羅倫斯灣上的馬德蘭群島海邊，這裡是新斯科細亞省的北面，也是魁北克的一部分。酒廠的名字意謂「暴風雨的避難所」，使用當地的大麥來釀酒，因其獨特的地理位置，這裡的土地長期受到含鹽份的海風侵襲，所以種出來的穀物含有特殊的風土氣息。Corps Mort是瓶鹹味大麥啤酒，使用了一些煙燻大麥來釀製（而處理大麥的燻製房，原本是用來燻製鯖魚和鯡魚）；它的酒液如夕陽般呈琥珀色，散發木質的煙燻味及海邊微風的鹹味，主導氣息是甜美的煙味，伴隨柑橘醬、紅糖與花卉果實的味道，淡淡的鹹味能為整體風味加分，使口感變得極其複雜又非常有趣。

AleSmith Old Numbskull

美國加州，聖地牙哥
酒精濃度：11.0%
啤酒花：CTZ、Chinook、Cascade、Palisade、Amarillo、Simcoe、Summit

　　這間啤酒廠的印度淡啤酒AleSmith IPA是全世界最棒的美式IPAs之一，散發柑橘、水蜜桃與杏桃的果味，擁有我這輩子喝過最乾淨的酒花苦韻。他們的Speedway Stout則是全世界最棒的帝國司陶特之一，酒體豐滿帶烘焙香，卻有不可置信的柔順口感，唯有在波本威士忌木桶中熟成的同款司陶特才能勝過它，因為後者多了焦糖與香草的氣息，風味更勝一籌。X這瓶酒果味迷人、滋味甘美、易飲性驚人，每次發現它的蹤影，我都恨不得把貨架全部搬空。Lil Devil與Horny Devil展示出比利時啤酒的美味實力，出色地重新詮釋經典風味。這瓶Old Numbskull：酒液呈深紅色，酒感內斂，瑰麗的香氣帶著乾燥與新鮮的果息，混合糖果、香草和椰棗的味道，啤酒花的柑橘與樹脂風味交織其間，同時留下了悠長的苦味刺激，桶中熟成款風味更佳。簡單説吧：我愛死AleSmith的所有啤酒了。

Brouwerij 't IJ Struis

荷蘭，阿姆斯特丹（Amsterdam）
酒精濃度：9.0%
啤酒花：NZ Hallertauer

　　荷蘭是歐洲另一個生產優質啤酒的重鎮，受到德國、比利時與美國啤酒的啟發，這裡的各種啤酒令其他多數的釀酒國相形見絀。如果你到阿姆斯特丹（你應該去看看，因為那是座很棒的酒城），就走一趟Brouwerij 't IJ，這裡有間品酒室你絕對不能錯過，它就位在一座風車下方。將Struis倒進玻璃杯中，能欣賞到紅褐色的美麗酒液，它有著乾果、果園水果、辛辣的酒花氣息、紅糖烤李子、酯味果香以及淡淡辛香，風味介於大麥啤酒和比利時四倍啤酒間。當地的農夫會拿用過的麥粒來餵羊，擠出來的羊奶可製作Skeapsrond乳酪，釀酒師再收取這種乳酪作為提供麥粒的報酬。一起在風車下喝Struis啤酒配Skeapsrond乳酪吧。

煙燻啤酒與 RAUCHBIER

煙燻麥芽的歷史可以回溯至幾世紀以前，當時有人將麥粒放在火上乾燥，進而促成煙燻風味的誕生。現在這個燻製步驟受到更有條理的管控，市面也有煙燻麥芽的成品可供購買。煙燻麥芽擁有許多風味，例如蘇格蘭威士忌、烤焦味，以及用來乾燥或燻製麥粒的燃料味。Rauchbier 是來自德國班貝格市（Bamberg）的經典煙燻啤酒，使用山毛櫸燻製的麥芽來釀造，味道很像煙燻香腸。使用泥煤燻製的麥芽，會產生類似艾雷威士忌的強勁酚味，聞起來像泥土，也有的煙燻麥粒會釋出營火的味道。順便一提，重度烘烤大麥雖然未經燻製，卻也可以賦予啤酒灰燼、煙燻的風味。大部分的煙燻麥芽色澤灰白，是麥粒配方中風味強烈的添加物。

　　其實任何類型的啤酒都可以用煙燻麥芽來改變其風味，而今日班貝格風格的Rauchbier 逐漸自成煙燻啤酒的一類。煙燻啤酒的風味變化幅度很大，有的酒勁薄弱、有的強烈，苦度有的低、有的高，成色表現有的啤酒如皮爾森般淺淡，也有的堪比司陶特黑啤的深鬱。包裹在煙燻味中的美味精華，為啤酒增添有趣的口感及令人垂涎的複雜性。啤酒的燒烤、培根煙味跟肉品的煙燻味完全一樣，誘騙你來體驗一場鮮味連擊，也讓這類啤酒特別適合搭配食物一起享用。

AECHT SCHLENKERLA RAUCHBIER MARZEN

德國，班貝格
酒精濃度：5.1%
啤酒花：HALLERTAUER MAGNUM

經典酒款

　　它聞起來像培根！首次接觸Rauchbier的人往往都是這個反應。這是瓶來自德國班貝格市的拉格啤酒，Schlenkerla在德文中意謂「走不直」，起初是酒廠中一位釀酒師的綽號，他因為一場意外而跛腳，沒想到酒廠最後竟以他那特有的步伐來命名。Schlenkerla啤酒廠有間自己的麥芽廠，煙燻啤酒的獨特風味便源自那裡：麥粒發芽後，會被放到山毛櫸木上方燻製，吸收所有的煙燻氣息。他們生產的啤酒類型範圍很廣，包括烏爾勃克啤酒（Urbock）、淡啤酒（並非以煙燻麥芽釀製，但依稀帶有煙燻味）、小麥啤酒等等。這瓶Märzen酒液為銅褐色，聞起來像煙燻肉，麥香濃郁，口感飽足；它異乎尋常的風味意外刺激食慾，就像酒廠說的：「即使這瓶酒第一口味道有點怪，但很快你就會欲罷不能，心情也逐漸飛揚。」當你喝到醉醺醺地走不直時，這話聽起來相當中肯。

Beavertown Brewery Smog Rocket

英國，倫敦
酒精濃度：5.4%
啤酒花：Challenger、East Kent Goldings

Beavertown啤酒廠的釀酒師必須一大早就起來工作，因為燻製麥芽的烤爐與糖化桶、煮沸鍋放在不同的地方，烤爐位在Duke's Brew and Que這間小酒館裡，但酒館和酒廠正好處在相反方向。釀酒師待麥芽糖化、濾除麥渣後，必須趕在廚師打卡上班前，將麥汁轉移到酒館地窖中的

酒槽貯放。Duke's酒館由拜倫和洛根（Byron and Logan）搭檔經營，那裡除了啤酒，還供應噴香的烤肉。這瓶倫敦波特Smog Rocket是會令酒客在大快朵頤時，忍不住擊掌叫好的佳釀，以煙燻麥芽釀製，風味會令你聯想到燒焦的木頭、焦香的肉塊、威士忌和可可。如果有什麼食物跟啤酒天生註定是絕配，那一定就是Smog Rocket與Duke's裡的烤肋條。在你等待食物時，也可試試8 Ball Rye，這是瓶辛香、美式風格的黑麥IPA，充滿著奔放的柑橘味。

富士櫻高原麥酒
Rauch Beer

日本，山梨縣
酒精濃度：5.5%
啤酒花：Perle

你人生中第一口的Rauchbier，很可能令你永生難忘，不是喜歡，就是討厭。然而，就像隨著年紀漸長，越能體會；面對Rauchbier，第一口的煙燻味也許令人錯愕，但在幾瓶煙燻啤酒下肚後，你反而會「啊哈！」一聲豁然開朗，突然間理解它的美妙。那天，我邊喝酒邊享用鮭魚生魚片，後來又點了碗拉麵，當拉麵那鹹香開胃的湯頭遇到啤酒的煙燻味，瞬間爆發出的驚人鮮味，讓我終於頓悟。富士櫻酒廠的Rauch可以重現那股風味，它除了擁有烘烤穀粒的氣息，還帶著微微像肉類烤焦後的焦糖味，啤酒花的新鮮草味能舒緩拉麵湯頭的濃膩，最後則以酒花奔放的香氣為這次的味覺饗宴拉下尾幕。

Yeastie Boys Rex Attitude

紐西蘭，威靈頓
酒精濃度：7.0%
啤酒花：Willamette

你喜歡有泥煤味的威士忌嗎？有些威士忌味道苦澀，帶有酚味、泥煤味，強烈的酒勁像陣充滿惡意的蘇格蘭狂風吹得你頭痛欲裂。但我卻愛死它們了。這類威士忌的風味，來自其釀造用水與用泥煤燻製的麥芽——那種麥芽被放在泥煤碳火上烘乾，火息盤旋向上融入麥粒中，使它產生獨特風味。泥煤燻製的麥芽常用於釀造威士忌，在啤酒廠裡則很少見，而Rex Attitude就是瓶不同凡響的例外。這瓶啤酒使用的泥煤燻製麥芽，在原料中所佔的比例可不小，以百分之百的泥煤燻製麥芽釀造而成，外觀呈柔金色，香氣就像一座沸騰的泥塘，散發出碳土、木質煙味、木炭與OK繃的味道；絕對是獨一無二、超群絕倫的味道，它喝起來像威士忌，但尾韻的鮮美酒花氣息，提醒了你它仍然是瓶啤酒。

Ölvisholt Brugghús Lava

冰島，塞爾福斯（Selfoss）
酒精濃度：9.4%
啤酒花：First Gold、Fuggles

　　「Lava」（岩漿）這個名字巧妙地概括了這瓶酒的特色。從酒廠位於的農場可以看見冰島著名的海克拉火山。打開瓶蓋，酒中猛烈的煙燻味宛如夜間的火山爆發，來勢兇狠，燻製房、糖蜜、摩卡咖啡與酒精的灼熱感從瓶口奔流湧出，泛著光澤的炭色酒液彷彿稠密的熔岩流，散發出濃郁的煙燻氣

息，厚實柔順的酒體中，洋溢烘焙麥芽的焦香、巧克力、糖蜜與帶洋茴香籽味的水果蛋糕氣息。這瓶啤酒的煙燻味並不低調，但表現卻非常和諧有趣。如果你覺得這瓶「火山」令你無法招架，那麼可以改試試Skjálfti，這瓶拉格啤酒的名字意謂「地震」。如果想遠離自然災害，那我另外推薦白啤酒Freyja，它清爽的風味能令死灰復燃，故冠以北歐掌管豐饒、生育的女神之名。

Bamberg Rauchbier

巴西，聖保羅
酒精濃度：5.2%
啤酒花：Magnum

　　你可以先想像一下楓糖煙燻培根，因為這瓶酒聞起來就是那個味道。Cervejaria Bamberg酒廠的這瓶煙燻啤酒擁有最貼近原味的風味深度，但較為溫和，酒中甜美的煙味釀然誘人，酒液為餘燼般的紅色，帶著尼古丁似的黃色泡沫。它的風味表現可以分成3部分：首先以淡淡的香甜楓糖漿打頭陣，中接著核果、烤焦栗子與帶土味的烤麵包香（伴隨煙味的輕聲問好），最後淡淡甜味再次冒出頭，在煙味的包圍下，襯得整體風味更加圓潤飽滿。這瓶啤酒很適合跟巴西的米豆料理一起享用，配上燻豬肉味道更佳。這間啤酒廠於2005年開始釀酒，穩定的品質使其成為巴西最傑出、最受敬重的精釀啤酒廠之一。

Brasserie des Franches-Montagnes The Tarry Suchong

瑞士，侏羅州（Jura）
酒精濃度：6.0%
啤酒花：East Kent Goldings

　　啤酒的釀造靈感可以來自許多地方，但說來奇怪，這瓶啤酒竟然想重現瑞士Travers地區的瀝青礦床。不管怎樣，BFM酒廠付諸行動，釀造出這瓶不可思議的啤酒。使用德國班貝格的山毛櫸木燻製麥芽，另外再加入正山小種紅茶，這種紅茶茶葉經松木燻製乾燥，有著宜人的營火味，融合培根和營火的味道，使The Tarry Suchong成為一款饒有興味的飲品。這瓶琥珀色的啤酒帶有香甜的煙燻味、燃燒的松木味以及木頭和花朵的茶葉香，而在茶葉釋放泥土煙味、單寧酸味，並帶來草本植物的乾澀餘味前，會先聞到濃郁的果香。我從未去過瀝青礦坑，但這瓶酒使我興起一探究竟的欲望。

牛奶與燕麥司陶特 MILK AND OATMEAL STOUT

我實在很難抗拒牛奶或燕麥司陶特的誘惑，我愛極了它們那乳脂般細緻、微甜、帶堅果和巧克力味的飽滿酒體。牛奶和燕麥風味相似，比乾性司陶特更甜、奶油味更濃，風味則不像美國司陶特那般強勢。牛奶司陶特又稱為甜味司陶特（SWEET STOUT），以 MILK SUGAR 乳糖或不能發酵的 LACTOSE 乳糖來釀製，乳糖的甘美濃郁感會留在啤酒中。燕麥司陶特，顧名思義它的麥芽配方中有一項就是燕麥，它會賦予啤酒柔和、細膩與滑順的口感。在 20 世紀早期與中期，兩者被視為滋補飲品，尤其針對孩童與體弱多病者提供營養。有趣的是，在 18 世紀時，司陶特一開始可以用來指稱任何顏色的烈性啤酒，到了 1907 年，MACKESON'S 啤酒廠推出了第一瓶牛奶司陶特，這時只要是黑啤酒都可以被稱為司陶特，而不一定是指烈性啤酒。

經典司陶特啤酒帶有黑巧克力和咖啡的味道，但牛奶與燕麥司陶特的這股氣息較為微弱。這類啤酒喝起來不應該含有甜味，你嚐到的應該是柔潤的口感，並聞到淡淡討喜的甜香；兩者的苦度向來不高，啤酒花香氣淡薄甚至無味；酒精濃度為 3.0-7.0%，牛奶司陶特通常濃度較低，雙倍燕麥司陶特濃度則較高，是酒感更強烈的司陶特啤酒；牛奶司陶特的苦度很少超過 25 IBUs，但有些燕麥司陶特則可能達到 40 IBUs。最佳的牛奶與燕麥司陶特擁有柔順豐盈的飽滿口感，嚐不到黑麥芽的酸味。

Bristol Beer Factory Milk Stout
英格蘭，布里斯托（Bristol）
酒精濃度：4.5%
啤酒花：Challenger、Fuggles

布里斯托是個國際重鎮，也是英格蘭西南部蘋果酒的主要產地，這個城市已逐漸成為享用好酒美食的最佳去處，而在優秀的啤酒廠 Bristol Beer Factory領軍下，啤酒產量不斷增加。酒廠目前所在的建築，過去曾是Ashton Gate Brewing Company酒廠的據點，那棟建築與啤酒已有2個世紀的淵源，並於2005年迎來BBF酒廠的進駐。他們生產了一系列很棒的啤酒，包括受美國啟發的Southville Hop IPA，酒精濃度6.5%，以及美式愛爾淡啤酒Independence，酒精濃度4.6%，洋溢Amarillo、Cascade和Centennial啤酒花的氣息。身為一位牛奶司陶特的愛好者，這瓶啤酒讓我百喝不膩。它擁有絕佳的柔順口感，酒體中帶有細膩的甜味與奶油香，最後以均衡的莓果苦韻畫下圓滿句點。與辣椒超配的。

Portsmouth Oatmeal Stout

美國新罕布夏州，樸次茅斯
（Portsmouth）
酒精濃度：6.0%

這瓶啤酒正是我愛上燕麥司陶特的契機。每年我都會在英國啤酒節上發現不曾見過的美國啤酒，而遇到這瓶司陶特啤酒的那一年，我因為它在同一個攤位前流連一整天。那天我買了這瓶Portsmouth Oatmeal Stout，另一位朋友則點了IPA，然後在接下來的幾分鐘內，我們完全陶醉在這2瓶啤酒的美味魅力中。這瓶燕麥司陶特甜美的滋味就像牛奶巧克力融化在舌尖上，點綴著甜蜜的榛果氣息，溫和的餘韻中嚐不到一絲苦味，只有悠長的巧克力燕麥在口中起舞，啤酒花帶淡淡的柳橙香氣，意外增添了美妙的風韻。如果所有的燕麥司陶特喝起來都跟它一樣，那就好了。

Elizabeth Street Brewery Daddy's Chocolate Milk

美國加州，舊金山
酒精濃度：5.0%
啤酒花：Cluster、Goldings

理查・海伊（Richard Hay）娶了一位釀酒師——正如字面所示，他的老婆名字就叫艾莉・布魯爾（Allie Brewer），小寫的brewer在英文中就是「釀酒師」的意思，而現在他們兩人的姓氏都改用複姓布魯爾——海伊（Brewer-Hay）。理查在舊金山的家便是他釀酒的地方，這點就跟本書裡提到的其他啤酒不太一樣。在他家地下室的英國風酒吧裡，可以喝到理查釀造的啤酒。由於那裡不是正規的酒廠或酒吧，他不能與來喝酒的人收費，因此他索性提供免費的啤酒，而客人在離去時，則會購買一頂20美金的帽子作為消費支出（或者小費給得很大方）。Daddy's Chocolate Milk是瓶超棒的牛奶司陶特，我光看到名字就覺得口乾舌燥，似乎已經可以嚐到那交織烘焙苦韻的巧克力牛奶香，既醇厚又濃郁。給理查發封電子郵件問問，何時能再到他家那間不得了的酒吧，品嚐這瓶了不得的啤酒。

DADDY'S CHOCOLATE MILK

NOE VALLEY - SAN FRANCISCO

Tiny Rebel Dirty Stop Out

威爾斯，紐波特（Newport）
酒精濃度：5.0%
啤酒花：Columbus、Styrian Goldings、Cascade

Tiny Rebel酒廠用南半球的啤酒花釀製出不少優質啤酒，例如Full Nelson這瓶毛利愛爾淡啤酒（Maori Pale Ale），以及全用澳洲啤酒花釀造的愛爾淡啤酒Billabong，這2瓶桶裝啤酒都充滿了新鮮的酒花氣息，口感輕盈、風味優雅；Cwtch是瓶用愛心和耐心釀造的威爾斯紅色愛爾，味道使人想起吐司上抹的柑橘醬；再來講到這瓶燕麥司陶特Dirty Stop Out，以甜美的煙燻麥芽釀製，為柔順的酒體帶來摩卡咖啡、花香與微微的營火味。如果你喜歡比利時巧克力的話，可以試試他們家的另一瓶啤酒Chocoholic。準備好迎接這隻罩著風帽的叛逆小熊來找麻煩了嗎？

Bierwerk Aardwolf

南非，西開普省（Western Cape）
酒精濃度：8.5%

　　即使有像Bierwerk這樣的新興啤酒廠的努力，南非的啤酒文化依然相對落後。Aardwolf是瓶烈性的甜味司陶特，原料中多了非洲的咖啡豆，釀酒師會把部分的酒液置於法國橡木桶中熟成，之後再把桶中熟成的酒液混回原本的啤酒中；酒液黑中泛紅，如油脂般的濃稠質地迸發出巧克力、焦糖與香草橡木的氣息，夾雜著烘焙與深色水果的味道，甜美的糖蜜尾隨其後，其魅惑的甜味混合咖啡的成熟風韻，形成令人驚豔的口感組合。隨著南非的啤酒花種植面積增加，我們可以期望，未來會有更多啤酒使用南非啤酒花來釀造——這裡的酒花品種包括Southern Promise、Southern Star以及Southern Brewer。

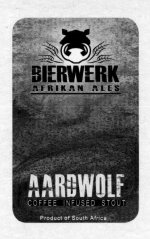

Le Brewery Odo

法國，茹埃迪布瓦（Joué-du-Bois）
酒精濃度：6.6%
啤酒花：Challenger、Styrian Golding、Cobb

　　全世界第一瓶牛奶司陶特出自Mackeson's啤酒廠，當時是1907年，酒廠在英格蘭肯特郡的沿海集鎮海斯（Hythe）推出了這瓶美味的啤酒。那是個酒精濃度只有3.0%的有趣甜點，口感如奶油般滑膩，帶點焦糖巧克力的氣息。史蒂夫·史基斯（Steve Skews）於2001年創立Le Brewery啤酒廠，他的目標是要把優質啤酒引進以蘋果酒為尊的諾曼第，我們知道他成功了。史蒂夫在酒廠內自行種植啤酒花，在他那可以看到今日已經很少見的古老英國品種Cobb。這瓶Odo是麥香柔順的牛奶司陶特，帶有深鬱的烘焙氣息、悠長的藥草芳香，以及甜美的泡泡糖與根汁汽水味道，整體形成絕佳的複雜度；搭配附近所產的卡芒貝爾乾酪口感一絕，若乾酪再經過烘烤，則美味翻倍，啤酒濃郁的烘焙香和乳酪融化後的香醇滋味非常契合。

Brewfist Fear

義大利，科多尼奧（Codogno）
酒精濃度：5.2%
啤酒花：Magnum

　　在羅馬的時候，我的朋友里歐說我們絕不能錯過梵蒂岡城外的Pizzarium。沒想到他們的披薩會這麼好吃（永遠是我心目中的前3名），後來我們又去了一次，這次點了上面鋪有馬鈴薯和乳酪的披薩，然後從冰箱拿了瓶酒標設計前衛的啤酒，敲開瓶蓋，就著瓶口直接灌了一大口。桌上撒滿乳酪的披薩香濃油膩，上面的馬鈴薯有點不太容易消化，但是吃起來還是很清爽酥脆；而我手中的牛奶巧克力司陶特口感滑順，散發豐滿的香甜堅果與巧克力味，與桌上的披薩完全是天作之合。

除非你的司陶特啤酒前面冠了牛奶、甜味、燕麥、美國或帝國等名稱，不然那瓶上方頂著細膩白色泡沫的黑色啤酒，可能就是一瓶乾性司陶特。19世紀初期，倫敦一間最大的啤酒廠BARCLAY PERKINS推出了一款淡色司陶特（PALE STOUT）。在當時，「司陶特」（STOUT）僅是指烈性啤酒，與成色毫無關聯，它只是一個稱號，讓酒客知道他們喝的是比一般啤酒更強勁的酒款。為有所區分，民眾可以買淡色司陶特、棕色司陶特（BROWN STOUT）或司陶特波特啤酒（STOUT PORTER）。到了1840年代，司陶特已經成為烈性黑啤酒的代名詞，不再有淡色司陶特。轉眼間經過60年，現在「司陶特」已不再令人聯想到烈性啤酒，反而只要是黑啤酒都能冠以司陶特之名。這類啤酒源自倫敦，卻在愛爾蘭走紅，不同風格的司陶特也從這裡開始個別發展。

乾性司陶特 DRY STOUT

乾性司陶特外觀為深棕色至黑色，在裝瓶之前，可能會被灌入氮氣，以健力士酒廠的酒款為例：由於氮氣的氣泡比二氧化碳更小，所以啤酒喝起來會更覺醇厚柔膩。麥芽的烘焙苦味遇上啤酒花的苦韻，使苦度可高達40-60 IBUs；整瓶酒洋溢咖啡和黑巧克力的烘焙香味，伴隨深色水果、焦糖、土味，以及偶爾出現的煙燻味；尾韻乾，幾乎沒什麼甜味，許多乾性司陶特會帶著些許麥芽酸味；酒精濃度溫和，約4.0-5.5%。發源自倫敦，卻在愛爾蘭都柏林一舉成名，現在全球都看得到它的蹤影。

Dungarvan Black Rock Stout

愛爾蘭，Dungarvan
酒精濃度：4.3%
啤酒花：Northern Brewer

　　愛爾蘭所產的司陶特啤酒不只一種。以Porterhouse酒廠為例，他們的超級司陶特啤酒，口感顯著而乾淨、風味濃郁且飽滿；O'Hara's酒廠的Irish Stout成色深、滋味乾冽而馥郁；至於其他酒廠，例如Trouble Brewing，則另外推出了波特啤酒。再來就是Dungarvan酒廠的這瓶Black Rock Stout，以愛爾蘭東南岸Dungarvan港口上的岩石地標為名。這瓶酒的酒花風味一開始就令它脫穎而出，鮮嫩、青草、草本植物的氣息充塞整個口腔，柔滑的巧克力與微微的香草軟糖味尾隨其後，接著烘焙氣味湧現，帶來一股悠長、乾爽的苦韻，麥芽與酒花在其中二度相會，共譜出響亮的安可曲。這些出色的精釀愛爾蘭司陶特，重新定義了司陶特啤酒傳統的美味。

Brasserie Sainte Hélène Black Mamba

比利時，維爾通（Virton）
酒精濃度：4.5%
啤酒花：Citra、Simcoe

　　Brasserie Sainte Hélène啤酒廠在1999年開始大量銷售啤酒，2011年他們重新包裝品牌，酒標的新圖樣時髦且大膽，廠內並增設裝瓶設備，以提高並維持啤酒品質、增加生產速度。瓶身上醒目的標籤帶來新的視覺衝擊，而裡面的啤酒則帶來令人回味的口感享受。La Grognarde是瓶比利時黃金啤酒，酒精濃度5.5%，使用Brewers Gold和Saaz啤酒花，擁有帶草味的清新香氣，以及會纏住舌頭的大量苦味；三倍啤酒Gypsy Rose，相對高達9.0%的酒精濃度，口感卻意外優雅輕盈，最後以莓果、杏仁和悠長的果味苦韻畫下句點。至於這瓶乾性司陶特Black Mamba，以美國啤酒花釀造，散發出烘烤柑橘果皮、咖啡、燒焦的木頭、黑可可與隱約的太妃糖味，最後再以突襲而來的酒花苦韻作結；啤酒花與黑麥芽攜手合作，配上飽滿、酒精濃度適中的酒體，形成很俏皮的風味組合。

Pelican Tsunami Stout

美國奧勒岡州，太平洋市（Pacific City）
酒精濃度：7.0%
啤酒花：Magnum、Willamette

　　位在太平洋市的啤酒廠Pelican Pub & Brewery有超出色的啤酒、超好吃的食物及超漂亮的美景。坐在奇汪達海岬自然區域邊的城鎮濱海區，遠眺距沙灘半英里遠的Haystack Rock海蝕柱，愜意地享用啤酒。Tsunami Stout是瓶風味渾厚、乾爽的司陶特，酒液呈黑色，充滿滑潤的巧克力味、咖啡烘焙香、太妃糖、甘草、椰子與深色水果氣息，極度柔順的餘韻，很適合搭配食物，與這瓶啤酒最契合的料理，他們推薦Tsunami Stout辣肉醬或煎生蠔。

Minoh Stout

日本，Hokusetsu
酒精濃度：5.5%
啤酒花：Perle、East Kent Goldings

　　1997年，大下麻由子和大下香織的父親買下一間啤酒廠，在這對姊妹的經營下，Minoh酒廠獲獎無數，更是全日本最有趣的一間啤酒廠。這間酒廠座落在大阪北部，那裡以美麗的瀑布和逗趣的野生猴子而聞名。他們推出以當地水蜜桃釀造的小麥啤酒，以及用日本柚子釀成的白啤酒；酒廠的W-IPA是酒精濃度9.0%的雙倍IPA，洋溢著Cascades啤酒花的香氣；另一瓶Cabernet，顧名思義添加了卡本內蘇維儂葡萄汁（Cabernet Sauvignon juice）。此外，他們的司陶特啤酒也是遠近馳名：Minoh的帝國司陶特酒精濃度8.5%，口感非常柔順豐滿，跟松露苦巧克力一樣美味；一般的司陶特嚐起來則較乾，但不失細膩口感，泡沫層厚實，散發濃郁的咖啡烘焙香和帶香草氣息的紅糖味，草本植物的辛香氣息隱隱交織其中。

Darling Brew Black Mist
南非，開普敦（Cape Town）
酒精濃度：5.0%
啤酒花：Southern Promise、Cascade

這是在南非釀造的「慢啤酒」（slow beer）。Darling是座小鎮的名字，慢慢來的想法聽起來很不錯：釀啤酒需要時間，不能操之過急，啤酒會按著自己的步調逐漸醇熟。Darling Brew有間小型品酒室，是品嘗他們所有啤酒的最佳地點，你可以在那裡喝到拉格啤酒、棕色愛爾啤酒、白啤酒和司陶特啤酒。這瓶Black Mist的酒液近乎黑色，酒體帶著爽口的輕盈感，沉鬱乾澀的餘味尾隨其後，它的味道就像宿醉醒來後的清晨：咖啡、香菸、烤吐司、甜美的香水味、新生的愛情以及苦澀的吻別──只有Black Mist才能帶給你這種感覺。

Camden Ink
英國，倫敦
酒精濃度：4.4%
啤酒花：Northdown、Pacific Gem

Camden Town啤酒廠希望釀造出美味的乾性司陶特，為倫敦想品嘗黑色啤酒的酒客提供除了健力士啤酒外的另一種選擇。司陶特啤酒源自倫敦，之後才流傳到愛爾蘭的都柏林（然後從這地方，逐步風靡全世界）。這瓶Camden Ink將司陶特啤酒的風味重新傳回倫敦，並在經典的味道上增添大膽的新意：釀酒師在酒槽中充入氮氣，使啤酒產生細膩的酒體，當酒液上方形成一圈泡沫冠後，更是散發出誘人的性感風韻；它擁有豐盈的烘焙氣息和黑巧克力與牛奶巧克力的味道，細膩動人的口感交織著酒花和烘焙的苦韻，Pacific Gem啤酒花在最後帶來奔放的黑莓味，同時彰顯了青草的香氣。

Invercargill Pitch Black
紐西蘭，因弗卡吉爾（Invercargill）
酒精濃度：4.5%
啤酒花：Pacific Gem

Invercargill啤酒廠是由一對父子共同經營。格里‧納利和史蒂夫‧納利（Gerry and Steve Nally）於1999年投入這份事業，2005年因空間不敷使用後搬到新的位置。他們除了釀製啤酒，也同時生產一款以姓氏為名的蘋果酒──酒精濃度5.0%，混合使用澳洲青蘋與布雷本蘋果，一開始喝起來香甜多汁，最後留在口中的則是清爽酸味。而Pitch Black的成色就跟它名字所示的一樣黑（black）。開瓶後，巧克力香如脫韁野馬般湧出，伴隨咖啡豆的土味、香草太妃糖的甜味和濃郁的奶油味撲鼻而來，餘韻散發Pacific Gem啤酒花的木質、莓果香，並點綴淡淡李子和櫻桃的氣息。因弗卡吉爾是知名布拉夫牡蠣的產地，當地的牡蠣配上這瓶當地的啤酒，絕對是難得一見的美味組合。

帝國崛起

看到綴有帝國（Imperial）或雙倍（Double）的啤酒類型，就知道是時候迎接重量級風味的來襲。這個名稱承自俄羅斯帝國司陶特黑啤（Russian Imperial Stout），被稱為「特強濃厚波特」（extra stout porter），於18世紀末出現在倫敦並向東輸出，風靡了俄羅斯女沙皇凱薩琳大帝的帝國宮廷，因而得名。

隨著美國精釀啤酒的進化，釀酒師也開始研究起不同的啤酒類型，釀造出更強烈的酒款、追求更大膽的風味，盡可能要拉開和拉格啤酒間的味道差距。隨著越來越多烈性酒款的出現，那些聽過帝國司陶特故事的釀酒師，便為他們的烈性啤酒冠以「帝國」之名。

帝國級的酒款首先出現在精釀啤酒之王IPA這個類型裡。釀酒師指名酒精濃度6%的IPA，提高其濃度，並在鍋中丟入更大量的啤酒花，醞釀出重量級的風味。從IPA開始，帝國大軍大舉入侵啤酒界，愛爾淡啤酒、小麥啤酒、棕色愛爾啤酒、皮爾森啤酒、白啤酒、淡啤酒、紅啤酒……幾乎每個酒種都在它的勢力範圍內。

「充其量，已經定型的啤酒風格在酒精的催化下，其特點優勢會被再度突顯，並引起新一輪的迴響。」加勒特・奧利弗（Garrett Oliver）在《牛津啤酒指南》一書中，很謹慎地寫道。對許多釀酒師而言，釀製帝國級酒款是種冒險，更是挑戰酒客的味蕾和對啤酒的成見，而他們這樣做的目的，除了想保持啤酒的辨識度，也希望透過重量級的風味，展現麥芽、啤酒花和酵母的特性。

更強勁的酒感會帶來更厚重的酒體，為了加以平衡，啤酒花的用量也會跟著增加。通常釀酒師會利用這個機會，捨棄典型常用的品種，改使用新世界的啤酒花來增添不同的風味特徵。由於雙倍IPA的地位，在現代的帝國啤酒界裡堪稱英雄，所以有時候我不禁會想，是不是因為當初的釀酒師，好奇雙倍IPA會為其他啤酒帶來何種風味變化，所以現在才有這麼多烈性啤酒？大膽使用的美國啤酒花已成為許多帝國啤酒的特色，但不是每款帝國啤酒都會使用美國啤酒花，有時只要把原本的原料份量升級，就能釀造出有趣的帝國酒款。

啤酒類型不斷在改變，賦予每個酒種有趣又多變的樣貌。我們要關心的是，在知道皮爾森啤酒的滋味後，那帝國皮爾森喝起來又是什麼味道呢？若在酒中加入更多經典的貴族啤酒花，又會發生什麼事？會產生何種風味？啤酒還會維持其類型應有的特色嗎？還是會徹底顛覆風味？

雖然不是全部的帝國啤酒都好喝，其中不乏太嗆、太苦、太甜或結構失衡的風味，但帝國啤酒是非常有趣、美味的啤酒，能刺激我們的味覺與想像，並為啤酒的國度帶來豐富的變化。跟我一起擊掌，慶祝這樣的帝國崛起吧！

美國司陶特 AMERICAN STOUT

牛奶與燕麥司陶特有著搖籃曲般寧靜溫和的甜味，以及細膩沉寂的質感；乾性司陶特散發烘焙氣味與乾澀的苦味，使人聯想到寒冷夜晚裡的煤火；帝國司陶特是滋味豐滿、酒感強烈、令人欲罷不能的啤酒，風味深邃、結構複雜。至於美國司陶特，那就不一樣了：它們會在你耳邊咆哮，跳上你的舌尖，然後肘擊你的味蕾。

　　這是你會期待的美國啤酒類型，它們的釀造靈感絕對來自美式雙倍 IPA。這類啤酒氣勢凌人，黑麥芽與美國啤酒花產生雙倍的苦味，前者帶著強硬的烘焙氣息，後者又在一旁虎視眈眈。它們的滋味強烈到幾乎令舌頭麻痺，其濃郁的酒花香氣類似黑色 IPA，散發出花卉、松木或烘焙柑橘的芬芳，這股香氣再加上酒花的苦味，是這類啤酒與眾不同的地方。酒精濃度約 6.0-9.0%，苦度很高，兩者結合形成風味粗獷、猛烈的黑色炸彈。然而，最棒的美國司陶特酒體柔順飽滿，能完美承載啤酒花的衝擊。

Green Flash Double Stout

美國加州，聖地牙哥
酒精濃度：8.8%
啤酒花：East Kent Goldings

　　我認為這是瓶典型的美國司陶特啤酒。不透光的黑色酒液，上方攏聚一層美麗的深色泡沫，擁有磅礴的榛果香氣，香甜的咖啡味背後帶著松木的風韻，酒體渾厚強勁，味道甜如太妃糖、苦若咖啡豆，聞得到莓果、櫻桃和奶油味的烤堅果味，隱隱的酒花香新鮮而清爽；輕啜一口，甜美的輕盈口感證明那冷酷陰鬱的深色外表只是假象，苦韻經甜味軟化後，為啤酒帶來驚人的易飲性，一瓶啤酒瞬間見底，滑落喉嚨的滋味令人暢快而滿足。我不曾見過閃爍綠色光輝的夕陽，但我很樂意每晚帶上幾瓶Double Stout來到加州海岸，直至看到綠色夕陽的那一日。

Beachwood Kilgore Stout

美國加州，長灘市（Long Beach）
酒精濃度：7.1%
啤酒花：Chinook、Columbus、Centennial、Cascade

　　我很尊敬這間餐廳，他們的標語寫著「當餐叉遇上豬肉」，而在得知他們也有釀造美味的啤酒後，我就更尊敬他們了。紅啤酒Knucklehead Red酒精濃度5.7%，使用美國啤酒花釀造，水蜜桃與柳橙的果味，被包覆在木質與草本植物的辛香中。美國奶油愛爾啤酒Foam Top擁有青草氣息，風味純淨，容易入喉。Kilgore則是膽識過人的美國司陶特，酒液為黑色，散發強烈的烘焙味，滿載C-啤酒花的氣息（葡萄柚、柳橙中果皮、樹脂藥草味），洋溢甘草、烤麵包、咖啡、黑可可和焦糖的味道，隨後苦味佔據你的舌尖拒絕離去。葡萄柚、咖啡、烤焦吐司，以及摻酒下去燒烤的肉品……這些味道在我聽起來像是一份冠軍早餐。

Sixpoint Diesel

美國紐約州，布魯克林（Brooklyn）
酒精濃度：6.3%
啤酒花：Centennial、Columbus、Northern Brewer

　　Diesel是瓶冬季限定的啤酒，風味介於美國司陶特和黑色IPA之間，散發如地獄之火般熱烈的酒花香氣。這是瓶囂張猖狂的黑色啤酒，有著壯闊的厚實口感，強勁風味像手榴彈般在扁桃腺上炸開，最後留下爆炸餘波般的尾韻在舌頭上陣陣迴盪，風味飽滿，使你喝到一半幾乎就要討饒。然而一旦體會到它的豐美，到時你肯定欲罷不能。苦味的烘焙氣息首當其衝，像砲彈般逼近，接著是帶草本植物風味的啤酒花與甘草味，聞起來彷彿你的酒杯中有座起火的松樹林，隨後火勢又被黑巧克力撲滅。我在布魯克林的Barcade酒吧，邊喝著Diesel邊玩遊戲機——黑色的啤酒與發光的螢幕，黑暗與光明的對照為兩者帶來更多的樂趣。

Williams Bros Profanity Stout

蘇格蘭，阿洛厄（Alloa）
酒精濃度：7.0%
啤酒花：Nelson Sauvin、First Gold、Centennial、Amarillo

　　從漂亮的瓶子中倒出幾近黑色、不透光的酒液，上面還頂著厚實的泡沫，香氣首先撲鼻而來，夾帶啤酒花豐厚的果味重擊，烘焙葡萄、柑橘中果皮與某種隱約的馨香在鼻尖飄散開來——那是種很少會在司陶特啤酒中發現的香氣。它有著酒精濃度7.0%的司陶特該有的飽滿柔順口感，帶著巧克力、果味咖啡和微微酒勁，烘焙味不會澀口，第二波湧上的酒花香氣伴隨花卉、樹脂與乾爽的苦味橫掃過味蕾。這瓶酒的配方是由赫瑞瓦特大學釀酒學位課程的2位學員所研發，這兩人在大學能有這樣的成就實在不得了。

承載歷史的波特啤酒

波特啤酒是世界上最早、最重要的啤酒類型之一。它們是首批擁有自己的名稱、被傳到外國（美國、澳洲、波羅的海的國家與印度）並且最先被量產的啤酒。波特啤酒也是混雜歷史「事實」與謊言的旋渦，更是一種多次改變風貌的啤酒，其變化的次數多到不可勝數。

波特啤酒的前身是種風格不明確、形態不斷變化的棕色愛爾，也可以說是酒勁更強、酒花氣息更濃郁、熟成期更久的一種棕色啤酒。它的名字來自倫敦的搬運工人（porters），波特啤酒最先受到碼頭邊搬運工的喜愛，那些人每天忙著搬運貨物，他們的工作需要食物和飲料來補充體力，所以每當經過酒吧，他們便會抓起啤酒一乾而盡，然後繼續上路。

波特最初只是用來暱稱棕色啤酒的俚語，但是到了 1760 年代也被用來表示深受工人喜歡的那些深色啤酒。那類啤酒會經過陳放，有時貯放期高達 2 年，慢慢產生酸味與霉臭味，在吧台上，這類啤酒往往會跟未經陳放的「淡味」啤酒擺在一起。據說，波特啤酒其實是用 3 種啤酒混合調製而成，釀酒師把新鮮啤酒、陳年啤酒和過期啤酒混合後，產生了這類帶煙燻香、烘焙味與酸味的深色愛爾。但也有人相信，它們是經過釀造而成、「純粹的」愛爾啤酒，絕不是靠攪拌混合就能搞定的啤酒。

不論其淵源如何，在 18 世紀末時，大部分的波特啤酒應該都不是混合調製而成，這時候它們的味道也變「淡」了。此後 100 年間，波特啤酒一直是英國最暢銷的啤酒類型，它們的酒液成色很深、苦味很重，然極富風味、特色與深度，就像一本狄更斯的小說。

波特啤酒後來傳到英國在美國的殖民地，成為那裡的頂級烈酒，直到多年後被德國拉格啤酒取代。波特啤酒和愛爾淡啤酒也被運送到印度，供那裡的將軍享用。它們在波羅的海國家間流行開來，並跟在該區出名的帝國司陶特共享部分歷史。回到英國，故事又牽涉到司陶特啤酒的出現。那些「濃厚波特」（Stout Porters）是酒精濃度更高的波特啤酒，後來兩種啤酒以自己的名稱開始獨立發展，最後成為兩類更知名的深色啤酒類型。在 20 世紀的前 10 年，淡味啤酒、愛爾淡啤酒與司陶特啤酒蓬勃發展，把波特啤酒遠遠拋在後頭；而在兩次世界大戰期間，由於麥芽短缺和賦稅增加，波特啤酒的風味逐漸轉弱，當時，即使是倫敦的巨型波特啤酒廠也放棄了這類啤酒。二次世界大戰後的幾十年間，波特啤酒近乎消聲匿跡，和賦予它們名字的街頭搬運工人同時消失在歷史舞台上。

現在波特啤酒又回來了，作為一種出色的精釀啤酒類型而蓬勃發展，在世界各地的啤酒廠都可以找到其蹤跡。英國釀酒師首先於 70 年代重現其風姿，10 年後美國釀酒師跟進。現在你可以在市面上發現棕色波特、波羅的海波特、醇厚波特、帝國波特、美國波特等不同風格的波特啤酒。這是個仍在進化的酒種，過去 300 多年間歷經多種改變，未來也將繼續演化。

波特啤酒 VS. 司陶特啤酒

司陶特啤酒出現於 19 世紀初期，比波特啤酒晚一個世紀。自司陶特誕生以來，這 2 種啤酒便一起發展並產生多次變化。想弄懂兩者之間的差異，就像面對一個快速移動的靶子，試圖要擊中上面那個小到不能再小的靶心。

「司陶特」一詞首次被用來指稱啤酒時，可以代表任何類型或顏色的烈性啤酒；到了 19 世紀中期，司陶特代表的是烈性、深色的啤酒。波特啤酒在當時仍是大眾的寵兒，這 2 種啤酒一起發展，歷經多次的配方改良與風格轉型。20 世紀初，那時候只要是深色啤酒，都可用司陶特稱之，酒精濃度反而不一定很高。甜味司陶特的出現，脫離英國倫敦與愛爾蘭都柏林的乾性司陶特，從而開創出新風格；在這時期，司陶特被視為能帶來健康與好處的啤酒，越來越受歡迎，波特啤酒反而成為了上個世紀的遺物。當世界大戰爆發，麥芽的配給受限，唯有司陶特的味道變化幅度最小，而波特啤酒的風味則被大大削弱，最終導致波特啤酒跟著第二次世界大戰的落幕，一起消失在市場上。與之相反，司陶特啤酒從此成了隨處可見的酒款。

波特啤酒於 70 年代捲土重來並且再次流行，與司陶特並列為兩大最受歡迎的深色啤酒類型。

這 2 種「深色啤酒」非常相似，相似到我們幾乎可以把它們視為一體。現代的波特啤酒不再經過陳放，所以沒有原本會有的刺激氣息，再加上有些波特可能喝起來像味道較淡的老啤酒，讓我們更難以確定最初的風味。所以今日波特啤酒的配方，必須視為對那古老風格的現代詮譯。同樣的，司陶特在這 200 年間也有很大的改變。這兩種啤酒都有很長的歷史和千絲萬縷的關聯，兩方在各自的鼎盛時期也都變了很多。

司陶特啤酒和波特啤酒有什麼不同嗎？答案是，沒有。它們現在的「基本」酒款（乾性司陶特與醇厚波特），酒精濃度與風味口感也都漸趨一致，只有旗下的子風格滋味迥異。即使是風格指南也很難區分兩者，上面建議說：司陶特啤酒擁有更重的烘焙大麥苦味，而波特啤酒的酒精濃度較高。但實際上，釀酒師可以隨意用司陶特或波特來稱呼他們的黑色啤酒，而且也沒什麼不對。

250年前的波特啤酒，與150年前或今日的波特啤酒，風味必定截然不同。它們可能一度為帶煙燻味且微酸的深色啤酒（酸味是在酒廠長期陳放後的結果），卻也曾風味盡失，酸味不再，啤酒花香也變稀薄；在某段期間，它們的味道又變得「溫和」，並且擁有沉鬱的烘焙味和濃郁的酒花香。今日，波特啤酒則洋溢豐滿的黑麥芽、咖啡、巧克力和焦糖的味道，偶爾竄出一陣煙燻味。

波特啤酒 PORTER

醇厚波特（Robust Porter）和棕色波特是最流行的「標準」波特啤酒，兩者只差在前者的烘焙氣味更重。然而它們非常相似，硬要區分其實差別不大。波特啤酒酒精濃度介於5.0-7.0%，苦度可以達到40 IBUs，正統酒款選用英國啤酒花釀製，帶有泥土與深色水果的味道。但現在也有釀酒師使用美國啤酒花來釀造波特啤酒，通常他們會挑選散發黑加侖子與花卉香氣的品種。啤酒花和烘焙大麥的苦味並不強勢，但凡事總有例外。波羅的海波特啤酒，酒勁強烈，酒精濃度約6.0-9.0%，傳統作法是以底層發酵的窖藏酵母來進行低溫發酵，但越來越多的現代酒款改用頂層發酵酵母，並選用歐洲啤酒花釀製，烘焙味和啤酒花帶來雙重的苦韻，經過幾日陳放，形成葡萄酒的風味。在過去，波特啤酒指稱的範圍涵蓋甚廣，而今後，它們也將繼續會是風格廣泛且有趣的啤酒，世界各地的啤酒廠都少不了它們的蹤影。

Meantime London Porter
英國，倫敦
酒精濃度：6.5%
啤酒花：Fuggles

倫敦3種最有名的啤酒類型為波特啤酒、司陶特啤酒和印度淡啤酒，而這3類啤酒在Meantime酒廠都找得到。Meantime的India Pale Ale很出色地重新詮釋印度淡啤酒的風味，酒中洋溢植物與土壤的氣息，口感輕盈、滋味鮮美、整體風韻耐人尋味。而這瓶波特啤酒London Porter擁有絕妙的複雜層次，香氣中聞得到黑巧克力、咖啡烘焙味、土味果香、燒焦的堅果味以及微微的煙燻味道——這股香氣令人回味無窮，我腦中浮現威廉·賀加斯的畫作〈啤酒街〉（Beer Street），不過背景倒是多了幾位狄更斯作品中的卑鄙小人。這瓶酒擁有深邃的烘焙味與滑潤的口感，散發深色莓果、紅糖與營火的氣息，麥芽與啤酒花的苦味結合，形成乾爽的餘韻。倫敦釀酒者聯盟（The London Brewers Alliance）是由釀酒師所組成的團體，鑑於倫敦波特啤酒背後獨特的歷史和故事，他們正打算為其爭取原產地名稱保護制度的認證——這瓶London Porter想必會是他們最有力的佐證。

Bad Attitude Two Penny Porter

瑞士，斯塔比奧
酒精濃度：8.15%
啤酒花：Amarillo、Chinook、Willamette

　　Bad Attitude酒廠除了有時尚、矮胖的酒瓶外，也有幾款啤酒是以酒罐包裝。Kurt是他們使用紐西蘭啤酒花釀造的愛爾淡啤酒，而Dude則是瓶「近乎雙倍」的美式IPA。這間酒廠的啤酒最讓我喜愛的地方，除了其驚人的風味，還有就是它們在架上看起來該死地迷人。Two Penny是瓶美式風格的波特啤酒，釀造靈感來自倫敦，成品則出自一絲不苟的瑞士釀酒師之手，超級柔順的酒體，帶著咖啡、黑巧克力布朗尼和香草的氣味，大量使用的美國啤酒花為啤酒增添黑加侖子的苦韻、精煉的香氣及最後的草本味道，為了達到76IBUs的苦度，釀酒師在第1道麥汁中便加入了啤酒花。我會很樂意多花些錢，用不只2便士（two pennies）的代價，購買這瓶啤酒來塞滿我的冰箱。

8 Degrees Knockmealdown Porter

愛爾蘭，米契爾斯頓（Mitchelstown）
酒精濃度：5.0%
啤酒花：Admiral、Fuggles

　　濃厚的黑色酒液帶著小山般豐實的咖啡色泡沫，裝在酒杯中的Knockmealdown著實美得令人傾心，它擁有濃郁的黑巧克力、皮革、沾有可可粉的莓果與焦糖氣息，嚐不到焦色麥芽的刺激苦味，反而以美味的柔順口感伴隨啤酒花芬芳帶土味的悠長餘韻。來自澳洲的肯和奇威‧史考特（Cam and Kiwi Scott）共同創辦了這間啤酒廠，他們為啤酒廠想了幾個名字：8°West指的是穿過愛爾蘭的西經8度；8℃是其啤酒的最佳適飲溫度；上帝藉睡眠消除創世7天的辛勞後，在第8天創造了啤酒，所以用8為名；而我最喜歡的名字則是8°lean，意指當酒客在飲用8 Degrees酒廠的啤酒時，身體會有的8度傾斜。

Marin Brewing Point Reyes Porter

美國加州，拉克斯珀（Larkspur）
酒精濃度：6.0%
啤酒花：East Kent Goldings、Challenger

　　Marin酒廠的波特啤酒Point Reyes Porter擁有我夢寐以求的味道。從舊金山出發，穿越舊金山灣，搭乘渡船來到拉克斯珀，再走上一小段路便來到Marin啤酒廠。走進裡面，左手邊便是糖化桶與煮沸鍋，整個空間充滿了釀製啤酒的香味。我先喝了幾杯啤酒並吃了一個漢堡，再離開之前，又挑了剛剛喝過的波特啤酒──因為它實在太好喝了，我非再喝一次不可！它的風味大膽又細膩（就像最好的摩卡奶昔），散發強烈地烘焙氣息，聞得到莓果的香甜、乳酸的酸味、煙燻味和烤堅果的味道，在飽滿酒體的襯托下，餘味乾爽令人驚豔，是瓶很出色的波特啤酒。

Holgate Temptress

澳洲，伍登德（Woodend）
酒精濃度：6.0%
啤酒花：Topaz

　　這是瓶風味醇厚、黑得很性感的波特啤酒，充滿荷蘭可可與香草莢的氣息，絕對值得冠以「Temptress」（妖婦）之名。深褐色的酒液、邊緣泛著紅色的光澤，泡沫豐厚綿密，開瓶後可可與香草味首先湧出，後面尾隨咖啡味、烘焙香、紅糖、草本植物、香料、巧克力布朗尼與烤無花果的味道——

聞起來就像杯甜點，而那正是享用這瓶啤酒的最佳方式：晚餐後拿出這瓶酒，不需搭配其他食物，只要擺上兩只酒杯，便是最佳的誘惑手段。它的口感滑潤，帶有可可、咖啡（會產生淡薄苦韻）與深色水果的深邃風味，頂層散發出香草馨香，是酒客難得的口福。啤酒廠裡有間餐廳和旅館，如果有空房，不妨多留一宿。記得在離開酒廠前多拿瓶啤酒，等臨睡前再喝上一杯。

Narke Black Golding Starkporter

瑞典，厄勒布魯（Örebro）
酒精濃度：7.2%
啤酒花：East Kent Goldings

　　19世紀初起，波羅的海居民掌握了釀造技術，開始生產這類烈性的波特啤酒。當初倫敦的波特啤酒使用頂層發酵的愛爾酵母，

但隨著底層發酵酵母傳到寒冷的波羅的海諸國，當地的釀酒師轉而使用適合低溫發酵的底層窖藏酵母，並延長熟成時間。Narke是瑞典最富聲譽的啤酒廠之一，這都要歸功於他們的桶中熟成帝國波特啤酒Starkporter的美味和稀少的產量。Starkporter為波羅的海的傳統美味升級，飽滿的酒體洋溢黑麥芽、濃郁的可可、咖啡、焦糖與烤堅果的氣味，伴隨一股泥土味的連綿苦韻，夾雜微微的莓果酸味，擁有驚為天人的純粹風味、不同凡響的複雜口感。

Redemption Fellowship Porter

英國，倫敦
酒精濃度：5.1%
啤酒花：WGV、Liberty、Cascade

　　倫敦街上與泰晤士河畔的搬運工人可以分成2派：有執照並配戴臂章的搬運工（像現代的郵差，什麼東西都送），以及專職搬運工（搬運交付量大的貨物，例如麥芽和煤炭）。啤酒廠是搬運工人的大雇主，需要工人運送原料，並協助將酒桶送到城市各處。搬運工的焦渴眾所皆知，這些人會在酒吧停步，抓過一罐波特啤酒仰頭便灌，飽飲一番後再繼續上路。Redemption酒廠的這瓶Fellowship Porter充滿了甘草、巧克力與咖啡的味道，還有微微的糖蜜、煙燻、黑莓與香草的氣息，最後隱隱嚐到乾澀的苦味——是款週日午餐型的啤酒。不妨也留意Trinity，酒精濃度3.0%，是瓶花氣息濃郁的啤酒；美式愛爾淡啤酒Big Chief，酒精濃度5.5%，散發鮮明的酒花香氣；以及Hopspur愛爾淡啤酒，它的風味介於上述兩者之間。

Negev Porter Alon

以色列，迦特城（Kiryat Gat）
酒精濃度：5.0%
啤酒花：Magnum、Fuggles

多麼漂亮的啤酒瓶啊！來自以色列的身世令它加倍迷人，以覆蓋該國南部的沙漠為名，相比在以色列大量生產的拉格啤酒，這瓶Porter Alon就如綠洲般，帶來新的風味希望。它的酒液如子夜般漆黑，泡沫綿密，帶有甘草的苦韻、咖啡的烘焙香、牛奶巧克力、李子與隱約的香草氣息，而這些美妙的味道來自熟成期間加入的橡木片；喝起來一開始口感柔順，最後卻如沙漠般乾燥但止渴（順帶一提，如果你碰巧被困在內蓋夫沙漠，有這瓶酒傍身也不錯。不過如果是我，會選擇酒廠另一瓶金色愛爾Passiflora，它加入百香果釀製而成，風味清淡）。由於這個國家沒有釀酒的傳統能遵循，這群以色列新興釀酒師在推動該國精釀啤酒發展的同時，也在創造歷史。

Yoho Tokyo Black

日本，輕井澤
酒精濃度：5.0%
啤酒花：Cascade、Perle

Yoho啤酒廠座落在日本知名的威士忌產區，那裡的釀酒師與釀酒廠使用當地的優質水源來製作麥汁。由於深色啤酒在日本越來越受歡迎，Tokyo Black以絕佳的精釀波特之姿，趁勢躍上消費市場，釀酒師仿效倫敦的風格，使用來自美國的配方，再稍加調整以迎合當地口味。你看到的是一罐近乎黑色的啤酒，邊緣泛紅，聞得到可可與焦糖的香氣，澄淨的酒體有著柔滑、巧克力的中層結構，烘焙的苦味不明顯，帶著啤酒花的芳香及微微的檸檬皮氣息──風味類似Schwarzbier黑啤酒。

Mayflower Porter

美國麻薩諸塞州，普利茅斯（Plymouth）
酒精濃度：6.0%
啤酒花：Pilgrim、Glacier

在66天的航程後，暈船加上船上的啤酒也所剩無幾，五月花號上打算前往維吉尼亞州的清教徒移民（pilgrims），在麻州普利茅斯灣找到合適的停泊地點後，終於決定放下船錨。1年後，勉強捱過冬天的這群人在社區舉行了感恩盛宴，他們打開一桶啤酒──顏色深沉而混濁，但比飲用黑色汙濁的水要安全多了（也比較誘人）。雖然波特啤酒並非源自美國，而是從倫敦遠渡重洋而來，卻成為美國史上最耳熟能詳、傳說中最有名的啤酒。五月花號上的波特啤酒近乎黑色，有強烈的烘焙味，充滿巧克力與深色水果的氣味，並伴隨麥芽與酒花那甜中帶苦的悠長餘味（使用Pilgrim啤酒花釀製，聽起來真貼切）。附帶一提，這間啤酒廠是由約翰‧奧爾登（John Alden）的第10代重孫所創立，約翰可是當初五月花號船上的桶匠呢。

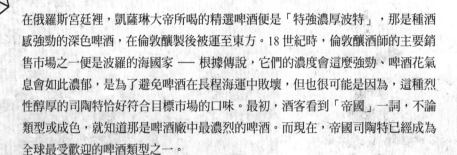

IMPERIAL STOUT AND PORTER
帝國司陶特與波特啤酒

在俄羅斯宮廷裡，凱薩琳大帝所喝的精選啤酒便是「特強濃厚波特」，那是種酒感強勁的深色啤酒，在倫敦釀製後被運至東方。18世紀時，倫敦釀酒師的主要銷售市場之一便是波羅的海國家 —— 根據傳說，它們的濃度會這麼強勁、啤酒花氣息會如此濃郁，是為了避免啤酒在長程海運中敗壞，但也很可能是因為，這種烈性醇厚的司陶特恰好符合目標市場的口味。最初，酒客看到「帝國」一詞，不論類型或成色，就知道那是啤酒廠中最濃烈的啤酒。而現在，帝國司陶特已經成為全球最受歡迎的啤酒類型之一。

這類啤酒風味醇厚強勁又濃郁，宛如一位賣力拼搏的俄羅斯大亨。酒液介於深棕色到不透光的黑色，酒體表現中等至厚重，以麥芽為主導香氣，交織烘焙味、焦糖、咖啡、巧克力等氣息，偶爾挾帶煙燻味和深色水果的果味；有些酒款餘味很乾，但有些則帶甜味；啤酒花的苦味濃厚，約50-100 IBUs，雖然酒花的特有風味會被保留在酒中，但酒花香氣卻不太明顯；酒精濃度最低為8%，可持續增加，沒有極限。然而，這類啤酒喝起來不應該滿是酒味，其酒感表現反而應該諧和而柔美。帝國司陶特通常會以波本木桶貯藏，它更榮登酒客心目中「最喜歡的啤酒」排行榜冠軍。

Kernel Imperial Brown Stout
英國，倫敦
酒精濃度：10.1%
啤酒花：Fuggles

　　Kernel啤酒廠根據Barclay Perkins酒廠的釀酒檔案，釀製了這瓶帝國棕色司陶特，它的歷史可回溯至1856年，重現了早期烈性倫敦司陶特的風味。它的配方寫得很簡單，使用了3種麥芽，分別為Maris Otter大麥、琥珀或褐色麥芽（Amber Brwon）和黑色麥芽，啤酒花只使用Fuggles，這4樣元素創造出風味不凡的啤酒。Imperial Brown Stout酒液呈濃黑色，與它的名字所述不同——這是過去的習慣，以前所有烈性啤酒都習慣以「司陶特」稱之，所以為了加以區別，會在前面加上「淡色」、「棕色」等字，或改稱「濃厚波特」。它帶有巧克力、烤麵包與焦糖的味道，烘焙味並不濃郁，口感如天鵝絨般柔順，啤酒花的泥土與薄薄的灌木氣息，在黑莓和李子的襯托下，越發鮮明。這是瓶由倫敦一流的新啤酒廠，完美重現的古老倫敦啤酒。

Hornbeer Black Magic Woman

丹麥，Kirke Hyllinge
酒精濃度：9.9%
啤酒花：Columbus、Centennial、Amarillo

在布魯塞爾的某天晚上，有個朋友已經趴在桌上睡著了，另外一個人剛剛花了20歐元買了瓶非常老的啤酒，喝起來就像醬油。我的朋友另外看到這瓶Black Magic Woman，因為我們無法抗拒它的酒名，也因為它在冰箱中看起來是那麼誘人，我的酒友約翰便掏錢買下了它。這瓶Black Magic Woman立即吸引我們的注意，它散發柔滑的黑巧克力氣息、溫和的烘焙香和帶有可可味的蔓越莓果味，酒體飽滿，木頭燒焦的煙味穿插其中，苦韻在口中縈繞，充滿風味與深度，是瓶美味超乎預期的啤酒，杯中的美味魔法令你嘖嘖稱奇。一年後再喝一次，我才真正了解這瓶啤酒有多迷人。

Jester King Black Metal

美國德州，奧斯汀
酒精濃度：9.3%
啤酒花：Millennium、East Kent Goldings

　　Jester King啤酒廠就位在德州的一間農舍裡，不管是使用自己的井水，還是培育來自周遭的酵母菌株，在在都顯示出他們充份擁抱風土、與環境共榮的精神 —— 他們的Das Wunderkind，便是用那種酵母所釀製的夏季酸啤酒。Noble King啤酒帶著濃郁的啤酒花香和酵母辛香，散發啤酒花麻袋、花香和柳橙的氣息，顯著的青草味於舌尖徘徊不去；Le Petit Prince是精釀啤酒中很少見的類型，酒精濃度只有2.9%，啤酒花與農舍酵母結合，帶出優雅而均衡的風味；這瓶Black Metal則是風味醇厚的農舍帝國司陶特，使用辛辣、辛香、餘味乾澀的酵母來釀製，酵母的氣息恣意流竄在深色酒液的甜味間，擁有大量的烘焙味、濃郁的黑巧克力、菸草與甘草味，口感越後面越乾燥，最後形成胡椒味的餘韻。

Dugges Idjit!

瑞典，蘭德維特（Landvetter）
酒精濃度：9.5%
啤酒花：Brewers Gold、Chinook

　　啤酒廠的全名為Dugges Ale & Porterbryggeri，瓶身上貼的那明亮、粉色系酒標，與瓶中所裝的烈性啤酒形成對比。Dugges就位於瑞典第2大城哥特堡（Gothenburg）的郊外，酒廠在2012年擴大產量，有些酒款甚至熱銷全球。他們最有名的啤酒當屬「展現自我」（express yourself）這個系列，釀造的靈感源自美國，這系列有4款啤酒：Holy Cow!、Bollox!、High Five!以及這瓶Idjit!，其中前3款為美式IPAs。這瓶氣勢張狂的帝國司陶特，油質的酒液帶著濃縮咖啡、糖蜜與黑可可的氣息，飽滿厚實的酒體散發出無花果的花果氣息，形成葡萄酒般的深邃風味。把Idjit!置於桶中熟成後，便是Perfect Idjit!，比Idjit!多了香草和太妃糖的味道。另外，1/2 Idjit!是瓶酒精濃度7.0%的醇厚波特，甘草、無花果與洋茴香的氣息更濃郁，烘焙味較淡，最後的口感帶著強烈的果香咖啡味。

Fritz Ale Imperial Stout

德國，波昂（Bonn）
酒精濃度：9.7%
啤酒花：Simcoe

Fritz Ale酒廠的一系列美式IPA、帝國IPA以及帝國司陶特啤酒，全都毫不客氣地使用了大量美國啤酒花。他們的比利時IPA是利用美式酒底，加入比利時酵母以增添趣味，再以辛辣刺激的餘味畫下句點。這瓶Imperial Stout風味渾厚，充滿烘焙味與強烈的濃縮咖啡香，嚐得到濃郁的黑巧克力酸味與烤李子的滋味，美國啤酒花帶來松木、皮革的氣息，讓人聯想到秋日下，火勢蔓延啤酒花園的氣味。順便留意酒廠另一瓶德國帝國司陶特Propeller's Nachtflug的蹤影，它的名字意指「夜間飛行」，酒精濃度9.1%，卻有著輕盈的口感，散發誘人的烘焙味、香草與花香，黑莓味中交織濃縮咖啡的香氣。

Antares Imperial Stout

阿根廷，馬德普拉塔（Mar del Plata）
酒精濃度：8.5%
啤酒花：Apollo、Goldings、Fuggles

Antares啤酒廠的名字意謂天蠍座中最大的那顆星星。自1998年起，他們便開始在阿根廷釀酒，3名創辦人當初因為想要品嚐更好喝的啤酒，所以便在馬德普拉塔成立了這間啤酒廠，至今已推出多種不同類型的啤酒。這瓶Imperial Stout酒液幾近黑色，帶有豐厚的棕褐色泡沫，嚐得到預期中的烘焙咖啡與深色水果的氣味，雪茄盒、櫻桃、啤酒花的辛香土味尾隨其後，輕盈的口感大幅增加啤酒的易飲性，同時突顯結尾那類似阿根廷馬爾貝克葡萄的複雜酸味。

Nail Clout Stout

澳洲，伯斯市（Perth）
酒精濃度：10.6%
啤酒花：Goldings、
Pride of Ringwood

Nail Brewing啤酒廠是在2000年由約翰·司塔伍德（John Stallwood）所創立，他跟許多人一樣，最初只有一套小型的家釀啤酒設備。他們家的燕麥司陶特擁有絕佳的柔順口感，但酒廠的發展就有點坎坷。2004年4月，約翰為了阻止街上鬥毆的民眾，不幸遭波及受到重傷，迫使他暫停酒廠工作，後來更賣掉啤酒廠專心養傷。2006年5月，Nail的愛爾啤酒重新出現在酒吧裡，一年後全面恢復生產。Clout Stout是瓶一年僅發行一次的特色啤酒，美麗的酒瓶容量足有750毫升。同樣是使用澳洲啤酒花Pride of Ringwood，比起澳洲愛爾淡啤酒Nail Ale，釀製Clout Stout時更需要釀酒師多費心，釀製期也較長。Clout Stout的酒體厚重，充滿濃郁的巧克力與咖啡氣息，還有香甜的李子、烤堅果與香草的氣味，層次複雜、口感出色、風韻獨特，完美反映出酒廠主人的人生座右銘：永不放棄。

Driftwood Singularity

加拿大，維多利亞（Victoria）
酒精濃度：14.0%
啤酒花：只用苦型啤酒花

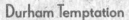

　　帝國司陶特是最常被置於波本威士忌木桶中熟成的啤酒。想到酒中那濃郁的巧克力和焦糖氣息，配上波本木桶的香草、太妃糖與香料氣味，就知道這個組合很有道理。這瓶Driftwood Singularity會在波本木桶中放上幾個月，最後成為一瓶重磅級啤酒，一年只發售一次，每次都會引起搶購。它的酒液呈黑色，風味大膽，剛倒進杯中時聞起來像糖蜜，但來自木桶的釀然香草味，立刻令你意識到波本木桶的強烈存在感，酒勁隨後便輕易接管了你的味覺；充滿濃郁的黑巧克力、糖蜜、香草、洋茴香與香料味，餘韻就像掺入波本威士忌的芮斯崔朵濃縮咖啡。在你等它上市的期間，可以試試酒廠另一瓶Fat Tug IPA，迸發新鮮橘子、葡萄柚與松木的風味；或者試試Farmhouse這瓶辛香、爽口的夏季啤酒。

Durham Temptation

英國，德罕（Durham）
酒精濃度：10.0%
啤酒花：Target、Goldings

　　Durham酒廠的標語是：「傳統的創新」（Innovation with tradtion），他們致力於重新詮譯優秀的英國啤酒。Bombay 106是瓶英式風格的IPA，啤酒花的土味濃郁；Evensong是瓶美味的苦啤酒，麥香醇厚，擁有宜人的酒花氣息；再來便是這瓶Temptation，一開始會聞到烤麵包的香氣，堅果、烘焙與巧克力的氣味隨後出現，果味中微帶香草與酒味的氣息，酒感刺激，甜味含蓄，黑巧克力的味道豐沛，餘味較苦且帶土味，最後的口感乾燥、散發木頭風韻。Durham酒廠也嘗試了幾款不同的啤酒，例如Diabolus就是瓶酸味司陶特，酒精濃度9.5%，味道就像一塊超酸的黑巧克力，不過要更複雜有趣百萬倍；而他們的White Stout則向這個名字的來歷致敬。簡言之，這是瓶現代風格的淡色烈性啤酒，加入了少量風味強烈的Columbus啤酒花。

Oskar Blues Ten Fidy

美國科羅拉多州，朗蒙特
酒精濃度：10.5%
啤酒花：Columbus

　　我去過一次Oskar Blues啤酒廠，他們的角落裡有座籃球場，對面就是長長的罐裝生產線，後方則矗立著巨大的銀色酒槽，看上去就像巨大的啤酒罐——這是個很酷的地方，尤其是他們的品酒室。用姆指嘎扎一聲拉開Ten Fidy的拉環，迎面撲來蛋糕店、黑巧克力、香草與烘焙莓果的香氣，飽滿的酒體帶來不可多得的口感享受。酒中擁有布朗尼的甜香，壓軸的烘焙氣息也不會過嗆，反之，鮮美的酒花能突顯並安撫濃膩的巧克力味，維持整體風味的諧美。帝國司陶特與酒罐的組合還有一個妙處，那就是會讓我想在火車上享用它，大家只會以為我在喝汽水，殊不知事實上，我正在大口暢飲世界上最棒的司陶特啤酒！

桶中熟成啤酒 BARREL-AGED BEERS

多年以來，木桶一直是貯放啤酒的不二選擇，直到後來被更便宜、實用的不鏽鋼桶取而代之。最早的木桶只是作為熟成的容器，或是運送到酒吧的貯放方式，釀酒師並不想讓啤酒沾上木桶的任何味道，所以每個酒桶都會經過特殊處理，以防止啤酒染上木頭的特性。現在的釀酒師則特別中意木桶，因為桶中的氣息可以增添酒液的風味，例如單寧的質地、甜美的香草味、酚類香氣、煙燻味，以及在倒入啤酒前，桶中曾裝過的烈酒酒勁。

　　大部分的酒桶在被用來貯放啤酒前，一定都裝過其他酒液，其中又以波本威士忌和葡萄酒最為常見，也有酒廠使用其他如蘭姆酒、波特酒、雪利酒、卡巴度斯蘋果白蘭地、科涅克白蘭地和龍舌蘭酒的桶子。被裝進這些木桶中的啤酒會吸收前住戶的氣息，再加上木頭的深邃風味，形成全新的複雜度。桶中熟成啤酒又以烈性啤酒最為常見，因為它們能承受更長的熟成期，並汲取更多風味。然而，木桶也不只被用於陳釀風味厚實強勁的啤酒，其他如拉比克自然酸釀啤酒與 Gueuze 香檳啤酒，同樣也會置於木桶中熟成。桶中熟成的啤酒類型涵蓋甚廣，從清淡、帶酸味的小麥啤酒，一路發展到滋味厚實的帝國司陶特，各類酒種可謂應有盡有。法國或美國的橡木是最常用的木種，但並非唯一選擇。最佳的桶中熟成結果，會為酒底增添額外的深度、風韻與質地，但又不會壓制原本的美味。

BrewDog Paradox
蘇格蘭，弗瑞瑟堡（Fraserburgh）
酒精濃度：10%或15%
啤酒花：Galena、Bramling Cross

　　每批Paradox系列的啤酒都會被置於不同釀酒廠的木桶中熟成。把帝國司陶特啤酒放入威士忌酒桶中陳放一段時間後，啤酒便會繼承先前威士忌的風味特徵。BrewDog啤酒廠鄰近多間威士忌釀酒廠，這樣的地利之便，令Paradox系列啤酒成為蘇格蘭極出色的酒款。艾雷威士忌木桶為啤酒烙上煙燻、土壤與大海的氣息；吉拉威士忌桶賦予果核、水果與太妃糖的香氣；愛倫威士忌桶則帶來生薑、香料與香草味。Paradox系列啤酒的基礎酒底口感柔順，擁有濃郁的巧克力味和均衡的苦韻。這瓶啤酒最適合跟酒桶之前所貯放的威士忌一起享用；或搭配以燕麥、奶油、覆盆子、蜂蜜與威士忌製成的蘇格蘭甜點cranachan，也很對味。

Cupacá Tequila

墨西哥，墨西卡利
酒精濃度：10.0%
啤酒花：Centennial

　　威士忌酒桶的使用次數通常只有1至2次，但龍舌蘭酒桶可以不斷重覆使用，這就表示，龍舌蘭的釀酒師不會願意送出他們的木桶。在墨西哥，龍舌蘭酒桶絕對是精釀啤酒師用來貯裝烈性啤酒的首選，所以Cupacá酒廠裡的人很努力找來一些龍舌蘭木桶，並用這些桶子貯藏他們的大麥啤酒。貯藏5個月後，變成深棕色的啤酒散發出美妙而獨特的木質特性，除了擁有啤酒本身的紅糖、焦糖與橡木味，木桶亦額外賦予鮮美的花香與熱帶水果味，而身為前住戶的龍舌蘭酒也沒在客氣，除了帶來犀利的植物味，同時也留下柑橘氣味，陳年龍舌蘭的柔順風味中交織著微微酸橙味，是場很精采的風味傳遞。

De Struise Pannepot Reserva

比利時，Oostvleteren
酒精濃度：10.0%
啤酒花：Challenger、Magnum

　　Pannepot是瓶不可思議的啤酒，有著幾乎無可匹敵的複雜度，令人聯想起重磅級的比利時四倍啤酒，只不過更為美味，濃郁的麥香是它取勝的關鍵。這瓶啤酒帶著乾果、無花果、香草、烘焙李子、可樂、可可、青草及紅茶的香氣，整體風味鮮明，另外交織著甘草、肉豆蔻、肉桂與胡椒粒的味道。酒廠另一瓶Pannepot Reserva的美味更上層樓；它在橡木桶中熟成後，多了香草、焦糖的甜香，以及更乾、更悠長的藥草餘韻，與酒中的基礎風味相當契合。啤酒的酒標上註有釀造年份，請妥善貯藏這瓶酒，如果你能忍耐5年不去動它，它將以升級的美味來回報你的耐心。

Hallertau Porter Noir Pinot Noir

紐西蘭，奧克蘭市
酒精濃度：6.6%
啤酒花：Southern Cross

　　Porter Noir是用黑比諾紅葡萄酒木桶熟成的波特啤酒，熟成期間，釀酒師在桶中同時加入了Brettanomyces酒香酵母。隨著釀酒師開始追求帶酸味、葡萄酒味和霉味的啤酒，葡萄酒桶與野生酵母菌也跟著在世界各地流行開來。有些葡萄酒桶會使啤酒一路變酸；有些則只是陪伴著啤酒，給它足夠時間來沉澱出額外的風韻深度。

Porter Noir的酒液近乎黑色，開瓶後，立刻就能聞到木桶與酵母的香氣，那是莓果、泥土與檸檬，伴隨橡木的氣息。喝一大口，口中的滋味在啤酒與葡萄酒間瘋狂擺盪，輕盈的口感更加突顯其美味，嚐得到深色水果、巧克力、櫻桃、香料、木桶的甜香和土味葡萄皮的乾澀感，如果說整體風味像是一篇慷慨激昂的演講，那啤酒的酸味餘韻就是最後畫上的驚嘆號。精湛的手法，精釀的美味。

Dogfish Head Palo Santo Marron

美國德拉瓦州，米爾頓鎮
酒精濃度：12.0%
啤酒花：Warrior、Palisade

這瓶Palo Santo Marron的特別之
處，除了其仙饌般的美味外，便是
它用來貯藏熟成的木桶。2006年，
在巴爾的摩經營地板公司的約翰·
加斯帕林（John Gasparine）
到巴拉圭尋找木料，當地伐木
工人所使用的玉檀木（palo
santo），或稱「聖木」，吸引
了他的注意。後來Dogfish Head
酒廠的山姆·卡拉喬尼（Sam
Calagione）從他那裡得知這種
木頭，便計畫著手打造「自禁酒
令時期以來最大的木桶」。那種
巨型木桶後來總共做了3個，每個
酒桶一次的產量足以填裝10萬瓶12
液量盎司（約355毫升）的啤酒。Dogfish Head
獨家使用的這種木桶，為他們的烈性棕色愛爾帶來
獨一無二的美妙風味：櫻桃、焦糖、紅糖、土壤、
可可和甜美的莓果與乾果氣息，很適合搭配藍莓鬆
餅與楓糖漿一起享用。

Kross 5

智利，聖地亞哥
酒精濃度：7.2%
啤酒花：Glacier、Horizon、Mt Hood、
Cascade、Goldings

這瓶紅銅色的啤酒是智利第一瓶桶中熟成啤
酒，作為5週年紀念的啤酒，Kross 5在2008年
挾帶750毫升的驚人容量重裝登場。 由於酒
廠所在地區周圍有不少智利最知
名的白葡萄酒生產商，在他們
的加持下，這瓶酒就像一位城裡
的叛逆孩童，擁有氣勢凌人的風
味：豐富的麥芽帶來焦糖、科
涅克白蘭地、葡萄乾、杏仁、
紅糖與可樂的味道，帶一點橡
木氣息，卻不會搶了其他味
道的風采，香草和木頭味充
塞每個角落，為每個元素
增添含蓄的魅惑，最後的
苦韻散發胡椒和木質的氣
味，提升了整體風味的均
衡感。這是瓶適合搭配食
物、與朋友共享的啤酒。

Firestone Walker Anniversary Ale

美國加州，佩索羅伯斯
酒精濃度：不定，約12.5%

在倫敦，釀造波特啤酒的老師傅，以及比利時拉比克、紅啤與棕啤的
釀酒師，必須學會混合調製啤酒的技術。今日，許多現代釀酒師亦須學習
這個技術。有些啤酒廠的酒窖裡擺滿了數以百計不同年份、不同啤酒的
酒桶，釀酒師會把不同熟成期的啤酒重新混合調製，以取得正確的均衡風
味。Firestone Walker的這瓶Anniversary Ale一年只發售一次，截至2013
年是第16次發行，它是用酒窖中當年度最棒的啤酒混合製成，所以每年的
風味都不太一樣。Anniversary Ale洋溢著橡木、香草、波本威士忌、酒
精、巧克力、焦糖與乾果的氣息，尾隨其後的是隱約的酒花柑橘香氣和新
鮮啤酒的風味，擁有驚為天人的複雜性，堪稱是橡木桶熟成啤酒的典範。

Wild Beer Co. Modus Operandi

英格蘭，布里斯托
酒精濃度：7.0%
啤酒花：Magnum、Fuggles

2012年，Wild Beer Co.啤酒廠在英格蘭西南地區的僻靜鄉村正式掛牌營業。酒廠的名字來自其現代英國農舍啤酒，這類啤酒注重酒桶與野生酵母的使用，其中包括一款英國拉比克啤酒。另外，他們也推出鮮啤酒（Fresh）、愛爾淡啤酒與Epic Saison夏季啤酒等，這些啤酒洋溢酵母氣息與來自Sorachi Ace啤酒花的果味。Modus Operandi是這裡最出色的啤酒，它原本是款老愛爾啤酒，釀造靈感來自1或2個世紀前的英國啤酒，那時的啤酒擁有未成熟的野生酵母風味。這瓶酒按傳統方式釀造發酵後，與Brettanomyces酒香酵母一起被移入紅酒桶或波本酒桶中。90天後，再經過混合調製便可裝瓶，再在酒廠裡放上1個月，在瓶中繼續熟成。我之前喝過的Modus Operandi帶有櫻桃可樂和焦糖氣息，口感極度輕盈，交織微微的莓果酸味與清爽的土味苦韻。Wild Beer Co.在新年度又將帶來什麼樣的美味驚喜？我們拭目以待。

Cidre Dupont Reserve

法國，維克托蓬特福（Victot-Pontfol）
酒精濃度：7.5%
啤酒花：無

抱歉，這瓶不是啤酒，但確實經過桶中熟成，而且風味出眾。越來越多酒客投向蘋果酒的懷抱，其奔放鮮明的酸甜口感，與今日各地所釀的野生酵母啤酒和酸啤酒相似。Domaine Dupont酒廠在法國西北方的諾曼第釀造蘋果酒、卡巴度斯蘋果酒白蘭地與Pommeau。這瓶Cidre Dupont Reserve在上市前，會貯放在卡巴度斯蘋果白蘭地的酒桶中熟成6個月，產生優雅與複雜的風韻，它帶有青蘋果、芳香的柑橘、酸味的熱帶水果、地下室般的霉味，以及陳放後太妃糖與香料的醇熟風韻，除了帥氣的酒瓶，這瓶酒也會使用桶裝。

Avery Rumpkin

美國科羅拉多州，博爾德
酒精濃度：10-15%
啤酒花：Magnum、Sterling

這瓶酒令我有衝動想飛去丹佛、一路駛進Avery酒廠的貯酒室、拔開貯放Rumpkin的酒桶酒塞，直接就著桶口痛快暢飲。這是瓶南瓜帝國愛爾啤酒，加有肉豆蔻、肉桂和生薑，之後再置於深色蘭姆酒的木桶中陳放6個月。我知道那間貯酒室裡還有許多令人心癢難耐的酒款，從野生酵母啤酒到帝國司陶特，全都貯藏在葡萄酒、波特酒、蘭姆酒與波本威士忌的酒桶中。Rumpkin一年只發行一次，酒液呈南瓜果肉般的琥珀色，開瓶後，蘭姆酒、橡木、香料和紅糖的氣味首先一湧而出，輕啜一口，嚐得到藥蜀葵、烤堅果、甜南瓜、糖蜜以及討喜、微醺的椰子奶油口感。推薦搭配南瓜派一起享用。

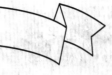

當釀酒師挾帶新意和靈感，不斷調整更新糖化桶裡的原料，同時間，卻有越來越多人開始對過去的啤酒感興趣。數千年來，人類一直在釀造和飲用啤酒，也發展出在結束整天辛苦的工作後，來罐啤酒的文化。回顧過去，許多疑問不禁湧上心頭：禁酒令以前的美國拉格是什麼味道？1900年的波特啤酒是什麼樣的啤酒？1800年又是什麼模樣？最早的印度淡啤酒喝起來如何？1千年前的啤酒是什麼味道？6千年前又是什麼味道？早期殖民地的美國人喜歡雙倍IPA嗎？建造金字塔的埃及人會比較喜歡皮爾森冰啤酒嗎？

酒廠的釀酒檔案一般會受到妥善保存，啤酒的配方和釀造過程也有完整記錄，尤其是在英國，檔案記載之詳細，好似維多利亞時期的釀酒大師個個都如此貼心，很為後世同行著想。我們可以從這些檔案了解過去的人釀製了什麼樣的啤酒、使用何種原料，以及經歷的釀造過程──這也意謂，我們知道原始配方並能加以改良。此外，從古老的傳統、韻文，甚至對舊時酒器的分析，我們也能找回部分啤酒的身影。啤酒相當於歷史的縮影，它帶領我們回到多年以前，一探當時酒客的杯中風味。

Professor Fritz Briem 13th Century Gruit Beer
德國，佛萊辛市
酒精濃度：4.6%
啤酒花：野生啤酒花

有人覺得啤酒需要利用較苦的原料來平衡其甜味，這嚴格說來並不正確：大部分的啤酒，裡面的糖分多數已被發酵分解，也就是說它們並不會甜。加入啤酒花的真正目的其實是為了增添風味與平衡（從歷史上來看，還多了防止啤酒敗壞的目的）。幾千年以來，這些元素一直是釀製美味啤酒的必要條件。啤酒花約在15和17世紀間成為主要的調料，在此之前，釀酒師會加入Gruit（一種藥草、香料和植物的混合物）來形塑啤酒的關鍵風味。Professor Fritz Briem酒廠的這瓶啤酒使用了月桂葉、生薑、葛縷子、洋茴香、迷迭香和龍膽屬植物，再加上野生的啤酒花（Gruit中就曾摻有啤酒花），它的酒液混濁、呈淺桃色，你一聞到香氣，立刻就知道它跟之前喝過的啤酒都不一樣，鼻端滿是生薑、硬梗藥草、甘草、檸檬及一股開胃的芳香，風味鮮明充滿植物氣息，口感輕盈，生薑味無處不在，但經其他草本植物的調和，餘味只存乾爽的藥草風韻。啤酒花成為啤酒關鍵風味的來源，確實有其獨到之處，不過若有機會嚐嚐幾世紀前的味道，喝起來其實也不錯。

Dogfish Head
美國德拉瓦州，米爾頓鎮

　　Dogfish Head啤酒廠堪稱啤酒歷史的時光旅人，為酒客獻上超越時空的味道。帕特里克·麥戈文（Patrick McGovern）博士是位專攻酒飲的分子考古學者，在他的幫助下，酒廠找到過去的配方、破譯對古老釀酒容器的分析，進而為過去的啤酒重新設計出現代風味。Chateau Jiahu酒精濃度10.0%，帶領我們回到9千年前的中國，揭開保存在舊陶器裡的神祕風味，重製的這瓶酒帶有糙米糖漿、橙花蜜、麝香葡萄和山楂莓的氣味，並以清酒酵母來發酵。Midas Touch酒精濃度9.0%，挖掘出埋藏在邁達斯國王墳墓下的味道，這瓶金色的啤酒洋溢麝香葡萄、蜂蜜與番紅花的氣息。Theobroma酒精濃度9.0%，重現宏都拉斯一瓶古老的巧克力酒精飲品，加入阿茲特克可可粉、可可粒、蜂蜜、辣椒以及胭脂樹種子釀製而成。Sah'tea酒精濃度9.0%，重新構思芬蘭啤酒sahti的風味，傳統是以黑麥和刺柏來釀造，Dogfish則使用了刺柏、大量香料與紅茶，並加入小麥啤酒酵母來發酵。Ta Henket酒精濃度4.5%，酒廠在解讀埃及象形文字後，以爐烤麵包為原料釀製了這瓶酒，它有著甘菊、埃及薑果棕果實和中東藥草的風味，伴隨埃及原生酵母的氣息。

Fuller's Past Masters
英國，倫敦

　　富樂酒廠回頭調閱古老的釀造檔案，推出了這一組啤酒。富樂酒廠從1845年開始釀造啤酒，每瓶酒都有妥善的記錄，這表示他們的釀酒配方可以追溯至酒廠成立的第一天。除了啤酒的釀造檔案，還有過去釀酒師留下的釀造書，從裡面滿滿的筆記和潦草筆跡，可以想像多年前那位釀酒師的生活點滴。Past Masters是酒廠的一個計畫，目標是要再現那些古老的配方。為使新釀的啤酒能盡量貼近原味，釀酒師也嘗試要找出過去曾用過的確切原料，其中不乏罕見的大麥或啤酒花品種。這些啤酒每次釀造只以一批為限，若有幸發現它們的蹤影，千萬不要錯過！記得妥善貯存，大部分的酒款，

陳放後的風味都很不錯。這一組酒包括烈性愛爾啤酒XX，它是酒廠於1891年9月2日推出的啤酒，酒精濃度7.5%，擁有濃郁的麥香，辛辣帶土味的苦韻經久不息；Double Stout酒精濃度7.4%，重現1893年8月4日那瓶啤酒的風味，酒感強勁帶煙燻味，散發濃郁的黑麥芽香；第3瓶則是Old Burton Extra，重現1931年9月10日星期四那天的啤酒，這瓶酒精濃度7.3%的伯頓愛爾使用Fuggles和Goldings啤酒花，甜中帶苦的滋味，就像昔日得知這種風格已滅絕時的心情。也許在下個世紀，富樂酒廠的釀酒大師會回頭調查書裡的資料，然後再次推出酒廠今日流行的Bengal Lancer或ESB。我很好奇它們到時喝起來會有多接近現在的味道。

特殊原料

水、麥粒、啤酒花和酵母（再加上時間與釀酒師）能成就一瓶啤酒，而在這個基礎之上，釀酒師可以在酒中隨意加入任何東西，例如水果、香料、草本植物、花朵、巧克力、咖啡、香草、蔬菜、茶葉、堅果、生薑等等，能為啤酒增添額外的風味或氣息，要麼突顯既有的特色（如牛奶司陶特的巧克力味，或夏季啤酒的草本氣息），再不然就是帶來全新的滋味（如IPA裡的紅辣椒刺激，或ESB的生薑味）。

　　在啤酒花被用來為啤酒調味之前，釀酒師會混合使用不同的野生原料來增添苦味，例如苦艾、金雀花、蒲公英、石南、刺柏、胡椒等。隨著原料的改變，有些釀酒師開始懷念起早期的日子。南瓜是普遍使用的原料，精釀啤酒師要重現過去啤酒的韻味，除了使用南瓜來賦予啤酒堅果的甜味，也常常額外加入南瓜派的香料。

　　特殊的原料可以用於釀製任何類型的啤酒。這樣的原料形形色色，它們來者不拒且不受規範，有時看起來又極不尋常，這樣的特性擴展了啤酒釀造和風味的潛能，並且創造出有趣又出色的酒款。能完美駕馭這類原料的啤酒，背後少不了一位高明的釀酒師，他能以巧妙手法調和特殊風味，而非加以壓制。但是，用特殊原料釀造的啤酒可不等於新奇的啤酒，最好另外提防某些新奇的酒款，它們使用一些愚蠢的原料企圖引起注意，結果就是產生愚蠢的味道。

5 Rabbit Huitzi
美國伊利諾州‧芝加哥
酒精濃度：9.0%
啤酒花：Glacier
原料：木槿屬的花朵、薑、泰國棕櫚糖、芝加哥蜂蜜

　　5 Rabbit是芝加哥一間拉丁風格的啤酒廠，那裡大部分啤酒的釀造原料都不只主要的那4種。他們有瓶5 Lizard，是加有百香果的美國小麥啤酒；5 Vulture是瓶深色愛爾，使用Piloncillo（一種拉丁蔗糖）與安可辣椒（Ancho chilies）釀製而成。Huitzi則是瓶比利時烈性愛爾，釀造過程中加入了木槿屬的花朵、生薑、泰國棕櫚糖和芝加哥蜂蜜，帶有意外討喜的獨特風味，花香和橙香交織出甜中帶酸的口感，風味結構均衡，低調的生薑氣息突顯蜂蜜的香甜，同時增添馨香的口感，啤酒花帶來柑橘味，酵母則散發特有的辛香，最後則能嚐到更豐盈的木槿餘韻。芬芳優雅，具備不可思議的清爽風韻，適合搭配肉餡捲餅享用。

Elysian The Great Pumpkin

美國華盛頓州，西雅圖
酒精濃度：8.1%
啤酒花：Magnum
原料：南瓜（加上肉桂、肉豆蔻、丁香、五香粉）

　　在殖民時期的美國，釀酒師利用手邊任何可得的澱粉類食物來釀造啤酒。大麥在當時尚未普及，而南瓜因為產量充裕又含有大量澱粉，反而成為很好的釀酒原料。幾百年後南瓜又回到了啤酒廠，而這類啤酒通常會選在收穫時節推出。Elysian酒廠是南瓜專家，會在每年10月會舉辦一場南瓜啤酒節。在釀製這瓶The Great Pumpkin愛爾啤酒時，釀酒師在麥芽漿中加入南瓜果肉和南瓜籽，隨後又在煮沸鍋和發酵槽中放入更多南瓜果肉，配上其他原料，如肉桂、肉豆蔻、丁香和五香粉，喝起來像南瓜派，口感柔順，嚐得到紅糖和甜南瓜的味道，風味深邃令人驚豔，隱隱捎來秋日的氣息。

Three Boys Oyster Stout

紐西蘭，基督城
酒精濃度：6.5%
啤酒花：Green Bullet、Fuggles
原料：生蠔

　　19世紀末期，司陶特和波特是倫敦兩大風味出眾的啤酒，當時的生蠔並不像今日一樣是奢侈的美食，相反地它們產量充足、價格便宜，在海中任人隨意撿拾。最早，生蠔並不是釀製司陶特啤酒的用料，它們只是啤酒的配菜。後來有一天，這個雙殼貝類竟不知不覺出現在啤酒裡（據說1929年，有間紐西蘭的啤酒廠首次這麼做）。說到Three Boys酒廠的這瓶Oyster Stout，釀酒師會在煮沸中添加入布拉夫蠔，它墨黑色的酒液帶著咖啡色的泡沫，散發巧克力、香草、榛果與甜美莓果的香氣。喝一大口，鹹澀的海水味奔湧而上，而檸檬和胡椒的氣息完全被包裹在濃郁的巧克力裡 —— 這瓶啤酒有口感、有深度，結構、果味與細節處處表現不俗。它是啤酒海裡的珍珠，搭配以塔巴斯哥辣醬料理的生蠔一起享用，風味一絕。

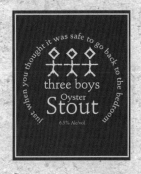

Williams Bros Nollaig

蘇格蘭，阿洛厄
酒精濃度：7.0%
啤酒花：Centennial、Bobek、Southern Cross
原料：聖誕樹

　　Williams Bros酒廠除了釀造現代風格的啤酒，生產了一系列傳統風格的蘇格蘭啤酒，而Fraoch便是其中一瓶著名的石南愛爾啤酒，這是蘇格蘭獨有的啤酒類型，這類啤酒不使用啤酒花，改加入香楊梅，是帶樹脂味卻芬芳迷人的花香啤酒。還有一瓶Kelpie，釀酒師會在糖化桶中加入海藻，以產生新鮮、海風般的氣味。在所有傳統風格的啤酒中，Nollaig最令人玩味，它竟然是以聖誕樹釀造而成，市面上仿冒的節慶啤酒並不少見，但這一瓶可是經過聖誕老人認證的！它的口感多汁帶松木氣息，酒液閃爍著鮮亮的光澤，宛如投射在聖誕禮物上的燈光，擁有鮮美的花香和乾藥草味，活潑的柑橘氣息中交織果醬般的柑橘醬甜韻。

Ballast Point Indra Kunindra

美國加州，聖地牙哥
酒精濃度：7.0%
啤酒花：Fggles
原料：馬德拉斯咖哩粉（Madras curry powder）、紅辣椒、孜然、烤椰果、箭葉橙葉

　　它跟我過去喝過的啤酒很不一樣，這是瓶「印度風格的出口型司陶特」（India-Style Export Stout），但那並不代表它是瓶IPA類型的啤酒。Indra Kunindra是瓶香味繽紛、經過調味的烈性司陶特。是酒廠與家庭釀酒師亞歷克斯·崔特（Alex Tweet）合作推出的協同啤酒，由於合作愉快，亞歷克斯後來成為酒廠的全職員工。Indra Kunindra驚人的地方在於，你竟然能夠品嚐到每種香料的個別味道，聞得到紅辣椒和孜然的土味辛香，烤椰果與巧克力味的烘焙香很契合，咖哩粉盡情釋出其深邃的風味，而橙葉混合酒花的芳香與辣椒的熱辣，留下出色的餘韻。這瓶啤酒擁有獨特的強悍辛香，味蕾脆弱的人不要輕易嘗試。

Dogfish Head Noble Rot

美國德拉瓦州，米爾頓鎮
酒精濃度：9.0%
啤酒花：CTZ、Willamette
原料：葡萄是一定要的

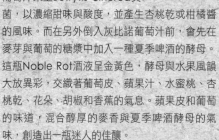

　　很少酒款能像Noble Rot一樣，在釀造過程中能如此徹底結合葡萄和麥芽的風味。這瓶啤酒是Dogfish Head啤酒廠和華盛頓的Alexandria Nicole Cellars葡萄酒廠共同合作的成果，釀製時，會在已加入啤酒花的麥汁中，混入大量的維歐尼耶葡萄汁。釀酒師刻意讓葡萄汁染上Botrytis cinerea真菌，以濃縮甜味與酸度，並產生杏桃乾或柑橘醬的風味。而在另外倒入灰比諾葡萄汁前，會先在麥芽與葡萄的糖漿中加入一種夏季啤酒的酵母。這瓶Noble Rot酒液呈金黃色，酵母與水果風韻大放異彩，交織著葡萄皮、蘋果汁、水蜜桃、杏桃乾、花朵、胡椒和香蕉的氣息。蘋果皮和葡萄的味道，混合醇厚的麥芽與夏季啤酒酵母的氣味，創造出一瓶迷人的佳釀。

Mikkeller Beer Geek Brunch Weasel

丹麥，哥本哈根
酒精濃度：10.9%
啤酒花：Centennial、Chinook、Cascade
原料：麝香貓咖啡

　　這瓶酒所用的咖啡豆非比尋常，它使用的是曾被印尼的麝香貓吃下肚的咖啡豆。因為麝香貓或貂鼠無法消化咖啡豆，所以會經由排泄把咖啡豆排出體外，這些咖啡豆被收集起來，經過烘焙後，再販賣到全世界。Mikkeller酒廠的Beer Geek Brunch Weasel是瓶咖啡和燕麥帝國司陶特，它的酒液呈濃郁油潤的黑色，帶著咖啡和黑巧克力的香氣，啤酒花的花果味能突顯咖啡的甜酸味，口感極度飽滿豐盈，味道濃郁洋溢烘焙香氣，風味強烈，伴隨微微的焦糖與香草味。我喜歡這瓶啤酒。

Redwillow Smokeless

英國，馬斯菲爾（Macclesfield）
酒精濃度：5.7%
啤酒花：Target
原料：Chipotle煙燻辣椒

2010年時，家庭釀酒師托比・麥肯齊（Toby McKenzie）決定辭去白天在資訊科技業的工作，開始專職釀酒——他成立的這間Redwillow啤酒廠，幾乎立刻擄獲了英國酒客的心。這瓶啤酒雖然名作Smokeless（無煙），但其實是用煙燻麥芽與Chipotle煙燻辣椒所釀。但在剛出廠時，酒中其實也有著香甜的果味，隨著離廠時間越久，漸漸產生土味和似皮革的熱烈酒感。類似波特啤酒的濃郁巧克力味對上辣椒的辛辣，釀酒師在麥芽漿和煮沸鍋中丟入的煙燻辣椒，帶來辣椒粉與紅果子的氣味，啤酒花的辛香會突顯紅果子的果味，隨後形成似波特啤酒的烘焙味，散發出淡淡香甜的煙味，最後再以烘焙水果的餘韻作結，果香低調而悠長。

Brasseurs San Gluten American Pale Ale

加拿大，蒙特婁
酒精濃度：5.0%
啤酒花：Chinook、Cascade、Centennial、Willamette
原料：雜穀、蕎麥、玉米、藜麥

Brasseurs San Gluten是加拿大第一間專門生產無麩質啤酒的小型啤酒廠，他們有4款全年生產的啤酒，裡面不含典型常用的大麥、燕麥、黑麥和小麥，反而改以雜穀和其他特殊穀粒來釀製。這間啤酒廠是由朱利安・尼蓋特（Julien Niquet）和大衛・蓋爾（David Cayer）於2010年所成立，要為那些跟朱利安一樣患有麩質不耐症或乳糜瀉腸病的人，提供不一樣的啤酒選擇。他們的愛爾淡啤酒Glutenberg American Pale Ale酒液澄淨、口感清脆而乾爽，帶有美國啤酒花的香氣，散發葡萄皮與水蜜桃的氣息，苦韻黏膩且悠長。另一瓶Glutenberg 8的特殊原料相當引人注目，它使用了8種無麩質的原料，包括雜穀、烘烤蕎麥、糙米、candi糖漿、藜麥、椰棗、菰米和樹薯粉。

Haandbryggeriet Norwegian Wood

挪威，德拉門（Drammen）
酒精濃度：6.5%
啤酒花：Northern Brewer、Centennial、Cluster
原料：杜松子與杜松枝

這瓶Norwegian Wood重現古老農舍啤酒的風味，以杜松、莓果、杜松木枝與放在火上乾燥的麥芽釀製而成，散發出一股煙燻香並帶有苦味；除了調味和製苦，杜松還有防腐的特性，碰上莓果（含有葡萄糖這種可發酵糖分）時，有助於保存啤酒。在釀造過程中，釀酒師會在釀造容器底部鋪上乾草和杜松枝，以此來過濾麥芽漿，並在煮沸階段加入莓果。這瓶酒令人聯想到漫步穿過一片松樹林，四周傳來營火燃燒的霹啪作響聲。杜松帶來植物的氣息，嚐得到胡椒、果味和松木味，柔軟的口感帶有糖蜜與芳草的香甜，隱約有股煙燻氣息。

極限啤酒

極限啤酒是啤酒釀造過程中出現的突變體,它們致力於挑戰啤酒的潛能、味蕾的極限以及酒客的理性。強悍的酒勁、猖狂的苦味,加入非比尋常的原料,並經歷非典型的釀造過程,極限啤酒的風味已超越糖化桶、發酵槽的規範,大大出乎釀酒師的想像。

世界上最強勁的啤酒濃度已經超過 50.0%,但它卻備受爭議:原本普通的啤酒經過冷凍蒸餾,由於水的冰點比酒精高,水分會先結成冰塊,這時將水分結成的冰塊移除,便能增加酒精濃度。這樣還算是啤酒嗎?我覺得是。結凍不過是生產啤酒的另一道步驟,跟桶中熟成或啤酒花冷泡法是一樣的道理,都是為了釀出完美的成品。目前以一般發酵法釀製的最烈啤酒,酒精濃度則為 28%。除了特殊的釀造過程,有些原料也會帶來極限風味,例如勁辣的辣椒、肉類、蔬菜或是通常在藥房櫃台後才找得到的那些東西。後來又有酒廠推出了奇苦無比的啤酒。聰明的科學家認為,苦度一旦超過 120 IBU,人類的味覺就感知不到了,即使苦度再往上增加,也不過是增加舌頭負擔。但是現在我們也可以看到,有些啤酒的苦度理論上高達 1,000。有的極限啤酒已經落入一種比較心態,一味追求高人一等的極限風味,但也有些極限啤酒本身就很有趣,背後的釀造發想值得我們細細品味。最棒的極限啤酒會有引人入勝的故事,告訴我們它們是如何釀製、以及為何釀製。

BrewDog Tactical Nuclear Penguin

蘇格蘭,弗瑞瑟堡
酒精濃度:32.0%
啤酒花:Galena、Bramling Cross

一開始它只是瓶以威士忌酒桶熟成的帝國司陶特啤酒,後來BrewDog酒廠把它帶到冰淇淋工廠……他們把酒精濃度10%的啤酒部分凍結,然後移除冰塊,這個過程重覆了3週,逐漸使酒精濃度增加到32.0%,這個烈度簡直跟蘇格蘭威士忌不相上下。這瓶啤酒有著類似波本威士忌的酒勁,桶中熟成後多了淡淡的甜味和煙燻味,烘焙氣息濃郁。然而它喝起來還是像瓶啤酒,你可以在英國各地的BrewDog酒吧找到這瓶酒。或者也可以試試另一瓶Sink the Bismarck!,它是酒精濃度41.0%的四倍IPA,聞起來就像啤酒花油,喝起來則像濃郁、有酒味的苦焦糖。還有瓶The End of History,酒精濃度可是高達55.0%,不過現在大概已經找不到了。這3瓶啤酒在上市之初,都曾分別拿下全球最烈啤酒的冠軍,但後來便被其他更烈性的後起之秀給取代。

Twisted Pine Ghost Face Killah

美國科羅拉多州，博爾德
酒精濃度：5.0%
啤酒花：Willamette、Northern Brewer

　　這是瓶重口味的啤酒，你將面對宛如烈焰般的驚人辣味！這杯辣味炸彈的導火線來自酒底，但相較之下苦味清淡，苦度不超過10 IBU。它使用了6種辣椒來釀製，分別為阿納海辣椒（Anaheim）、弗雷斯諾辣椒（Fresno）、墨西哥青辣椒（Jalapeño）、聖納羅辣椒（Serrano）、燈籠辣椒（Habanero）與印度鬼椒（Bhut Jolokia），最後的印度鬼椒辣度超過100萬度，甚至被用作軍事武器。你一開始會聞到甜味、煙燻味和綠辣椒果香，但充其量只是預警的煙霧彈，猛烈的風暴瞬間在喉嚨與鼻尖炸開，香氣立刻被灼熱的辣味取代，耳邊彷彿傳來撕心裂肺的尖叫聲：「著火啦！」這瓶啤酒的灼辣感大過一切，微微的煙燻氣息甚至讓你擔心嘴巴是不是燒焦了。你忍不住哭了，嘴唇脹痛，但邊擦眼淚還是忍不住又喝了一口。啤酒廠用「地獄這頭最辣的啤酒」來形容它，建議搭配牛奶或冰淇淋，以鎮定辣味。

Mikkeller 1000 IBU

丹麥，哥本哈根
酒精濃度：9.6%
啤酒花：Magnum（萃取物）、Simcoe

　　這瓶啤酒擁有理論上高達1,000 IBUs的苦度，根本相當於啤酒界的古柯鹼。它的風味粗暴激烈，偏偏就是有種令人上癮的危險魅力，你明明知道它的味道可能有點不妙，卻偏偏無法停止啜飲，你情不自禁愛上那來勢洶洶的酒花刺激，並且想挑戰能面不改色地喝下它。你的大腦可能會告訴你「那有毒」並進入高度警戒，而在同一時刻，你的舌頭正被超乎想像的苦味撕成碎片。但是……不知為何……這瓶酒居然保持了難以置信的易飲性——它豐富宜人的甜味能鎮定啤酒花的苦味，猛烈的苦味充塞你的大腦，但隱約仍能嚐到松木與柑橘中果皮的氣息。這瓶9.6%的酒款是瓶雙倍IPA；若是碰到酒精濃度4.9%的「清淡」酒款，口感更為粗獷。

測量苦度（IBU）

讓我為熱愛啤酒花的數學怪傑介紹這個公式：$IBUs = U\% \times A\% \times W/V \times C$

U 代表啤酒花的使用百分比，A 是啤酒花中的 α 酸含量，W 是啤酒花的公克數，V 是啤酒容量，以公升為單位，C 則為比重（含糖量）。U 是裡面最重要的變數：如果是在釀造後期才加入啤酒花，因為釀酒師要的是它們的香氣，而非苦味，所以酒花所佔的比例就會比較低。C 也是一個變數：比重低，相對之下可感知到更高的苦味；反之，比重高代表啤酒越甜，可以藉甜味來掩蓋苦味。

巨星啤酒

巨星啤酒就像那些受萬眾矚目的電影巨片,吸引民眾熱烈討論並且迫不及待要衝進電影院。它們是罕見的啤酒、有故事的啤酒 —— 它們的名字在世界各地的酒吧間流傳。它們的故事還卡在沒喝過的人的喉頭,而嚐過的人坐在椅上,挺身傾向圍在四周的人,已經準備好要分享他們的品飲經驗:「我心目中必喝啤酒的第一名」、「世界上最棒的啤酒」、「你喝過了嗎?」「哪裡喝得到?」

　　如果你查閱啤酒評級網站,記得記下第一名或前幾名的啤酒。那些啤酒很難找,其稀有性提高了它們的聲望。它們背後的故事,以及你為了一親芳澤而必須付出的努力,在在把它們的地位推向新的高度。談到巨星啤酒,總是不乏各種炒作和期待,進而引誘得你更加心癢難耐。不論是一年只發售一次的酒款,或是相對之下較易取得的酒款,這類啤酒一致受到眾人的追捧、渴望與歡迎(但要找到它們總是難如登天)。它們是罕見又難找的啤酒,但這也是它們最棒的地方,想喝就必須自己去找 —— 這段尋找的經驗也很重要。

Westvleteren 12

比利時,Westvleteren
酒精濃度:10.2%
啤酒花:波珀靈厄市當地種植的花種

　　多年以來,Westvleteren 12一直佔據啤酒評級網站RateBeer.com和BeerAdvocate.com裡「全球最棒的啤酒」排行榜榜首。這是瓶比利時四倍啤酒,來自最小間的特拉普會啤酒廠Sint Sixtus,雖然酒廠會定期釀製,但每次產量都很少,如果你想喝,必須親自跑一趟啤酒廠,而且記得務必要事先預訂 —— 每人每月只能訂購一次,前提是酒廠裡還有啤酒庫存。它並不貴,卻非常難找,偶爾可以在修道院對面的咖啡館喝到這瓶啤酒,要碰碰運氣。

　　Westvleteren 12風味很出色,擁有茶葉、巧克力、香甜的麵包味、香草、烤堅果、椰棗和葡萄乾的味道,風味濃郁飽滿,口感柔順輕盈,每一口都是享受。這是世界上最棒的啤酒嗎?什麼是最棒的啤酒?真的有最棒的啤酒嗎?Westvleteren 12會不斷刺激你思考。2012年,有批包裝好的Westvleteren 12被運送到美國,以禮物包的型式來販售。這瓶酒會因為這樣而變得更普遍嗎?還是說,它那難以入手的魅力會逐漸消失呢?

Three Floyds Dark Lord

美國印第安納州，Munster
酒精濃度：15.0%
啤酒花：Warrior

　　Dark Lord 這瓶酒非常特別，特別到啤酒廠甚至專門為它安排了一天「Dark Lord Day」。每年4月的最後一個星期六，酒廠會對數以千計的民眾開放，這些人全都是衝著這瓶酒而來。我跟朋友某次到芝加哥，發現剛好碰上Dark Lord Day，我們弄到門票後（通常必須提前購買），搭上火車輾轉來到啤酒廠，又排了3個小時的隊伍……排隊的過程爛透了，直到我們擠到吧台邊才感覺好過些。我身邊幾乎全部的人都在喝Dark Lord，也有人忙著分享自己帶來的特殊啤酒，現場有樂隊的演奏，也提供了許多食物，眾人高漲的興致瀰漫了整個空間。

　　最後我們終於買到啤酒，然後決定快速離開，避免之後又陷入更長的隊伍。在回程的火車上，我跟朋友共享一瓶Dark Lord。這是瓶用Intelligentsia咖啡店的咖啡豆、墨西哥香草和印度糖釀造的帝國司陶特，他的酒液濃稠如糖蜜、氣味甜美如糖漿、味道濃郁如巧克力，迸發出莓果、冰淇淋與花味的香氣。風味渾厚粗獷又蠻橫，說實話我更喜歡酒廠的另外2瓶Gumballhead或Alpha King——但Dark Lord Day確實是一次瘋狂的啤酒體驗，如果有機會就去看看吧。

Russian River Pliny the Younger

美國加州，聖塔羅莎市
酒精濃度：10.5%
啤酒花：CTZ、Simcoe、Centennial、Amarillo、Chinook、CO_2萃取物

　　Pliny the Younger是款三倍IPA，每年只發售一次，是俄羅斯河谷地區美味的Pliny the Elder雙倍IPA的風味進階版。啤酒發售的那天（2月初），排隊的隊伍一路蜿蜒貫串了整個聖塔羅莎市。釀造這瓶酒的啤酒吧當然是一親芳澤的最佳地點，但偶爾還是可以在其他酒吧發現它的蹤跡（和排隊的隊伍）。酒客能直接從吧台上的出酒龍頭取用；但昔日這款酒可以用growler啤酒罐外帶，那是特殊的酒罐，能模擬啤酒從出酒龍頭流出的風味，但這種罐子已在全球銷聲匿跡，現在只能在現場享用了。2010年這瓶酒發售的那天，有許多來自全美各地的人，聚到那裡要一嚐這瓶啤酒的美味。身為一款三倍IPA，它的香氣磅礡，令你產生滾進柑橘堆、走進松木林或大麻工廠深處的錯覺，它的酒體滑潤，麥香中嘗得到焦糖與太妃糖味，口感柔順，能舒緩最後的苦味衝擊。這瓶酒既甜美又粗獷，上一刻剛在你的舌間留下輕吻，下一秒冷不防就給你一拳，極端的風味令人上癮。當你看到它，全身細胞都會為即將入口的美味而叫囂，我真的很喜歡它的味道。

其他值得留意的重磅級啤酒：

Bells Hopslam（年初時發售）、Foothills Sexual Chocolate（1月）、Portsmouth Kate the Great（5月第一個星期一）、Cigar City Hunahpu's Imperial Stout（3月）以及The Bruery Black Tuesday。

補充資料

部落格

網路上有不少關於啤酒的討論或文章，內容都非常精采有趣，也能找到關於新啤酒的評論和新聞等等。幾乎每個國家，都有人會在網路上發表啤酒相關的文章。事實上在 2012 年，瑞典的啤酒部落客甚至要比他們的啤酒廠還多，而美國則有超過 1,000 個啤酒部落格。網路讓啤酒世界的發展更加緊密。這裡介紹了一些很棒的部落格，你可以上去看看啤酒世界又有什麼新鮮事。

歐洲

Adrian Tierney-Jones—Called to the bar
http://maltworms.blogspot.co.uk/
Andrea Turco (Italy)—Cronache di Birra http://www.cronachedibirra.it/
Andy Mogg—Beer Reviews http://www.beerreviews.co.uk/
Barry Masterson (Germany)—The Bitten Bullet
http://thebittenbullet.com/
Boak & Bailey—Boak & Bailey's Beer Blog http://boakandbailey.com/
Chris Thompson—Beer and Life Matching http://www.
beerandlifematching.com/
Darren Packman (Sweden)—Beer Sweden
http://www.beersweden.se/
Des de Moor—Beer Culture http://www.beerculture.org.uk/
Will—Ghost Drinker http://ghostdrinker.blogspot.co.uk/
Gianni, Alberto, and Vanessa (Italy)—In Birrerya
http://www.inbirrerya.com/
Jeff Evans—Inside Beer http://www.insidebeer.com/
Joe Stange—Thirsty Pilgrim http://www.thirstypilgrim.com/
John Duffy (Ireland)—The Beer Nut http://thebeernut.blogspot.co.uk/
Leigh Linley—The Good Stuff http://goodfoodgoodbeer.wordpress.com/
Mark Charlwood—Beer.Birra.Bier http://www.beerbirrabier.com/
*Mark Dredge—Pencil&Spoon (That's me!)
http://www.pencilandspoon.com/
Mark Fletcher (and others)—Real Ale Reviews
http://real-ale-reviews.com/
Martyn Cornell—Zythophile http://zythophile.wordpress.com/
Maurizio Maestrelli (Italy)—Birragenda
http://birragenda.blogspot.co.uk/
Matt Stokes—Beer & Food & Stuff
http://www.beerandfoodandstuff.blogspot.co.uk/
Max Bahnson (Czech Republic)—Pivni Filosof
http://www.pivni-filosof.com/
Neil—Eating Isn't Cheating http://eatingisntcheating.blogspot.co.uk/
Pete Brown—Pete Brown's Beer Blog http://petebrown.blogspot.co.uk/
Peter Alexander—Tandleman's Beer Blog
http://tandlemanbeerblog.blogspot.co.uk/
Ron Pattinson—Shut up about Barclay Perkins
http://barclayperkins.blogspot.co.uk/
Zak Avery—Are you tasting the pith? http://thebeerboy.blogspot.co.uk/

北美

Alan McLeod—A Good Beer Blog http://beerblog.genx40.com/
Andy Crouch—Beer Scribe http://www.beerscribe.com/
Brewpublic http://brewpublic.com/
Ashley Routson—The Beer Wench http://drinkwiththewench.com/
Jay Brookes—Brookston Beer Bulletin http://brookstonbeerbulletin.com/
Jeff Alworth—Beervana http://beervana.blogspot.co.uk/
Lew Bryson—Seen Through a Glass http://lewbryson.blogspot.co.uk/
Mario Rubio—Brewed for Thought http://www.brewedforthought.com/
Pints and Panels http://www.pintsandpanels.com/
Stephen Beaumont—World of Beer http://worldofbeer.wordpress.com/
Stan Hieronymus—Appellation Beer http://appellationbeer.com/blog/
The Brewing Network http://www.thebrewingnetwork.com/
Velky Al—Fuggled http://www.fuggled.net/

其他地方

Ale of a Time (Australia) http://aleofatime.com/
Alice Galletly (New Zealand)—Beer for a Year
http://beerforayear.wordpress.com/
Brews News (Australia)—http://www.brewsnews.com.au/
Japan Beer Times http://japanbeertimes.com
Logia Cervecera (Argentina) http://www.logiacervecera.com/
Phil Cook (New Zealand)—Beer Diary
http://philcook.net/beerdiary/
Rafael Patricio—Cervesas Brasil Blog
http://cervejasbrasil.wordpress.com/
The Crafty Pint (Australia) http://craftypint.com/

Ratebeer.com 和 Beeradvocate.com 也是一個談論啤酒的好地方，上面的討論非常熱烈。

書籍

有許多很棒介紹啤酒的書籍，我最喜歡的那幾本總是百看不厭。以下是我在撰寫本書時，參考的資料：

Amber, Black and Gold, Martyn Cornell
Ambitious Brew, Maureen Ogle
Beer Companion, Michael Jackson
Beer Craft, William Bostwick and Jessi Rymill
Brew Like a Monk, Stan Hieronymus
Brewed Awakening, Joshua Bernstein
Brewing with Wheat, Stan Hieronymus
The Brewmaster's Table, Garrett Oliver
The Flavour Thesaurus, Niki Segnit
For The Love of Hops, Stan Hieronymus
Good Beer Guide Prague, Evan Rail
Great American Craft Beer, Andy Crouch
Great British Pubs, Adrian Tierney-Jones
Hops and Glory, Pete Brown
The Northern California Craft Beer Guide, Ken Weaver
The Oxford Companion to Beer edited by Garrett Oliver
Tasting Beer, Randy Mosher
Three Sheets to the Wind, Pete Brown
The World Atlas of Beer, Tim Webb and Stephen Beaumont
The World Guide to Beer, Michael Jackson
World's Best Beers, Ben McFarland
1001 Beers, edited by Adrian Tierney-Jones
500 Beers, Zak Avery

證書

世界上有許多相關課程能帶你更認識啤酒，你可以擇一報名。這四個是其中最棒的：

Cicerone—https://cicerone.org/
Beer Judge Certification Program—http://www.bjcp.org/index.php
Beer Academy—http://www.beeracademy.co.uk/
Siebel Institute—http://www.siebelinstitute.com/

致謝

　　啤酒可以與人分享，跟他人共飲味道會更好。這本書的誕生，要感謝許多朋友的幫助，不論是指導我了解複雜的釀酒技術，或是向我推薦好的酒吧或啤酒。首先，非常感謝各個啤酒廠的幫忙，對我提出的問題，大部分的酒廠總是很快給予回應，他們也對這本書表現出極大的興趣，提供的圖像更是為內容增色不少。希望我有確實呈現出啤酒的美味（如果有寫錯的地方我很抱歉，我希望這本書的內容盡可能正確）。

　　在我遇到瓶頸時，我受到來自世界各地的幫助，我很希望能一一感謝這些人，可惜礙於篇幅限制，我只能不按特定順序，在這裡向他們致上我的謝意：阿德里安‧帝爾尼－瓊斯（Adrian Tierney-Jones）、阿萊西奧‧利昂（Alessio Leone）、肯‧韋弗（Ken Weaver）、馬克‧弗萊徹（Mark Fletcher）、安迪‧莫格（Andy Mogg）、雷‧林利（Leigh Linley）、西蒙‧強森（Simon Johnson）、達倫‧帕克曼（Darren Packman）、佩爾‧斯特萊德（Pelle Stridh）、弗雷德里克‧布羅貝格（Fredrik Broberg）、約翰‧達菲（John Duffy）、巴里‧馬斯特森（Barry Masterson）、金‧史特達凡（Kim Sturdavant）、艾文‧瑞爾（Evan Rail）、亞歷山大‧布拉沙（Alexandre Brazzo）、布萊恩‧哈勒爾（Bryan Harrell）、馬克‧梅利爾（Mark Melia）、約翰‧基林（John Keeling）、史帝芬‧伯孟（Stephen Beaumount）與提姆‧韋布（Tim Webb），我欠你們一瓶酒。此外，還有很優秀的作者和網站管理人：妮姬‧薩格尼特（Niki Segnit），我很喜歡妳《風味事典：食材配對、食譜與料理創意全書》這本書，我推薦每個人都應該買一本，以及、班‧麥克法蘭（Ben McFarland）、羅恩‧帕丁森（Ron Pattinson）、馬丁‧康奈爾（Martyn Cornell）、約書亞‧伯恩斯坦（Joshua Bernstein）、安迪‧克勞奇（Andy Crouch）、傑夫‧艾爾沃斯（Jeff Alworth）、梅利莎‧科爾（Melissa Cole）、皮特‧布朗（Pete Brown）、提姆‧漢普森（Tim Hampson）、加勒特‧奧利弗（Garrett Oliver）、蘭迪‧毛思迪（Randy Mosher）、史丹‧海朗尼沐斯（Stan Heironymus）、麥可‧傑克森（Michael Jackson），謝謝你們為我提供了很棒的靈感。我還要大大感謝 Camden Town 啤酒廠的人，謝謝你們每天不厭其煩地回答我的問題（為了完全了解啤酒廠的生態，在撰寫本書時，我也在他們的酒廠工作——因為我喜歡他們的啤酒）。還要特別感謝凱利‧瑞安（Kelly Ryan），他幫忙找來紐西蘭最優質的啤酒，也幫忙惡補我的釀酒知識。推薦你走一趟漢密頓的 Good George Brewing 啤酒廠，那裡有全紐西蘭最棒的啤酒。

　　我要向 Dog 'n' Bone 出版社的人致上謝意，馬克‧萊特（Mark Latter）和保羅‧帝比（Paul Tilby）的設計幫這本書大大加分；謝謝卡羅琳‧維斯特（Caroline West）幫忙改正錯誤（若有任何內容與事實不符，那肯定是我的錯！）；謝謝皮特‧約強森（Pete Jorgensen）的指導和耐心，這本書從開始到結束，少不了他的幫助，我們找時間去喝一杯吧。

　　我的夥伴，同時也是我最棒的酒友：馬特‧斯托克斯（Matt Stokes）、李‧培根（Lee Bacon）、馬克‧查爾伍德（Mark Charlwood）、克里斯‧佩林（Chris Perrin）、肖恩‧梅森（Sean Mason）和皮特‧布里森登（Pete Brissenden），謝謝你們在我必須品嚐 20 瓶帝國司陶特、烈性愛爾與大麥啤酒時，仍然對我不離不棄。馬特是帶領我踏進啤酒國度的人，所以這全是他的錯。

　　我還要感謝親愛的父母，謝謝你們永遠那麼支持我，永遠在我有需要的時候，出現在我身邊，並鼓勵我（老爸總是很願意跟我一起喝啤酒）。非常感謝你們所做的一切。謝謝維琪（Vicki）和達里爾（Daryl），希望 2027 年時，我們還找得到這些啤酒，到時我就可以和弗朗基（Frankie）一起喝酒了。謝謝蘇（Sue）與尼克（Nick），感謝你們家人的招待，那些美味的料理與飲料，還有共度的美好時光，我永遠不會忘記（尼克，也謝謝你總是那麼樂意與我分享啤酒。）

　　最後我要感謝我的伴侶蘿倫，謝謝妳沒有抱怨那清晨 5 點擾人的鬧鈴聲，謝謝妳的傾聽、關心，還有妳的愛，也謝謝妳讓我想更努力成為一個更好的人。我要把這本書獻給妳（雖然妳並不喜歡啤酒）。